"十三五"江苏省高等学校重点教材（编号：2020-2-324）

智能制造装备技术专业国家资源库配套教材

高等职业教育机电类专业系列教材

汇川PLC编程与应用教程

主 编 薛迎春 王月芹 徐 黎

参 编 郭民环 周保廷 冯忠启

本书为“十三五”江苏省高等学校重点教材，智能制造装备技术专业国家资源库配套教材。本书主要介绍国内应用广泛、具有很高性价比的汇川 H2U 系列 PLC。全书共包含 9 个项目：认识 PLC、设计电动机控制电路、物料分拣系统控制、交通灯控制系统编程与控制、四路抢答器控制系统编程与控制、自动配药系统控制、传送带运行系统控制、PLC 与 PLC 的通信及应用、PLC 与伺服电动机控制系统应用。书中内容基于编程、监控功能强的汇川新版 AutoShop V3.02 编程软件，涉及 PLC 周边常用的输入输出设备（软件）、触摸屏、光电编码器、变频器、步进电动机、伺服电动机及组态软件等与 PLC 配合使用的相关工程应用，包含实际工程应用所需的相关知识技能。通过真实工程项目设计开发过程的学习，学生可提升实际工程应用能力。

本书配有数字化课程网站及专业教学资源库（中国大学 MOOC 网络课程网址：https://www.icourse163.org/learn/SIIT-1466025161?tid=1468468441#/learn/examlist；智慧职教网络课程网址：https://www.icve.com.cn/portal_new/courseinfo/courseinfo.html?courseid=18h3aekudjhb8wl dx8tfa；智慧职教资源库网址：https://www.icve.com.cn/project/welcome/welcome.html?PJId=fzgkac6ok41cpahcfyu9oa)，包括微课、动画、案例、PPT 课件和习题库等内容丰富，功能完善。

本书可作为高等职业院校机电一体化技术、电气自动化技术等装备制造大类专业高技能型人才培养的教材，也可供工程技术人员参考阅读。

图书在版编目（CIP）数据

汇川 PLC 编程与应用教程/薛迎春，王月芹，徐黎主编. —北京：机械工业出版社，2023.5（2024.7 重印）
“十三五”江苏省高等学校重点教材. 智能制造装备技术专业国家资源库配套教材. 高等职业教育机电类专业系列教材
ISBN 978-7-111-73117-7

Ⅰ.①汇… Ⅱ.①薛… ②王… ③徐… Ⅲ.①PLC 技术-程序设计-高等职业教育-教材 Ⅳ.①TM571.61

中国国家版本馆 CIP 数据核字（2023）第 077908 号

机械工业出版社（北京市百万庄大街 22 号 邮政编码 100037）
策划编辑：薛 礼　　责任编辑：薛 礼 戴 琳
责任校对：肖 琳 张 薇　　封面设计：鞠 杨
责任印制：张 博
北京建宏印刷有限公司印刷
2024 年 7 月第 1 版第 2 次印刷
184mm×260mm · 15 印张 · 368 千字
标准书号：ISBN 978-7-111-73117-7
定价：49.00 元

电话服务　　网络服务
客服电话：010-88361066　　机 工 官 网：www.cmpbook.com
010-88379833　　机 工 官 博：weibo.com/cmp1952
010-68326294　　金 书 网：www.golden-book.com
封底无防伪标均为盗版　　机工教育服务网：www.cmpedu.com

前言 PREFACE

本书以汇川 H2U 系列 PLC、HMI 触摸屏 IT5070E 和变频器 MD380 为样机，依据高等职业教育和应用企业对技术技能型人才的培养要求，并结合现代信息化技术的迅猛发展对现代人学习方式的改变，打破以往教材的编写思路，将理论教学、实验操作和综合设计训练有机融合，将硬件设计与软件设计、使用方法介绍和计算机编程操作相结合，并列举了大量典型的应用实例。学生可在由简单到复杂的项目任务的引领下，通过学习、思考，逐步掌握 PLC 课程的知识要点。

本书有以下主要特点：

1）教学项目源自企业真实案例，可培养学生的工程创新应用能力。本书选取有实用价值和应用前景的企业真实产品，涉及工业、医药和交通等行业相关的自动化设备。将企业项目进行教学转化，从而提高学生学习的积极性和兴趣。同一个加工工艺控制过程用不同的编程方式、不同的设计方法来实现，以加深学生对所学知识的理解和深化，提升创新思维水平。

2）学习资源丰富多样，配套国家资源库课程，提升学生学习效率和效果。以知识点微课、任务 PPT 演示文稿、动画、仿真软件和技能操作视频等丰富的数字化资源作为支撑，构建新形态的教材形式。所有信息化教学资源在书中相应位置都有标注，并借助现代信息技术，在书中的关键知识点和技能点处插入了配套资源的二维码，学生可以通过使用手机扫描二维码观看配套资源，让学习变得方便快捷。

3）突出实践性，内容由易到难，层层深入，启发引导学生主动思考。在项目难度的设置上力求循序渐进，全面运用 PLC 课程的主要知识点，也兼顾相关课程内容，帮助学生适应将来可能面临的工作中知识内容运用的多样性。不追求知识的面面俱到，重点在于引导学生掌握基本的方法、思路，同时培养学生的思维能力和学习能力，从而为今后的可持续发展在工程应用能力方面打好基础。每个项目后均安排了课外拓展内容，可以进一步培养和提高学生的设计能力、创新意识和创新能力。

本书由薛迎春、王月芹、徐黎主编。项目 1、2 由薛迎春编写，项目 3 由冯忠启、周保廷编写，项目 4、5 由王月芹编写，项目 6、7 由徐黎编写，项目 8、9 由郭民环编写；企业工程师周保廷、冯忠启同时为本书提供了企业案例和技术指导。

由于编者水平有限，书中难免有疏漏之处，恳请读者批评指正。

编　者

二维码索引

（续）

（续）

（续）

名称	图形	页码	名称	图形	页码
具有时间设置功能的交通灯控制系统任务分析		112	循环移位指令ROR和ROL		126
具有时间设置功能的交通灯控制系统软件设计		112	HMI中的窗口		130
具有时间设置功能的交通灯控制系统总体联调		112	HMI中的功能键控件		130
传送指令MOV		120	HMI中的直接窗口		130
区间复位指令ZRST		121	HMI中的间接窗口		130
移位指令SFTR和SFTL指令		122	HMI中的公共窗口		133
七段解码指令SEGD		123	具有弹出报警窗口的四路抢答器任务分析		133
具有抢答组号显示的四路抢答器任务分析		124	具有弹出报警窗口的四路抢答器软件设计		133
具有抢答组号显示的四路抢答器软件设计		124	具有报警窗口的四路抢答器总体联调		133
具有抢答组号显示的四路抢答器控制总体联调		124	旋转编码器		139

（续）

名称	图形	页码	名称	图形	页码
高速计数器		141	带显示功能的配药装置总体联调		151
PLC 中的比较指令		143	数据成批传送指令		161
PLC 中区间比较指令		143	带配方功能的配药装置任务分析		162
自动配药装置任务分析		144	带配方功能的配药装置程序设计		162
自动配药装置软件设计		144	带配方功能的配药装置总体联调		162
自动配药装置整体联调		144	变频器介绍		167
触点比较指令		149	变频器系统构成		167
PLC 中比较置位指令		149	变频器主电路连接方式		167
带显示功能的配药装置任务分析		151	变频器操作及显示面板		169
带显示功能的配药装置软件设计		151	功能码查看与修改		171

（续）

名称	图形	页码	名称	图形	页码
变频器恢复出厂设定值		172	变频器通信方式调速控制设置		185
变频器起停信号来源功能码		172	PLC 的 Modbus-RTU 主站		185
变频器频率设定功能码		172	远程无级变速的传送带控制任务分析		188
MD380 变频器数字输入端接线方式		175	远程无级变速的传送带控制软件设计		188
变频器端子起停控制参数设置		177	远程无级变速的传送带总体联调		188
变频器多段速控制参数设置		180	汇川 PLC 的通信接口		194
双向多级变速传送带控制任务分析		182	PLC 之间的 RS485 接线和通信参数配置		194
双向多级变速传送带控制程序设计		182	主从站 PLC 程序设计		194
双向多级变速传送带控制总体联调		182	主从站触摸屏设计		194
变频器通信方式起停控制设置		184	汇川 PLC 的 CAN 通信接口介绍		201

（续）

名称	图形	页码	名称	图形	页码
PLC 之间的 CAN 接线盒通信参数配置		201	触摸屏界面设计		212
主从站 PLC 程序设计		203	PLC 与伺服驱动器的 CANlink 连接		219
PLC 与伺服驱动器和接近开关的硬件连接		210	伺服驱动器控制模式、指令来源参数设置		220
伺服驱动器控制模式、指令来源等参数设置		212	PLC 程序设计		220
PLC 程序设计		212			

目录 CONTENTS

认识PLC

可编程控制器（PLC）是一种专门为在工业环境下应用而设计的数字运算操作电子装置。它采用可以编制程序的存储器，在其内部存储执行逻辑运算、顺序运算、定时、计数和算术运算等操作的指令，并能通过数字式或模拟式的输入和输出，控制各种类型的机械设备或生产过程。

本项目介绍了PLC的历史发展、功能特点、应用场合，以及汇川PLC的型号名称、硬件结构，学生要熟悉PLC输入接口电路的应用，掌握常用接近开关传感器的选型和应用，会将PLC的各种输入信号正确接线，会检验输入信号是否正常。

思维导图

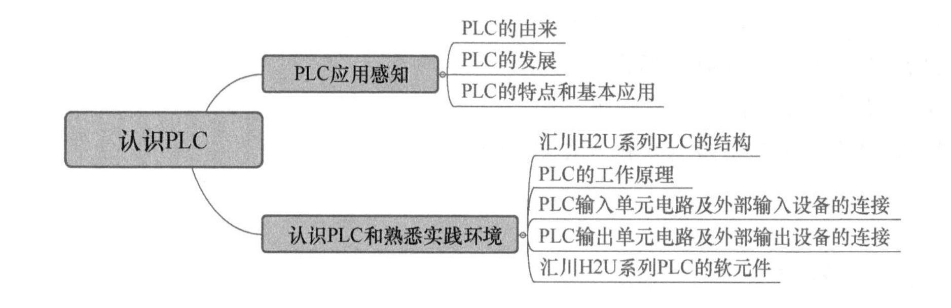

任务1-1 PLC应用感知

本任务将介绍PLC的由来、发展，PLC的特点、主要应用，以及本课程的主要学习内容。学生需完成以下内容。

1. 了解什么是PLC。
2. 熟悉PLC的主要特点。
3. 了解PLC的主要功能。
4. 熟悉PLC的主要应用。

5. 学会通过网络了解 PLC。
6. 了解课程的主要学习内容。

【重点知识】

熟悉 PLC 的特点，熟悉 PLC 在生活与生产中的应用，了解课程学习内容、学习方法及学习目标。

【关键能力】

能通过网络查找所需 PLC 的相关资料，并加以整理、总结。

【素养目标】

了解国产 PLC 的发展、典型应用案例以及从事可编程控制系统应用编程工程师的工作任务和职业技能要求；增强民族自豪感和自信心，培养主动参与、积极进取、探究科学的学习态度，树立科技报国、产业报国的决心。

【任务描述】

通过网络收集 PLC 应用案例，熟悉 PLC 的应用场合，了解 PLC 技术的由来、发展，列举市场上的 PLC 品牌和型号。

【任务要求】

1. 通过互联网熟悉 PLC 的相关概念，了解 PLC 有哪些品牌和相应的型号。
2. 在互联网上收集 PLC 的应用案例。
3. 讨论 PLC 的特点和应用场合。
4. 讨论课程学习内容与学习方法。
5. 完成 PLC 应用调研报告，撰写学习计划。

【任务环境】

1. 可以上网的 PC。
2. PLC 课程网站。

【相关知识】

1. PLC 的由来

可编程控制器的由来

（1）背景　20 世纪 60 年代初，美国汽车制造业竞争激烈，产品更新的周期越来越短，因此生产流水线的自动控制系统更新也越来越频繁。而原来的继电器控制需要频繁地重新设计和安装，很不方便。

（2）招标　1968 年 4 月，美国通用汽车公司的年轻工程师 Dave Emmett 提出设计一款“标准机器控制器”，用来替代当时用于控制机器运行的继电器系统。同年 6 月，通用公司发布招标文件，首先提出了 PLC 的概念。

（3）入围　在众多竞标公司中，三个公司最终入围进入评标阶段：美国数字设备公司

(DEC)，3-I公司和Bedford Assorciates（Modicon公司前身）。

（4）第一台PLC的诞生　1969年，美国数字设备公司研制出世界上第一台PLC，即PDP-14，并被安装实施，用于控制齿轮研磨机。紧接着，3-I公司和Modicon公司分别研制出了PDQ-II和Modicon 084。

（5）胜出　由于Modicon 084的编程语言与电路系统部门内非常熟悉的继电器梯形图逻辑类似，同时它是唯一一个安装在硬质外壳中的控制器，提供了其他两个产品所没有的电厂车间层面的保护，所以Modicon 084最终胜出。图1-1所示即为Modicon 084。

图1-1　Modicon 084

（6）定义　1987年，国际电工委员会（IEC）颁布了PLC标准草案第三稿，对PLC定义为："PLC是一种数字运算操作电子系统，专为在工业环境下应用而设计。它采用可编程序的存储器，用来在其内部存储执行逻辑运算、顺序控制、定时、计数和算术运算等操作的指令，并通过数字式和模拟式的输入和输出来控制各种类型的机械设备或生产过程。PLC及其有关外围设备，都应按易于与工业系统连成一个整体、易于扩充其功能的原则而设计。"

2. PLC的发展

可编程控制器的发展

PLC自问世以来，经过多年发展，已成为很多发达国家的重要产业，成为当前国际市场极受欢迎的工业畅销品，用PLC设计自动控制系统已成为世界潮流。我国自改革开放以来，引进了许多用PLC实现控制的自动生产线，也引进了生产PLC的生产线，建立了生产PLC的企业，也生产出了许多规格的PLC产品，如汇川、信捷和台达等。

为了适应市场各方面的需求，各生产厂家对PLC不断地进行改进，使其功能更强大，结构更完善。随着大规模集成电路和超大规模集成电路的发展，PLC的发展极为迅速。现在，PLC不仅能实现简单的逻辑控制功能，同时还具有数字量和模拟量的采集和控制、PID调节（根据系统的误差，利用比例、积分、微分计算出控制量进行相应的调节）、通信联网以及故障自诊断等功能。

（1）从技术上来看　PLC会向速度快、容量大、功能广、性能稳定、性价比高的方向发展。传统PLC简单的逻辑控制功能已渐渐不能满足目前工控领域的要求，许多新的控制系统不再是简单的逻辑控制，而增加了许多新的功能要求，如大量数据处理、图形处理及存储、显示等。

除了要求功能的强大，许多工程开发人员及最终用户还希望控制系统的结构更为简单，开发、使用过程更为快捷，对其他控制系统的兼容性、开放性更强。

近年推出的以PC为基础的PLC实际上就是把主流计算机与PLC合二为一。这样做的好处是显而易见的：它既保留了PLC固有的简单易用、可靠性高的特点，又结合了主流计算机强大的数据处理能力，现场生产数据可直接在计算机上读取；生产数据可以存入大容量硬盘中，克服了PLC存储容量较小的缺点；主流计算机的通信能力极强（例如支持Web服务器等），又扩展了PLC的编程语言（如VB、VC++等），大大提高了PLC的实用性。

（2）从规模上来看　PLC会向两个方向发展：一个是向小型化、专用化和低价格的方向发展，以进行单机控制；另一个是向大型化、高速度、多功能和分布式全自动网络化方向发展，以适应现代化大型工厂、企业自动化的需求。

（3）从配套上来看　PLC产品会向规格更齐备、品种更丰富的方向发展。

有的厂商提出了全集成自动化的概念，即把原先分离的工业控制（PLC与工控机）、人机界面、传感器/执行器、上位机监控、DCS（分布式控制系统）、SCADA（数据采集与监视控制系统）等系统统一在同一个自动化环境中，以利于接驳、通信，上行下达全无障碍。

（4）从标准上来看　随着IEC 61131-3标准的诞生，各厂家或同一厂家不同型号的PLC将打破互不兼容的格局，使PLC的通用信息、设备特性和编程语言等向IEC 61131-3标准的方向靠拢，从而最终实现通用。

（5）从网络通信上来看　PLC将向网络化和通信简易的方向发展。

近几年来，随着互联网技术的普及与推广，以太网（Ethernet）也得到了飞速发展。控制产品要想有更好的开放性，是离不开以太网的。因此许多品牌的PLC都配备了以太网模块，部分产品（如三菱的FX5U、5UC系列PLC和西门子的1200系列PLC）都内置了以太网接口，上位机可直接通过以太网与PLC进行通信。

可编程控制器的特点和基本应用

3. PLC的特点和基本应用

（1）PLC的特点　PLC之所以能够迅速发展，一方面是它顺应了工业自动化的客观要求，更重要的一方面是它综合了继电器、接触器控制的优点以及计算机灵活、方便的优点，具有许多其他控制器无法比拟的特点（图1-2），较好地解决了工业控制领域中人们关心的可靠、安全、灵活、方便及经济等问题。

1）可靠性高，抗干扰能力强。PLC用软件代替大量的中间继电器和时间继电器，仅保留与输入和输出有关的少量硬件，接线可以减少到继电器控制系统的1/100～1/10，进而使因触点接触不良造成的故障大为减少。同时，PLC在软件和硬件上都采取了抗干扰的措施，以提高其可靠性，适应工业生产环境。

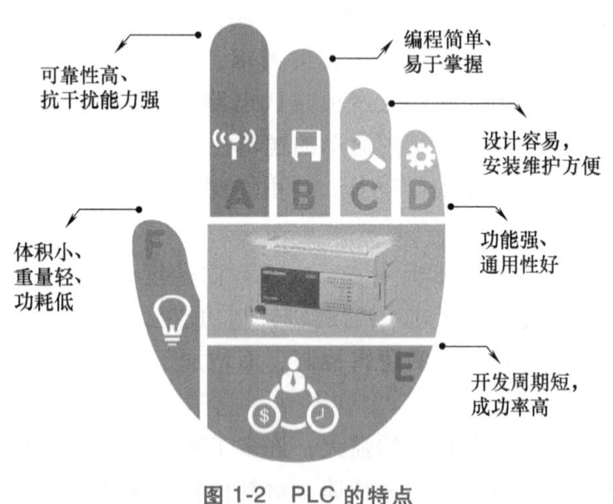

图1-2　PLC的特点

2）编程方便，易于使用。PLC是面向现场应用的一种新型的工业自动化控制设备，它一直采用大多数电气技术人员熟悉的梯形图语言。梯形图语言延续使用继电器控制的许多符号和规定，其形象直观、易学易懂。电气工程师和具有一定基础的技术操作人员都可以在短期内学会PLC编程，使用起来得心应手。这是PLC和计算机控制系统的一个较大区别。

同时，PLC不仅可以和计算机控制系统一样进行远程通信控制，也可以根据现场情况，利用便携式编程器，在生产现场边调试边修改程序，以适应生产需要。

3）通用性强，配套齐全。PLC 产品已经标准化、系列化、模块化，其开发制造商为用户配备了品种齐全的 I/O 模块和配套部件。用户在进行控制系统的设计时，可以方便灵活地进行系统配置，实现不同功能、不同规模的系统，以满足控制要求。用户只需在硬件系统选定的基础上，设计满足控制对象要求的应用程序。对于一个控制系统，当控制要求改变时，只需修改相关程序，就能变更其控制功能。

4）安装简单，调试方便，维护工作量小。PLC 用软件代替了继电器控制系统中的大量硬件，使控制柜的设计、安装和接线工作量大大减少。同时，PLC 有较强的带载能力，可以直接驱动一般的电磁阀和中小型交流接触器，使用起来极为方便，通过接线端子可直接连接外部设备。

PLC 软件设计和调试可以在实验室中进行，而且现场统调过程中发现的问题可通过修改程序来解决。由于 PLC 本身的可靠性高，又具有完善的自我诊断能力，因此一旦发生故障，可以根据报警信息快速查明故障原因。如果是 PLC 自身故障，可以通过更换模块来排除故障，既提高了维护的工作效率，又保证了生产的正常进行。

（2）PLC 的基本应用　PLC 是以微处理器为核心，综合了计算机技术、自动控制技术和通信技术发展起来的一种通用的工业自动控制装置。目前，PLC 已经广泛应用于汽车装配、机械制造、电力石化、冶金钢铁、交通运输以及轻工纺织等各行各业，成为现代工业控制的三大支柱（PLC、机器人和 CAD/CAM）之一。根据其特点来归纳，PLC 的主要应用有以下几个方面：

1）开关量逻辑控制。这是 PLC 最基本的应用，即用 PLC 取代传统的继电器控制系统，实现逻辑控制和顺序控制，如机床电气控制、电动机控制、注射机（图 1-3）控制、电镀生产线（图 1-4）控制以及电梯控制等。总之，PLC 既可用于单机控制，也可用于多机群和自动生产线的控制，其应用已遍及各行各业。

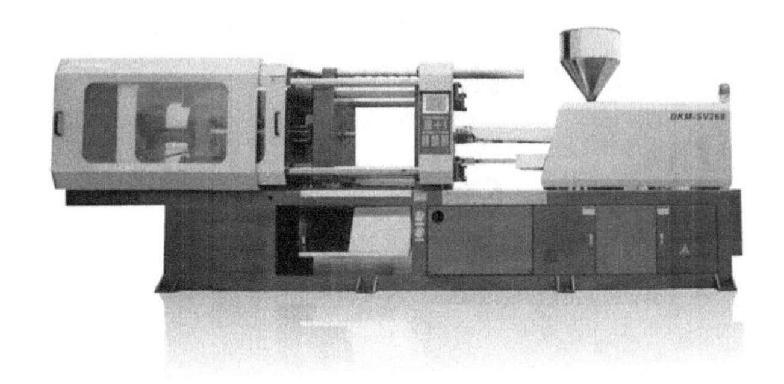

图 1-3　注射机

图 1-4　电镀生产线

2）模拟量过程控制。过程控制是指对温度、压力和流量等连续变化的模拟量的闭环控制。除数字量外，PLC 还能通过模拟量 I/O 模块实现 A/D、D/A 转换，并控制连续变化的模拟量，如温度、压力、速度、流量、液位、电压和电流等。

通过各种传感器将相应的模拟量转化为电信号，然后通过 PLC 的 A/D 模块将它们转换为数字量送入 PLC 内部 CPU 进行处理，处理后的数字量再经过 D/A 模块转换为模拟量进行输出控制。若使用专用的智能 PID 模块，可以实现对模拟量的闭环过程控制。现在 PLC 的 PID 闭环控制功能已广泛地应用于轻工、化工、机械、冶金、电力和建材等行业。典型应用如图 1-5 和图 1-6 所示。

图 1-5　乳制品行业应用

图 1-6　PLC 控制的型材拉拔机

3）机械构件位置控制。位置控制是指 PLC 使用专用的指令或运动控制模块来控制步进电动机或伺服电动机，从而实现对各种机械构件的运动控制，与顺序控制功能有机地结合在一起，控制构件的速度、位移和运动方向等。PLC 位置控制的典型应用有机器人的运动控制、机械手的位置控制以及电梯运动控制等。PLC 还可与计算机数控（CNC）装置组成数控机床，采用数字控制方式控制零件的加工，可生产出高精度的产品。图 1-7 所示为 PLC 控制的汽车涂装生产线示意图。

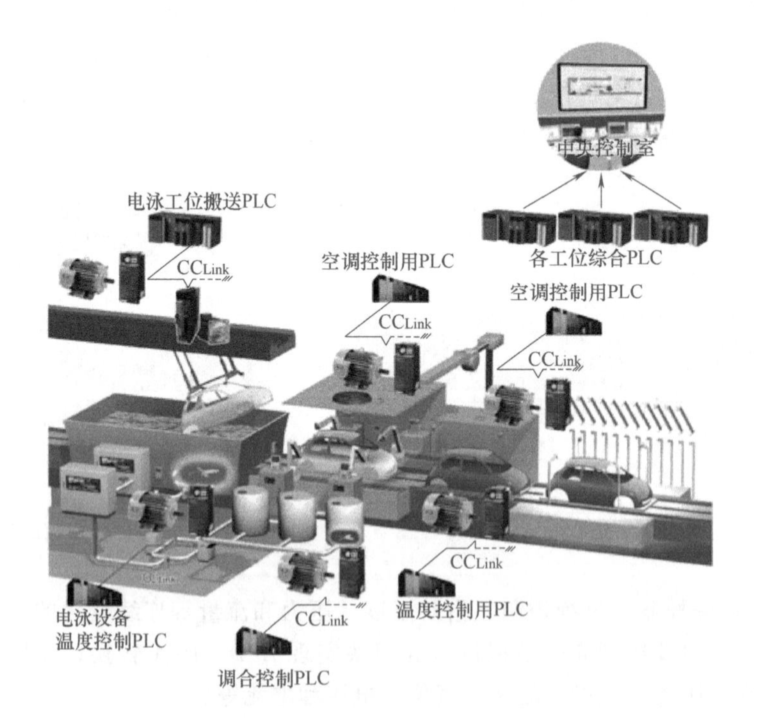

图 1-7　PLC 控制的汽车涂装生产线示意图

4）现场数据采集处理。目前，PLC 都具有数据处理指令、数据传送指令、算术与逻辑运算指令、位移与循环位移指令等，所以由 PLC 构成的监控系统可以方便地对生产现场的数据进行采集和分析，或者将它们打印成表格。数据处理通常用于诸如柔性制造系统、机器人和机械手的控制系统等大、中型控制系统中。

5）通信联网、多级控制。PLC 与 PLC 之间、PLC 与上位计算机之间通信要采用专用通信模块，并利用 RS232C、RS422A 或以太网接口，用双绞线或同轴电缆或光缆将它们连成网络。图 1-8 所示为 PLC 网络系统。由一台计算机与多台 PLC 组成的分布式控制系统进行"集中管理、分散控制"，建立工厂的自动化网络可满足工厂自动化系统发展的需要。当然，并不是所有的 PLC 都具有上述的全部功能，有些小型机只有其中的部分功能。

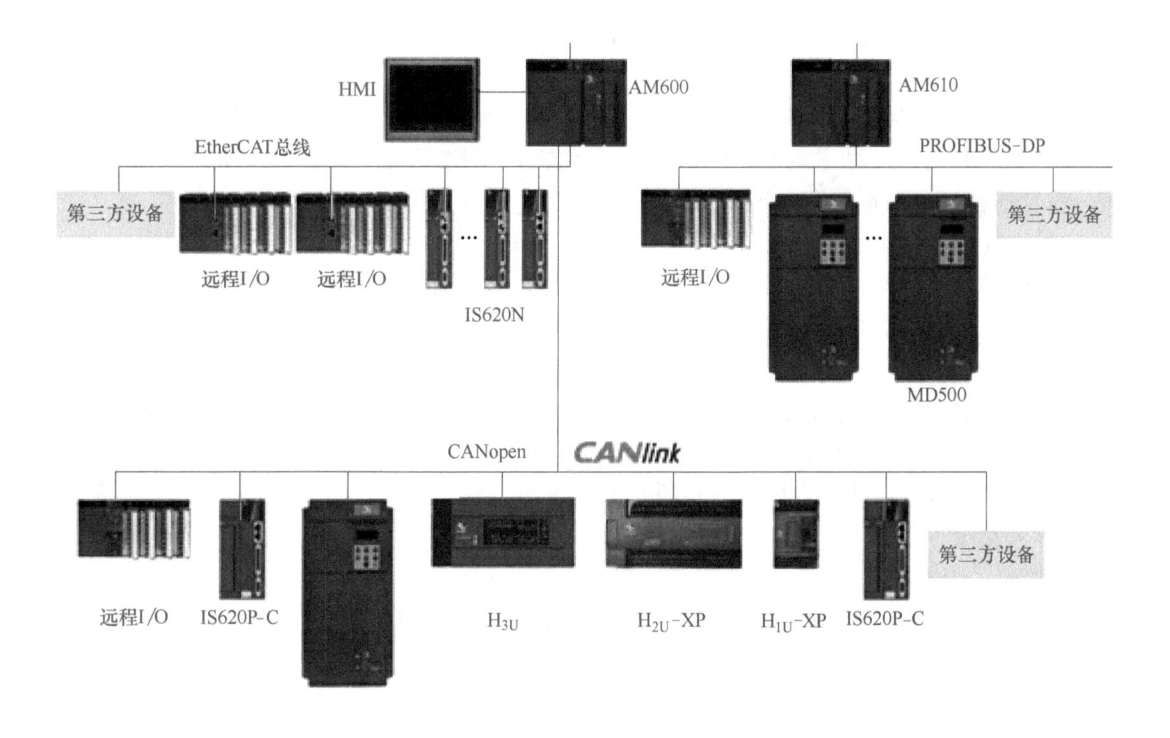

图 1-8 PLC 网络系统示意图

【任务实施】

1. 收集 PLC 相关信息

搜索关键词："什么是 PLC""PLC 图片""PLC 的由来""PLC 有哪些品牌""PLC 的型号""PLC 主要用在什么地方""PLC 有什么用""PLC 的特点"。

2. 撰写 PLC 应用调研报告

查找 PLC 应用的相关资料，学习小组分工完成调研报告（在"PLC 的由来""常用 PLC 品牌""PLC 的应用场合""PLC 有哪些外围设备"中任选一题完成）。参考格式如下：

××××调研报告

摘要：（要求准确、精练、简要地概括全文内容）

引言

（或前言、问题的提出，引言不是调研报告的主体部分，因此要简明扼要。内容包括：①提出调研的问题；②介绍调研的背景；③指出调研的目的；④阐明调研的假设（如果需要）；⑤说明调研的意义。）

调研方法

（针对不同的课题，有不同的调研方法，如问卷调查法、实验调研法、行动调研法和经验总结法等，这是调研报告的重要部分。以问卷调查法为例，其内容应包括：①调研的对象及其取样；②调查方法的选取；③相关因素和无关因素的控制（如果需要）；④操作程序与方法；⑤操作性概念的界定（如果需要）；⑥调研结果的统计方法。）

调研结果及其分析

（这是调研报告的主体部分，要求现实与材料要统一、科学性与通俗性相结合、分析讨论要实事求是，切忌主观臆断。其内容应包括：①用不同形式表达调研结果（如图、表）；②描述统计的显著性水平差异（如果需要）；③分析结果。）

讨论（或小结）

（这也是调研报告的主体部分。其内容应包括：①本课题调研方法的科学性；②本课题调研结果的可靠性；③本调研成果的价值；④本课题目前调研的局限性；⑤进一步研究的建议。）

结论

（这是调研报告的精髓部分。文字要简练，措词慎重、严谨、逻辑性强。主要内容包括：①调研解决了什么问题，还有哪些问题没有解决；②调研结果说明了什么问题，是否实现了原来的假设；③指出要进一步研究的问题。）

参考文献

附录

（如调查表、测量结果表等，以及采用行动调研的有关证明文件等。）

3. 下载课程学习资源

登录汇川公司官网 www. inovance. com，在下载区可以下载汇川 PLC 编程软件以及汇川各系列 PLC 的用户手册和编程软件。

【任务拓展】

1. 什么是开关量？什么是模拟量？
2. 在 PLC 的实际应用中，哪些属于开关量逻辑控制，哪些属于模拟量过程控制？
3. PLC 控制与单片机控制各有什么优缺点？

【思考与练习】

1. PLC 的定义是什么？

2. 简述 PLC 的发展史。
3. PLC 今后的发展方向是什么?
4. 简述 PLC 的分类。
5. PLC 有哪些特点?
6. 在工业控制中，PLC 有哪些应用?

任务 1-2　认识 PLC 和熟悉实践环境

本任务将介绍汇川 H2U PLC 的硬件面板功能，学生应掌握各部分的组成和作用，了解实践环境与面板指示灯。学生需完成以下内容:

1. 熟悉 PLC 的各部分组成和作用。
2. 熟悉 PLC 的硬件面板功能。
3. 了解汇川 PLC 的系列及型号命名。
4. 熟悉 PLC 面板指示灯。
5. 熟悉 PLC 实训台，会使用 PLC 实训台。
6. 掌握实训台操作安全规范。

【重点知识】

熟悉 PLC 的组成及面板功能，了解 PLC 的型号意义，熟悉 PLC 实训台的各部分功能。

【关键能力】

能识读汇川 PLC 型号，能正确、规范地使用实训台。

【素养目标】

通过查阅《汇川 H2U PLC 编程应用手册》和网络资料，锻炼学生能够正确、快速获取信息的能力；了解实训室安全操作规范。

【任务描述】

认识实训室的 PLC，识别其型号，说明型号的意义；指出面板各部分的名称与功能；操作实训台，使 PLC 正常通电工作；测试实训台各部分功能是否正常。

【任务要求】

1. 认识实训室的 PLC，能读出型号并说出意义。
2. 认识 PLC 的通信接口、输入/输出端口。
3. 熟悉 PLC 面板上的指示灯，以及各指示灯的作用。
4. 正确规范操作实训台。

【任务环境】

1. 两人一组，根据工作任务进行合理分工。
2. 每组配备 H2UPLC 主机一台。
3. 每组配备按钮、行程开关各两个，指示灯一个。
4. 每组配备导线若干和工具等。

【相关知识】

1. 汇川 H2U 系列 PLC 的结构

PLC 的分类及基本结构

汇川 PLC 是一种数字运算操作电子系统，专为工业环境下的应用而设计。它主要将外部输入信号（如按键、感应器、开关及脉波等）的状态读取后，依据这些输入信号的状态或数值以及内部存储的预先编写的程序，通过微处理机执行逻辑、顺序、计时、计数及算术运算，产生对应的输出信号，如继电器的开关、控制机械设备的操作。通过计算机或程序书写器可轻易地编辑/修改程序及监控装置的状态，进行现场程序的维护与试机调整。

H1U/ H2U 系列 PLC 是汇川研发的高性价比控制产品，指令丰富，高速信号处理能力强，运算速度快，运行的用户程序容量可达 16K 步，且无需外扩存储设备。

控制器标配三个独立通信口，可扩展为四个，方便现场接线；通信端口支持多种通信协议，包括 MODBUS 主站、从站协议，尤其方便了与变频器等设备的联机控制；提供了强大的用户程序保密功能、子程序单独加密功能，可保护用户的知识产权；支持 USB 下载，支持 CANlink 组网通信。

（1）H2U 系列 PLC 的命名规则

H 2U － 32 32 M R A X － XP

❶ ❷ ❸ ❹ ❺ ❻ ❼ ❽ ❾

① 公司产品信息。H：汇川控制器。

② 系列号。2U：第二代控制器。

③ 输入点数。32：32 点输入。

④ 输出点数。32：32 点输出。

⑤ 模块分类。M：通用控制器主模块；P：定位型控制器；N：网络型控制器；E：扩展模块。

⑥ 输出类型。R：继电器输出类型；T：晶体管输出类型。

⑦ 供电电源类型。A：AC 220V 输入，省略为默认 AC 220V；B：AC 110V 输入；C：AC 24V 输入；D：DC 24V。

⑧ 特殊功能标识位。如高速输入输出功能、模拟量功能等。

⑨ 辅助版本号。Q：高速 I/O 功能增强版本，具有 6 路高速输入、5 路高速输出；N：支持 CANlink 功能，取消了 1∶1 联机功能，I/O 配置保持不变；XP：升级版本，执行速度提高，增加独立串行通信端口，支持 CANlink 功能，I/O 配置保持不变。

(2) H2U 系列 PLC 的硬件

1) H2U 系列 PLC 的硬件结构。PLC 主模块主要由中央处理单元 (CPU)、存储器 (RAM)、输入输出单元 (I/O)、电源和编程工具等几部分组成,如图 1-9 所示。

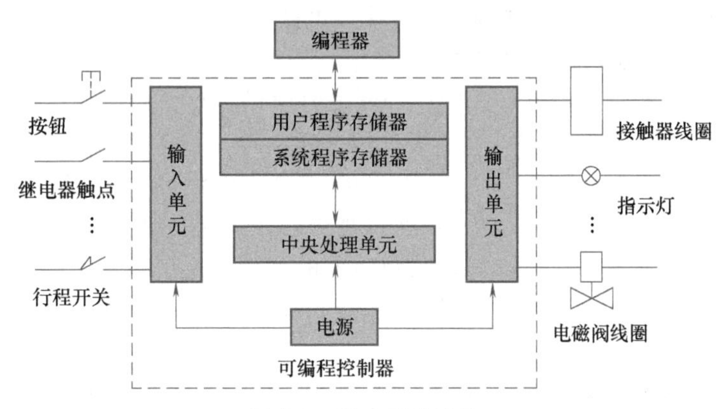

图 1-9 PLC 硬件结构

① 中央处理单元 (CPU)。PLC 中的 CPU 是 PLC 的核心,其作用类似人脑的神经中枢。每台 PLC 至少有一个 CPU,它按 PLC 系统程序赋予的功能接收并存储用户程序和数据,用扫描的方式采集由现场输入装置送来的状态或数据,并存入规定的寄存器中,同时诊断电源和 PLC 内部电路的工作状态及编程过程中的语法错误等。系统运行后,从用户程序存储器中逐条读取指令,经分析后再按指令规定的任务产生相应的控制信号,用于指挥有关的控制电路。

H2U、H1U 系列 PLC 采用 32 位 ARM 单片机作为主 CPU 处理器件,运算速度高,通信功能丰富。

CPU 的主要功能如下:

a. 上电后,即运行 PLC 系统程序,检测系统硬件,包括接入主模块的各种扩展模块、扩展卡,并对其进行初始化。这些动作只在上电时执行一次。

b. 开始运行用户程序前,检查用户程序的正确性和完整性,判断是否含有非法指令;根据用户程序中的内容,初始化 CPU 的各种计数器、中断端口、各通信端口,这些动作只在开始运行时执行一次。

c. 执行用户程序时,每次从用户存储区中读取一条指令,执行该指令,从指令中所指的操作数单元取数,进行计算,然后将结果存入指定的目标单元。采用循环扫描的方式顺序执行程序,直到所有用户程序执行完毕。

d. 处理中断,CPU 除顺序执行程序外,还能接受内部或外部发来的中断请求,并进行中断处理,处理完返回,继续顺序执行程序。

② 存储器 (RAM)。存储器是具有记忆功能的半导体电路,按照保存的特性来分类,有永久保存性存储器,用来存储系统程序、用户程序和系统组态等信息,现在一般用 FLASH 存储器;还有保存实时状态数据、逻辑变量和计算过程数据的存储器,一般用低功耗型 SDRAM 器件。系统配有电池,用于实现部分变量的掉电保持功能。

③ 输入输出单元 (I/O)。PLC 主要是通过各种 I/O 接口模块与外界联系的,按 I/O 点数确定模块规格及数量。I/O 模块可多可少,但其最大数量受 CPU 所能管理的基本配置的

能力，即受最大的底板或机架槽数限制。I/O 模块集成了 PLC 的 I/O 电路，其输入暂存器反映输入信号状态，输出点反映输出锁存器状态。

输入单元有良好的电气隔离、滤波及整形作用。接到 PLC 输入端的输入器件是各种开关、操作按钮、选择开关和传感器等。通过接口电路将这些开关信号转换为 CPU 能够识别和处理的信号，并送入输入映像存储器。

输出单元将 PLC 内部逻辑电路的弱电控制信号通过隔离驱动器件转换为现场所需要的强电信号输出，驱动指示灯、电磁阀、继电器及接触器等各种被控设备的执行器件。

④ 电源模块。PLC 的电源一般采用 AC 220V 市电，电源部件将交流电转换为供 PLC 工作所需的低压 DC 24V/5V/GND 电源，以及供外部 X 端口状态检测、外部传感器工作用的 24V/COM 电源。PLC 主模块和各种扩展模块组成的系统中，各部分的工作电源都由主模块供电，其中 24V/5V/GND 电源是由各模块的扩展电缆传递的，而 24V/COM 电源则由用户根据需要进行连接。

⑤ 编程工具。编程工具是 PLC 最重要的外部设备，利用编程工具可将用户程序送入 PLC 的存储器。现在常利用个人计算机（PC）配以 PLC 编程软件（AutoShop），使用适当的硬件接口的下载电缆进行读出程序、写入程序、监控程序等工作。

2）H2U 系列 PLC 的主要特点。

① 程序存储空间大，自带内存卡达 16K 步。

② 模块内部集成了大容量电源，可直接给传感器、HMI 和外部中间继电器等提供电源。

③ 提供多通道、高频率、高速输入输出端口，以及丰富的运动和定位控制功能。

④ 集成四个独立通信口，提供丰富的通信协议，提供 MODBUS 指令，方便系统集成。

⑤ 提供完备的加密功能，保护用户知识产权。

⑥ 运算速度快，并支持多达 128 个子程序和 21 个中断子程序，均可以带参数调用和独立密码保护。

（3）H2U 系列 PLC 的性能规格　H2U 系列主模块的性能规格见表 1-1。

表 1-1　H2U 系列主模块的性能规格

项　目	H2U 系列	
运算控制方式	循环扫描方式、中断命令	
输入输出控制方式	批处理方式，有 I/O 立即刷新指令	
程序语言	梯形图、指令表、顺序功能图	
最大存储容量	24K 步（含注释和文件寄存器）	
指令种类	基本顺控/步进梯形图	顺控 27 条/步进 2 条
	应用指令	128 种 300 多条
运算速度	基本指令	0.26μs/指令
	应用指令	1～数百 μs/指令
输入输出点数	扩展时输入总点数	256 点（八进制编码）
	扩展时输出总点数	256 点（八进制编码）
	扩展时总点数	256 点

（4）H2U 系列 PLC 的基本参数　H2U 系列 PLC 的基本参数见表 1-2。

表 1-2 H2U 系列 PLC 的基本参数

<table>
<tr><th rowspan="2">型号</th><th rowspan="2">合计点数</th><th colspan="7">输入输出特性</th></tr>
<tr><th>普通输入</th><th>高速输入(H2U-XP)</th><th>高速输入(H2U)</th><th>输入电压</th><th>普通输出</th><th>高速输出</th><th>输出方式</th></tr>
<tr><td>H2U-1010MR-XP</td><td rowspan="2">20 点</td><td rowspan="2">10 点</td><td>2 路
60kHz</td><td rowspan="2">—</td><td rowspan="2">DC 24V</td><td rowspan="2">10 点</td><td>—</td><td>继电器</td></tr>
<tr><td>H2U-1010MT-XP</td><td>6 路
10kHz</td><td>2 路
100kHz</td><td>晶体管</td></tr>
<tr><td>H2U-1616MR-XP</td><td rowspan="2">32 点</td><td rowspan="2">16 点</td><td rowspan="2">6 路
60kHz</td><td rowspan="2">6 路
100kHz</td><td rowspan="2">DC 24V</td><td rowspan="2">16 点</td><td>—</td><td>继电器</td></tr>
<tr><td>H2U-1616MT-XP</td><td>3 路
100kHz</td><td>晶体管</td></tr>
<tr><td>H2U-2416MR-XP</td><td rowspan="3">40 点</td><td rowspan="3">24 点</td><td>2 路
60kHz</td><td>2 路
100kHz</td><td rowspan="3">DC 24V</td><td rowspan="3">16 点</td><td>—</td><td>继电器</td></tr>
<tr><td>H2U-2416MT-XP</td><td>4 路
10kHz</td><td>4 路
10kHz</td><td>2 路
100kHz</td><td rowspan="2">晶体管</td></tr>
<tr><td>H2U-2416MTQ-F01</td><td>6 路
100kHz</td><td>6 路
100kHz</td><td>5 路
100kHz</td></tr>
<tr><td>H2U-3624MR-XP</td><td rowspan="2">60 点</td><td rowspan="2">36 点</td><td>2 路
60kHz</td><td>2 路
100kHz</td><td rowspan="2">DC 24V</td><td rowspan="2">24 点</td><td>—</td><td>继电器</td></tr>
<tr><td>H2U-3624MT-XP</td><td>4 路
10kHz</td><td>4 路
10kHz</td><td>2 路
100kHz</td><td>晶体管</td></tr>
<tr><td>H2U-3232MR-XP</td><td rowspan="4">64 点</td><td rowspan="4">32 点</td><td rowspan="2">6 路
60kHz</td><td rowspan="2">6 路
100kHz</td><td rowspan="4">DC 24V</td><td rowspan="4">32 点</td><td>—</td><td>继电器</td></tr>
<tr><td>H2U-3232MT-XP</td><td>3 路
100kHz</td><td rowspan="3">晶体管</td></tr>
<tr><td>H2U-3232MTQ</td><td>6 路
100kHz</td><td>6 路
100kHz</td><td>5 路
100kHz</td></tr>
<tr><td>H2U-3232MTP</td><td>—</td><td>—</td><td>8 路
100kHz</td></tr>
<tr><td>H2U-4040MR-XP</td><td rowspan="2">80 点</td><td rowspan="2">40 点</td><td rowspan="2">6 路
60kHz</td><td rowspan="2">6 路
100kHz</td><td rowspan="2">DC 24V</td><td rowspan="2">40 点</td><td>—</td><td>继电器</td></tr>
<tr><td>H2U-4040MT-XP</td><td>3 路
100kHz</td><td>晶体管</td></tr>
<tr><td>H2U-6464MR-XP</td><td rowspan="2">128 点</td><td rowspan="2">64 点</td><td rowspan="2">6 路
60kHz</td><td rowspan="2">6 路
100kHz</td><td rowspan="2">DC 24V</td><td rowspan="2">64 点</td><td>—</td><td>继电器</td></tr>
<tr><td>H2U-6464MT-XP</td><td>3 路
100kHz</td><td>晶体管</td></tr>
</table>

注：普通输入点总数包括高速输入，高速输入端口可以用作普通输入；H2U-XP 高速输入总频率不超过 70kHz；H2U-3232MTQ 和 H2U-2416MTQ 的高速输入总频率为 600kHz，其他 H2U 系列高速输入总频率不超过 100kHz。

（5）H2U 的扩展

1）扩展模块。扩展模块按功能分为数字量扩展模块（也称为普通扩展模块，用于 I/O 端口的扩展）、模拟量扩展模块、定位扩展模块以及通信与网络扩展模块（又称为特殊功能模块，可实现模拟量的输入输出，或各种特定的功能）等。

扩展模块按与主模块之间的连接方式，分为本地扩展模块与远程扩展模块。本地扩展模块需要紧邻主模块安装，通过扩展模块自带的并行电缆进行插接。远程扩展模块需要通过 CANlink 总线与主模块相连，连线距离可达几十米。

数字量扩展模块命名规则如下：

H 2U－00 16 E R N R

❶ ❷ ❸ ❹ ❺ ❻ ❼ ❽

① 汇川控制器。

② 系列号。

③ 输入点数。

④ 输出点数。

⑤ 模块分类。E：扩展模块。

⑥ 输出类型。N：无输出，R：继电器输出类型，T：晶体管输出类型。

⑦供电电源类型。N：无电源输入，D：DC 24V 输入。

⑧远程或本地扩展。R：远程扩展模块，缺省：本地扩展模块。

模拟量扩展模块命名规则如下：

H 2U－4 AD R

❶ ❷ ❸ ❹ ❺

① 汇川控制器。

② 系列号。

③ 通道数。

④ 特殊功能模块类型。AD：模拟量输入，DA：模拟量输出，PT：热电阻输入，TC：热电偶输入，AM：混合模拟量模块。

⑤ 远程或本地扩展。R：远程扩展模块，缺省：本地扩展模块。

H2U 系列 PLC 的扩展型号见表 1-3。

表 1-3 H2U 系列 PLC 的扩展型号

产品型号	产品名称	描述	适用主模块机型				
			H1U	H2U			
				通用	Q 型	N 型	XP 型
H2U-0016ERN	H2U 系列 PLC 本地继电器输出型扩展模块	16 点继电器输出本地模块	—	√	√	√	√
H2U-0016ETN	H2U 系列 PLC 本地晶体管输出型扩展模块	16 点晶体管输出本地模块	—	√	√	√	√
H2U-1600ENN	H2U 系列 PLC 本地输入扩展模块	16 点输入本地模块	—	√	√	√	√
H2U-2AD	H2U 系列 PLC 本地模拟量输入模块	2 通道电压电流输入本地模块	—	√	√	√	√
H2U-4AD	H2U 系列 PLC 本地模拟量输入模块	4 通道电压电流输入本地模块	—	√	√	√	√
H2U-2DA	H2U 系列 PLC 本地模拟量输出模块	2 通道电压电流输出本地模块	—	√	√	√	√
H2U-4DA	H2U 系列 PLC 本地模拟量输出模块	4 通道电压电流输出本地模块	—	√	√	√	√
H2U-4AM	H2U 系列 PLC 本地模拟量混合模块	2 通道电压电流输入 2 通道电压电流输出本地模块	—	√	√	√	√

（续）

<table>
<tr><th rowspan="3">产品型号</th><th rowspan="3">产品名称</th><th rowspan="3">描述</th><th colspan="5">适用主模块机型</th></tr>
<tr><th rowspan="2">H1U</th><th colspan="4">H2U</th></tr>
<tr><th>通用</th><th>Q型</th><th>N型</th><th>XP型</th></tr>
<tr><td>H2U-6AM</td><td>H2U系列PLC本地模拟量混合模块</td><td>4通道电流输入2通道电压输出本地模块</td><td>—</td><td>√</td><td>√</td><td>√</td><td>√</td></tr>
<tr><td>H2U-4PT</td><td>H2U系列PLC本地热电阻输入模块</td><td>4通道热电阻输入本地模块</td><td>—</td><td>√</td><td>√</td><td>√</td><td>√</td></tr>
<tr><td>H2U-4TC</td><td>H2U系列PLC本地热电偶输入模块</td><td>4通道热电偶输入本地模块</td><td>—</td><td>√</td><td>√</td><td>√</td><td>√</td></tr>
<tr><td>H2U-0016ERDR</td><td>远程继电器输出扩展模块</td><td>16点继电器输出远程模块</td><td>√</td><td>—</td><td>—</td><td>√</td><td>√</td></tr>
<tr><td>H2U-0016ERTR</td><td>远程晶体管输出扩展模块</td><td>16点晶体管输出远程模块</td><td>√</td><td>—</td><td>—</td><td>√</td><td>√</td></tr>
<tr><td>H2U-0016ERNR</td><td>远程输入扩展模块</td><td>16点输入远程模块</td><td>√</td><td>—</td><td>—</td><td>√</td><td>√</td></tr>
<tr><td>H2U-2ADR</td><td>远程模拟量输入模块</td><td>2通道电压电流输入远程模块</td><td>√</td><td>—</td><td>—</td><td>√</td><td>√</td></tr>
<tr><td>H2U-4ADR</td><td>远程模拟量输入模块</td><td>4通道电压电流输入远程模块</td><td>√</td><td>—</td><td>—</td><td>√</td><td>√</td></tr>
<tr><td>H2U-2DAR</td><td>远程模拟量输出模块</td><td>2通道电压电流输出远程模块</td><td>√</td><td>—</td><td>—</td><td>√</td><td>√</td></tr>
<tr><td>H2U-4DAR</td><td>远程模拟量输出模块</td><td>4通道电压电流输出远程模块</td><td>√</td><td>—</td><td>—</td><td>√</td><td>√</td></tr>
<tr><td>H2U-4AMR</td><td>远程模拟量混合模块</td><td>2通道电压电流输入2通道电压电流输出远程模块</td><td>√</td><td>—</td><td>—</td><td>√</td><td>√</td></tr>
<tr><td>H2U-6AMR</td><td>远程模拟量混合模块</td><td>4通道电流输入2通道电压输出远程模块</td><td>√</td><td>—</td><td>—</td><td>√</td><td>√</td></tr>
<tr><td>H2U-4PTR</td><td>远程热电阻输入模块</td><td>4通道热电阻输入远程模块</td><td>√</td><td>—</td><td>—</td><td>√</td><td>√</td></tr>
<tr><td>H2U-4TCR</td><td>远程热电偶输入模块</td><td>4通道热电偶输入远程模块</td><td>√</td><td>—</td><td>—</td><td>√</td><td>√</td></tr>
</table>

注：H1U仅能接远程扩展模块，需要配H1U-CAN-BD卡；H2U分两种，通用机型仅能接本地模块，N系列带CAN机型可接本地和远程模块，接远程模块需要配H2U-CAN-BD卡。

2）扩展卡。H2U还提供了多种功能扩展卡接入，以实现端口扩展或特殊功能。H2U系列PLC扩展卡的型号及功能见表1-4。

表1-4　H2U系列PLC扩展卡的型号及功能

产品型号	产品名称与描述	说明
H1U-CAN-BD	CANlink接口扩展卡	
H2U-CAN-BD	CANlink接口扩展卡	
H2U-232-BD	全双工RS232通信接口扩展卡	
H2U-422-BD	全双工RS422通信接口扩展卡	
H2U-485IF-BD	隔离型RS485通信接口扩展卡	
H2U-3A-BD	2通道模拟量输入、1通道模拟量输出扩展卡	输入信号：(V+I)×2ch 输出信号：(V+I)×1ch

（续）

产品型号	产品名称与描述	说明
H2U-6A-BD	4 通道模拟量输入、2 通道模拟量输出扩展卡	输入信号：V×2ch+I×2ch 输出信号：(V+I)×2ch
H2U-6B-BD	2 通道(4I)模拟量输入、1 通道模拟量输出扩展卡	输入信号：I×4ch 输出信号：(V+I)×2ch

PLC 的工作原理及主要性能指标

2. PLC 的工作原理

（1）PLC 的执行原理　当编程人员将设计编译好的梯形图程序下载到 PLC 的内存后，PLC 便可以对用户程序进行扫描执行了。

PLC 运行时，主要进行 X 输入检测、用户程序扫描执行、其他元件的状态刷新以及将 Y 状态缓存状态输出到 PLC 的 Y 硬件端口等。这些工作内容周而复始地进行，其中扫描执行用户程序是 PLC 的核心工作，过程如图 1-10 所示。

PLC 编程语言及 H2U 系列规格

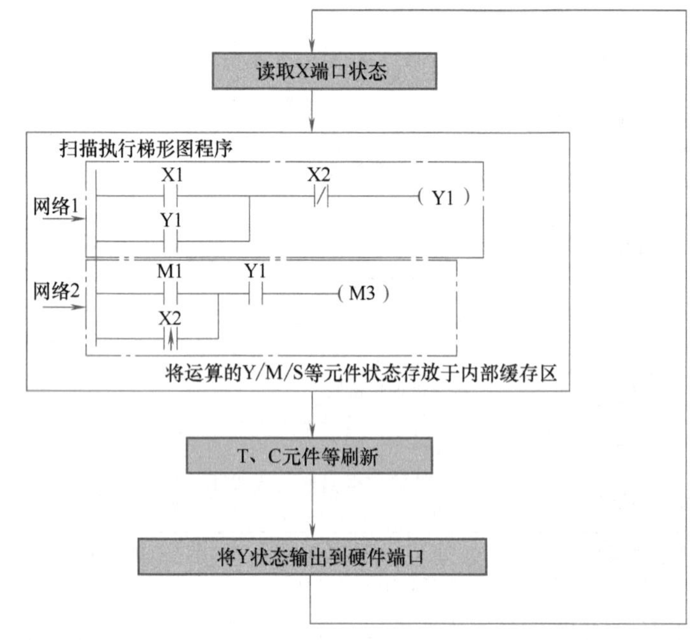

图 1-10　PLC 循环扫描执行过程

每次执行用户程序前，首先将 X 硬件端口的状态读取后存放到 X 变量缓存区。

用户程序的扫描执行是以用户程序的网络块为单元进行逐步演算的，所谓网络是有关联的一组元件块，如图 1-10 所示的两个网络。执行演算从第一个网络开始，依次向下演算第二个、第三个……直到最后一个网络。而对每个网络进行演算的方式是由左至右，逐个对元件的触点状态进行逻辑计算综合，直到最右边，输出到元件的线圈，或根据逻辑决定是否进行某个操作。

在梯形图中，左侧目前相当于电源的相线，其默认的（电位）状态为 ON，每经过一个元件后，逻辑运算结果暂存状态都被刷新，有时也将中间计算暂存状态称为能流，中间逻辑计算结果为 ON，即能流为有效，本网络的输出状态即为输出电的能流状态。若最右端为操作类型，若能流为有效，就进行操作，否则，不进行操作。

由上至下，主程序的所有网络都扫描执行完毕，各定时器的刷新、例行的通信等数据处理完成后，PLC 系统程序会将 Y 寄存器缓存区的变量状态输出到 Y 硬件端口中。然后又开始下一轮的用户程序扫描，如此周而复始，直到控制用户程序执行的 RUN/STOP 开关被拨到 STOP 位置为止。

对于整个 PLC 而言，其系统软件还需要完成一些运行准备、系统通信及终端处理等工作。对于复杂的用户程序，在系统扫描用户程序过程中，还可以采用中断处理的方法响应用户中断信号，对重要信号（也称重要事件）做及时处理。

所谓中断处理，就是 CPU 检测到特定信号时，立即停下（或中断）当前的例行工作，去执行特定的子程序，子程序执行完毕后才返回到先前被停下的工作点，继续执行例行工作。中断信号的请求能得到及时的响应处理，是中断功能的主要特点。

在 PLC 中，有高速信号输入（X0 ~ X5）、高速计数和定时等中断（有时称为用户中断），还有通信中断，包括系统通信、用户程序发起的通信等。在 PLC 中，各中断享有同一优先级，但不同中断类型的运行区间稍有不同。

（2）PLC 的扫描周期　PLC 全过程扫描一次所需的时间定为一个扫描周期。如图 1-11 所示，在 PLC 上电复位后，首先要进行初始化工作，如自诊断、与外设（如编辑器、上位计算机）通信等处理。当 PLC 方式开关置于 RUN 位置时，它才进入输入采样、程序执行和输出刷新。

一个完整的扫描周期可由自诊断时间、通信时间、扫描 I/O 时间和扫描用户程序时间相加得到，其典型值为 1 ~ 100ms。运行的程序会在 D8012 中存放当前程序的最大扫描周期。

1）自诊断时间：同型号 PLC 的自诊断时间通常是相同的，如三菱 FX2 系列机型的自诊断时间为 0.96ms。

2）通信时间：取决于连接的外部设备数量，若连接外部设备数量为零，则通信时间为 0。

3）扫描 I/O 时间：等于扫描的 I/O 总点数与每点扫描速度的乘积。

4）扫描用户程序时间：等于基本指令扫描速度与所有基本指令步数的乘积。扫描功能指令时间的计算方式也一样。当 PLC 控制系统固定后，扫描周期将随着用户程序的长短而增减。

3. PLC 输入单元电路及外部输入设备的连接

PLC 的输入单元电路及外部输入设备的连接

（1）按钮　按钮是指推动传动机构，使动触点与静触点接通或断开并实现电路换接的开关。

按钮是一种结构简单、应用十分广泛的主令电器，在电气自动控制电路中，用于手动发出控制信号，以控制接触器、继电器和电磁起动器等。按钮外形如图 1-12 所示。

按钮一般由按钮帽、复位弹簧、桥式动触头（可动触点）、静触头（固定触点）、支柱连杆及外壳等部分组成，如图 1-13 所示。

按钮按照不受外力作用（即静态）时触头的分合状态，分为启动按钮（即常开按钮）、停止按钮（即常闭按钮）和复合按钮（即常开、常闭触头组合为一体的按钮）。按钮的电气符号如图 1-14 所示。

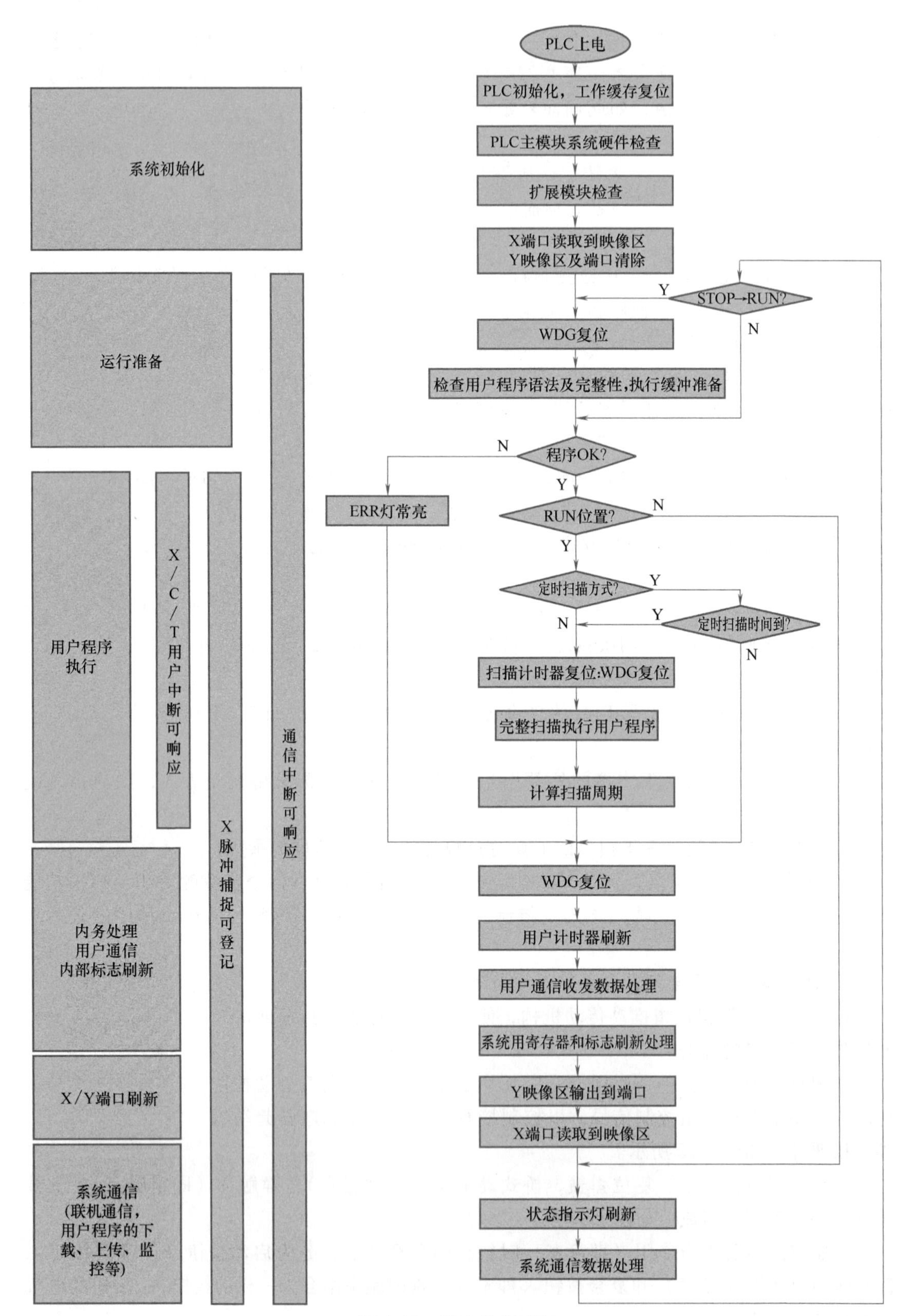

图 1-11　PLC 执行过程

图 1-12　按钮外形

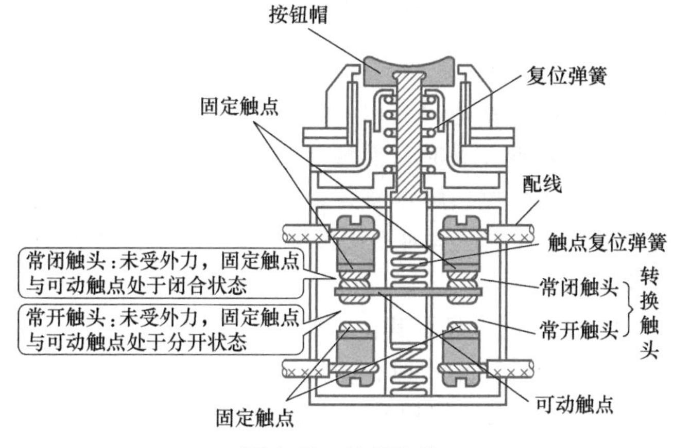

图 1-13　按钮结构

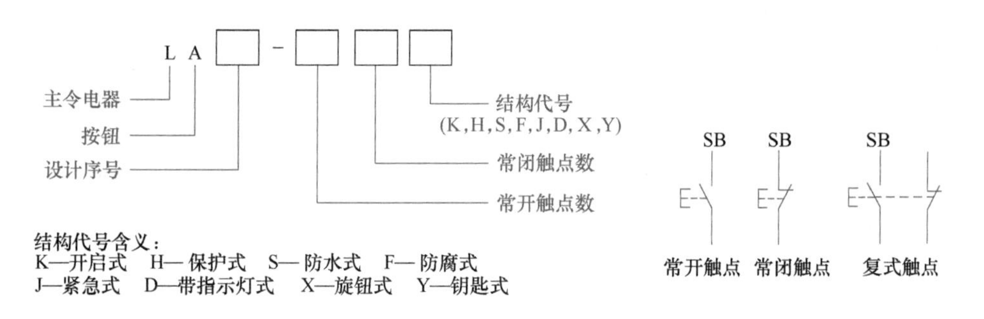

a) 型号含义　　b) 电气符号

图 1-14　按钮的型号含义和电气符号

（2）常用传感器　传感器通过对所接近的物体具有的敏感特性来识别物体的接近，并输出相应开关信号，因此接近传感器通常也称为接近开关。接近传感器有多种检测方式，包括利用电磁感应引起检测对象的金属体中产生电涡流的方式、捕捉检测体的接近引起电气信号容量变化的方式、利用磁石和引导开关的方式、利用光电效应和光电转换器件作为检测元件等。根据不同的检测方式，传感器可分为磁感应式接近开关（或称磁性开关）、电感式接近开关、漫反射光电开关和光纤式光电开关等。

1）磁性开关。磁性开关是利用磁石和引导开关完成位置检测的一种接近传感器，如图1-15 所示。它主要用在气缸的位置检测上。这些气缸的缸筒采用导磁性弱、隔磁性强的材料，如硬铝、不锈钢等。在非磁性体的活塞上安装一个永久磁铁的磁环，这样就提供了一个反映气缸活塞位置的磁场。安装在气缸外侧的磁性开关用来检测气缸活塞的位置，即检测活塞的运动行程。

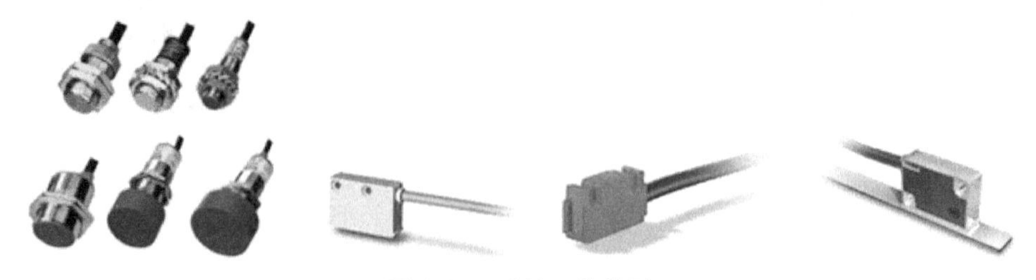

图 1-15　磁性开关外形

有触点式的磁性开关用舌簧开关做磁场检测元件。舌簧开关成形于合成树脂块内，一般还有动作指示灯、过电压保护电路塑封在内。图 1-16 所示是带磁性开关气缸的工作原理。当气缸中随活塞移动的磁环靠近开关时，舌簧开关的两根簧片被磁化而相互吸引，触点闭合；当磁环移开开关后，簧片失磁，触点断开。触点闭合或断开时发出电控信号，在 PLC 的自动控制中，可以利用该信号判断推料及顶料缸的运动状态或所处的位置，以确定工件是否被推出或气缸是否返回。

在磁性开关上设置的 LED 用于显示其信号状态，供调试时使用。磁性开关动作时，输出信号“1”，LED 亮；磁性开关不动作时，输出信号“0”，LED 不亮。磁性开关的安装位置可以调整，调整方法是松开它的紧定螺栓，让磁性开关顺着气缸滑动，到达指定位置后，再旋紧紧定螺栓。

磁性开关有蓝色和棕色两根引出线。使用时，蓝色引出线应连接到 PLC 输入公共端，棕色引出线应连接到 PLC 输入端。磁性开关的内部电路如图 1-17 中虚线框内所示。

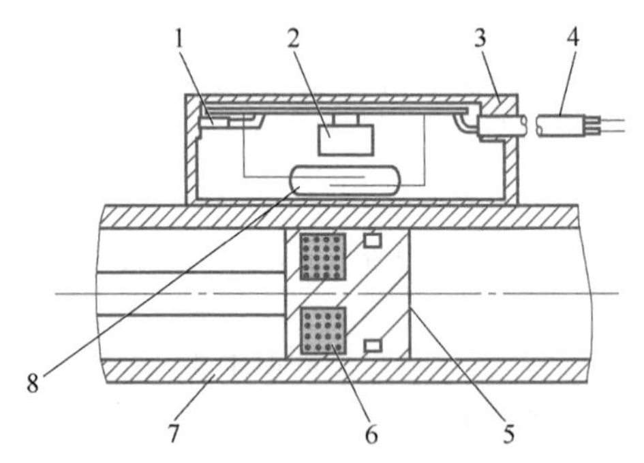

图 1-16　带磁性开关气缸的工作原理

1—动作指示灯　2—保护电路　3—开关外壳　4—导线
5—活塞　6—磁环（永久磁铁）　7—缸筒　8—舌簧开关

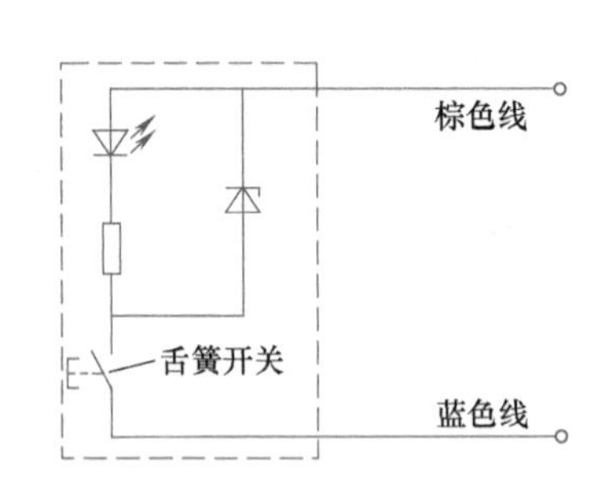

图 1-17　磁性开关内部电路图

2）电感式接近开关。电感式接近开关是利用电涡流效应制造的传感器，如图 1-18 所示。电涡流效应是指当金属物体处于一个交变的磁场中，在金属内部会产生交变的电涡流，该电涡流又会反作用于产生它的磁场的一种物理效应。如果这个交变的磁场是由一个电感线圈产生的，则这个电感线圈中的电流就会发生变化，用于平衡涡流产生的磁场。

利用上述原理，以高频振荡器（LC 振荡器）中的电感线圈作为检测元件，当被测金属

图 1-18　电感式接近开关外形

物体接近电感线圈时产生了涡流效应，引起振荡器振幅或频率的变化，由传感器的信号调理电路（包括检波、放大、整形和输出等电路）将该变化转换成开关量输出，从而达到检测目的。电感式接近开关的工作原理如图 1-19 所示。电感式接近开关同样有蓝色和棕色两根引出线，使用时蓝色引出线应连接到 PLC 输入公共端，棕色引出线应连接到 PLC 输入端，如图 1-20 所示。

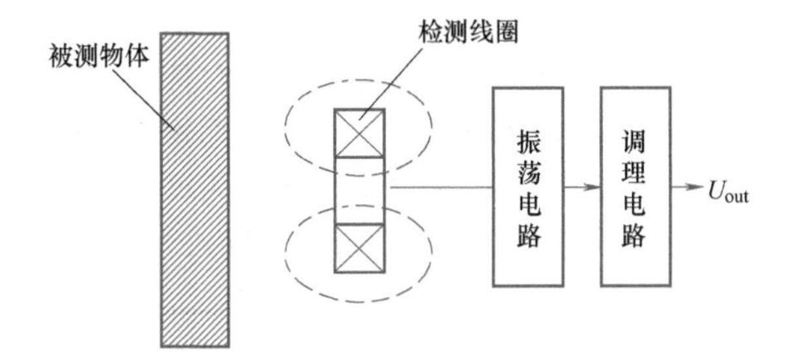

图 1-19　电感式接近开关的工作原理

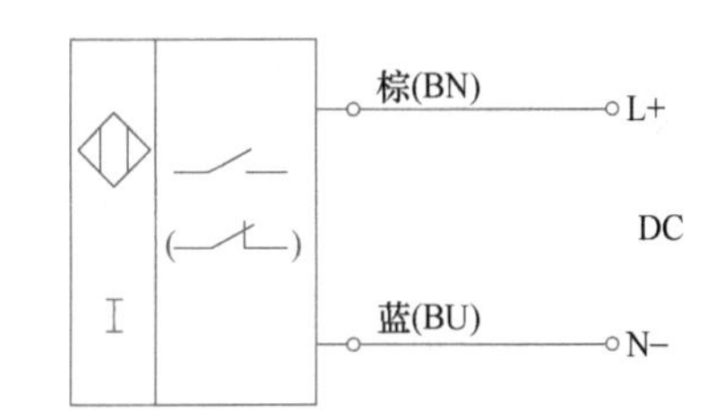

图 1-20　二线式电感式接近开关的接线

3）电容式接近开关。电容式接近开关是把被测的机械量（如位移、压力等）转换为电容量变化的传感器。它的敏感部分就是具有可变参数的电容器，如图 1-21 所示。

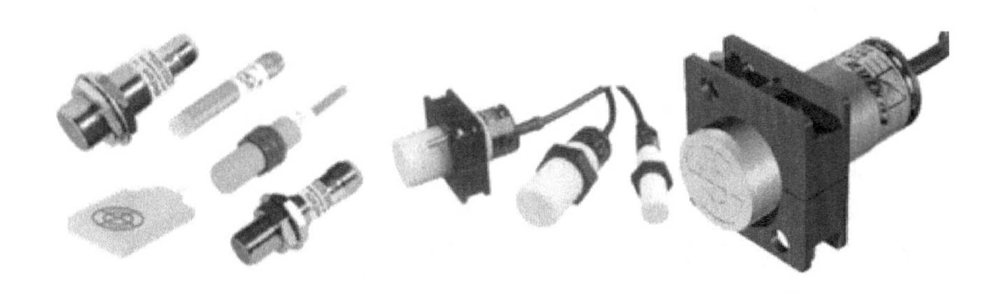

图 1-21　电容式接近开关外形

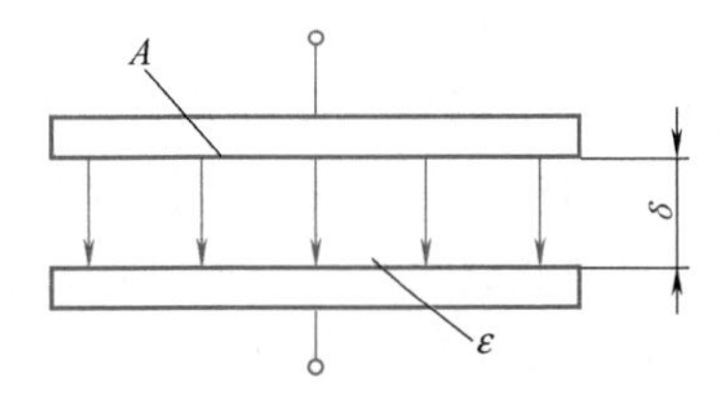

图 1-22　电容式接近开关原理

其最常用的形式是由两个平行电极组成、极间以空气为介质的电容器（图 1-22）。若忽略边缘效应，平板电容器的电容为 $\varepsilon A/\delta$，式中 ε 为极间介质的介电常数，A 为两电极互相覆盖的有效面积，δ 为两电极之间的距离。δ、A、ε 三个参数中任一个的变化都将引起电容量变化，并可用于测量。因此电容式接近开关可分为极距变化型、面积变化型和介质变化型三类。极距变化型一般用来测量微小的线位移或由于力、压力和振动等引起的极距变化。面积变化型一般用于测量角位移或较大的线位移。介质变化型常用于物位测量和各种介质的温度、密度、湿度的测定。

4）霍尔式接近开关。当一块通有电流的金属或半导体薄片垂直地放在磁场中时，薄片的两端就会产生电位差，这种现象称为霍尔效应。霍尔元件就是在霍尔效应原理的基础上，利用集成封装和组装工艺制作而成，它可方便地把磁输入信号转换成实际应用中的电信号。霍尔式接近开关的外形如图 1-23 所示。其输出端一般采用晶体管输出，和其他传感器类似，有 NPN、PNP、常开型、常闭型、锁存型（双极性）以及双信号输出型之分。

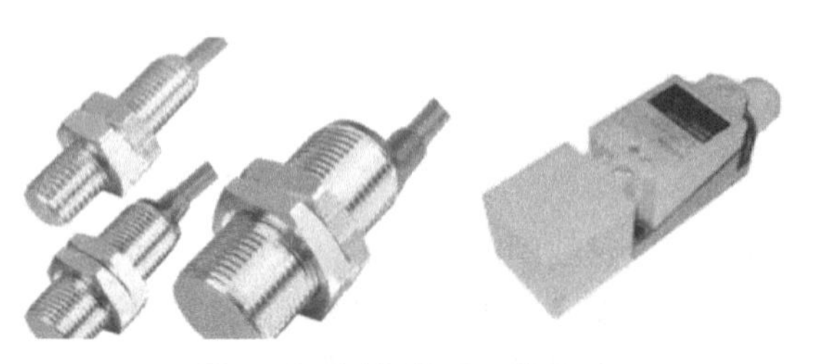

图 1-23 霍尔接近开关外形

当磁性物件移近霍尔式接近开关时，开关检测面上的霍尔元件因产生霍尔效应而使开关内部电路状态发生变化，进而控制开关的通或断。这种接近开关的检测对象必须是磁性物体。

5）光电接近开关。红外线光电开关（光电传感器）属于光电接近开关，它是利用被检测物体对红外光束的遮光或反射，由同步回路选通而检测物体的有无，其被检测物体不限于金属，所有能反射光线的物体均可检测。根据检测方式的不同，红外线光电开关可分为漫反射式光电开关、镜面反射式光电开关、对射式光电开关、槽式光电开关和光纤式光电开关。图 1-24 所示为反射式光电开关。

正面图

背面图

图 1-24 反射式光电开关外形

对射式光电开关（图 1-25）包含在结构上相互分离且光轴相对放置的发射器和接收器，发射器发出的光线直接进入接收器。当被检测物体经过发射器和接收器之间且阻断光线时，光电开关就产生了开关信号。若被检测物体是不透明的，则对射式光电开关是最可靠的检测器件。

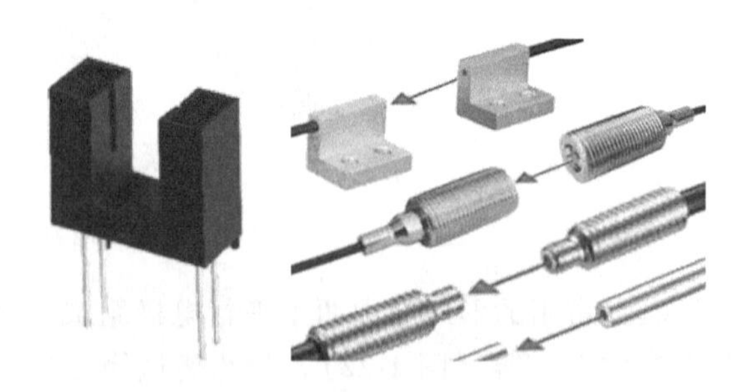

图 1-25 对射式光电开关外形

（3）行程开关 工农业生产中有很多机械设备都是需要往复运动的，例如，机床、高炉的加料设备等要求工作台在一定的距离内能自动往返运动，一般是通过行程开关来检测往返运动的相对位置，经控制电动机正反转来实现的。因此，把这种控制称为位置控制或行程控制。

行程开关又称限位开关，是利用生产机械运动部件的碰撞使其触头动作来实现接通或分断控制电路，达到一定的控制目的。根据结构形式不同，行程开关可分为直动式、单滚轮式和双滚轮式，如图 1-26 所示。

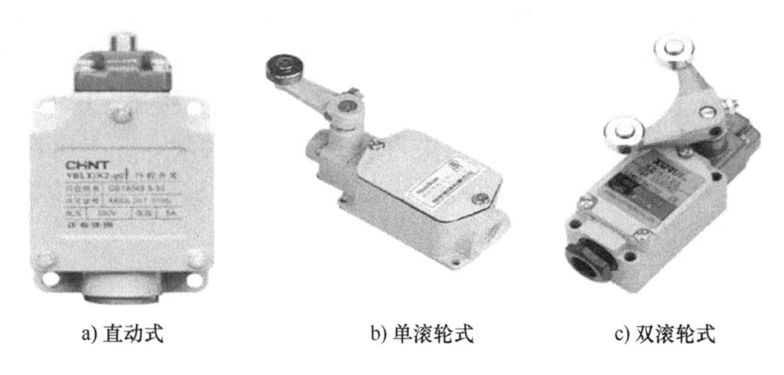

a) 直动式　　b) 单滚轮式　　c) 双滚轮式

图 1-26　行程开关外形

行程开关的型号含义和电气符号如图 1-27 所示。

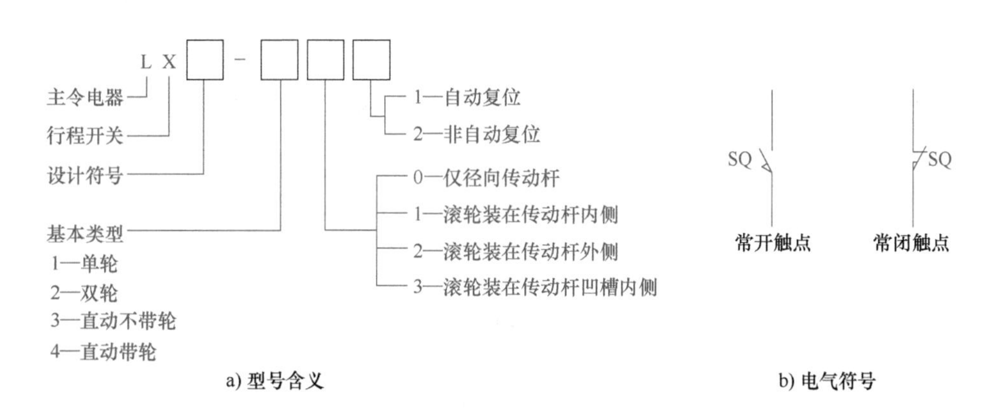

a) 型号含义　　b) 电气符号

图 1-27　行程开关的型号含义和电气符号

（4）PLC 与按钮、行程开关的接线方法　PLC 基本输入单元电路有内部供电 DC 24V 的漏型输入和源型输入两种（图 1-28），带有光电隔离电路及滤波器。输入输出扩展单元/模块的输入中包括漏型/源型通用型和漏型输入型的产品。输入输出为漏型/源型通用型。

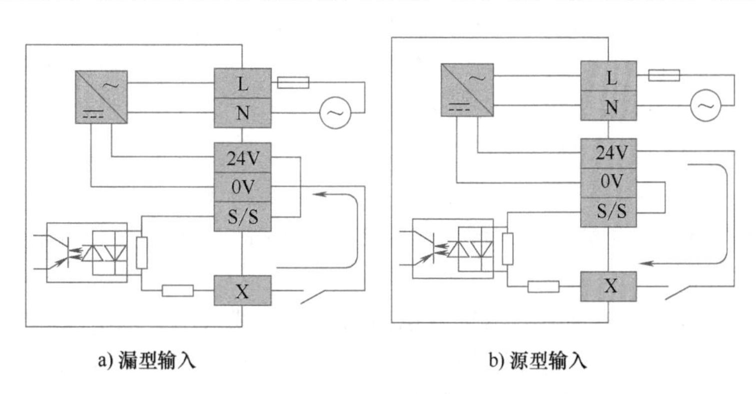

a) 漏型输入　　b) 源型输入

图 1-28　PLC 输入接口电路

1）漏型输入（-公共端）。当 DC 输入信号是从输入（X）端子流出电流然后输入时，称为漏型输入。连接晶体管输出型的传感器输出等时，可以使用 NPN 集电极开路型晶体管输出。图 1-29 所示为漏型输入接法。

2）源型输入（+公共端）。当 DC 输入信号是电流流向输入（X）端子的输入时，称为源型输入。连接晶体管输出型的传感器输出等时，可以使用 PNP 集电极开路型晶体管输出。

图 1-30 所示为源型输入接法。为了方便用户现场选择输入接法，H2U 系列 PLC 每一个 X 的输入电路选用了双向光耦，并将主模块内 X 输入的公共端 S/S 引出供用户选择连接。当 S/S 与辅助电源 24V 端子连接时，即为漏型输入接法；当 S/S 与辅助电源 COM 端子连接时，即为源型输入接法。

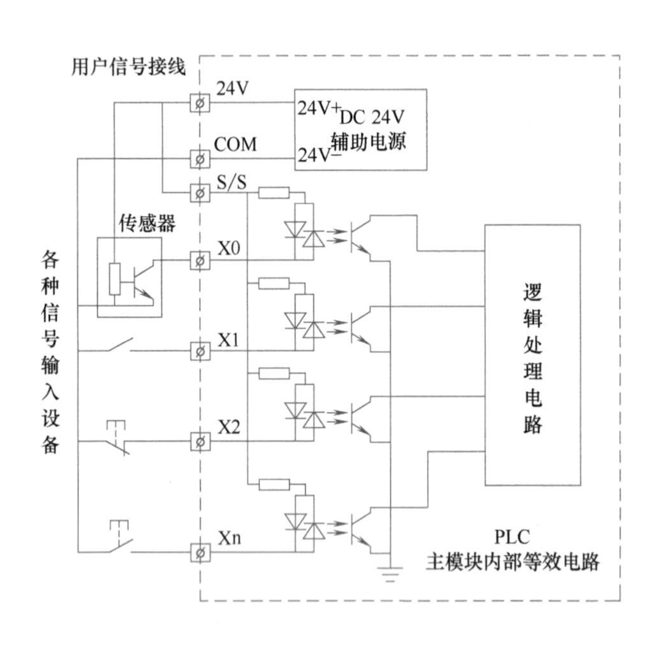

图 1-29　漏型输入接法

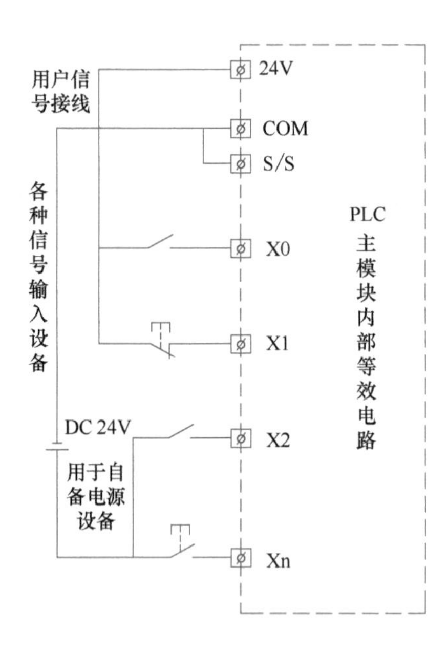

图 1-30　源型输入接法

常用的开关信号的传感器分为 NPN 和 PNP。NPN 输出的信号是低电平，而 PNP 输出的信号是高电平，所以漏型输入连接的应该是 NPN 的传感器，源型输入连接的是 PNP 的传感器。

PLC 的输出单元电路及外部输出设备的连接

4. PLC 输出单元电路及外部输出设备的连接

H2U 系列 PLC 的典型输出方式有继电器输出和晶体管输出两种。

图 1-31 所示为继电器输出方式的等效电路图，输出都采用了电气隔离技术。输出端子分为若干组，每组之间是电气隔离的，不同组的输出触点可接入不同的电源回路。继电器输出使用得比较多，因其触点容量比较大，可直接控制最大 AC 250V/5A 负载回路，但动作频度不能太高，其触点寿命有限，还与用户回路的电流大小有关。

图 1-32 所示为晶体管输出方式的等效电路图，输出都采用了光电隔离技术。晶体管输出级只能用于 DC 24V 负载回路，最高的输出端口频率可达 100kHz，适合给步进驱动器、伺服驱动器和低压电磁阀等设备提供控制信号。

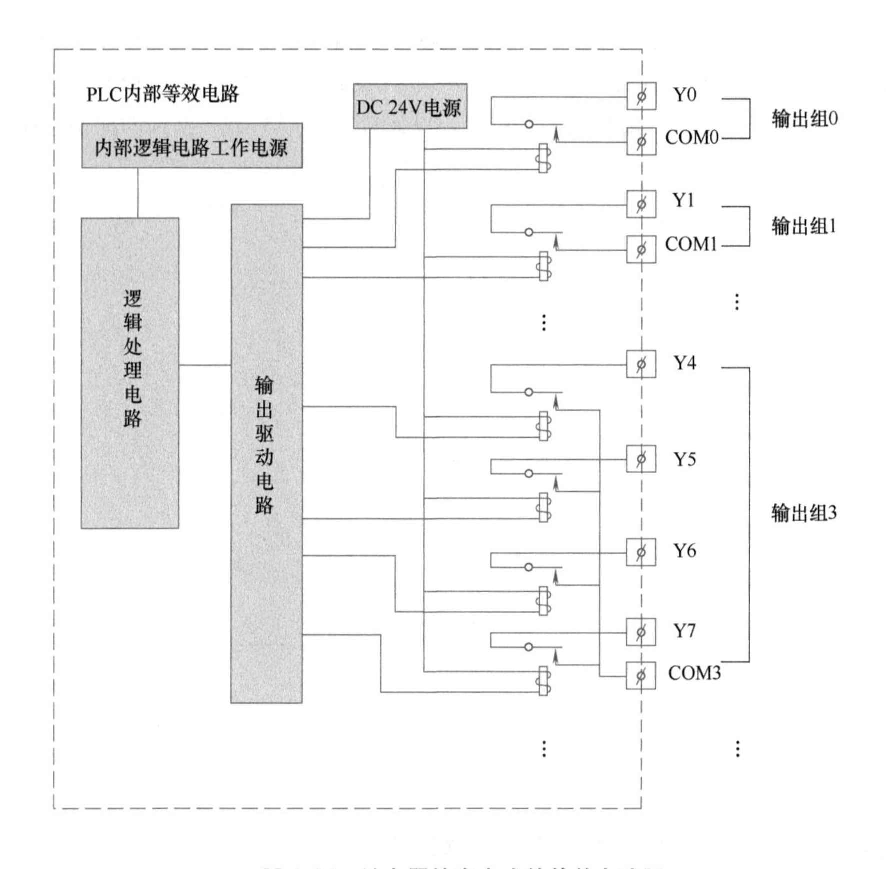

图 1-31　继电器输出方式的等效电路图

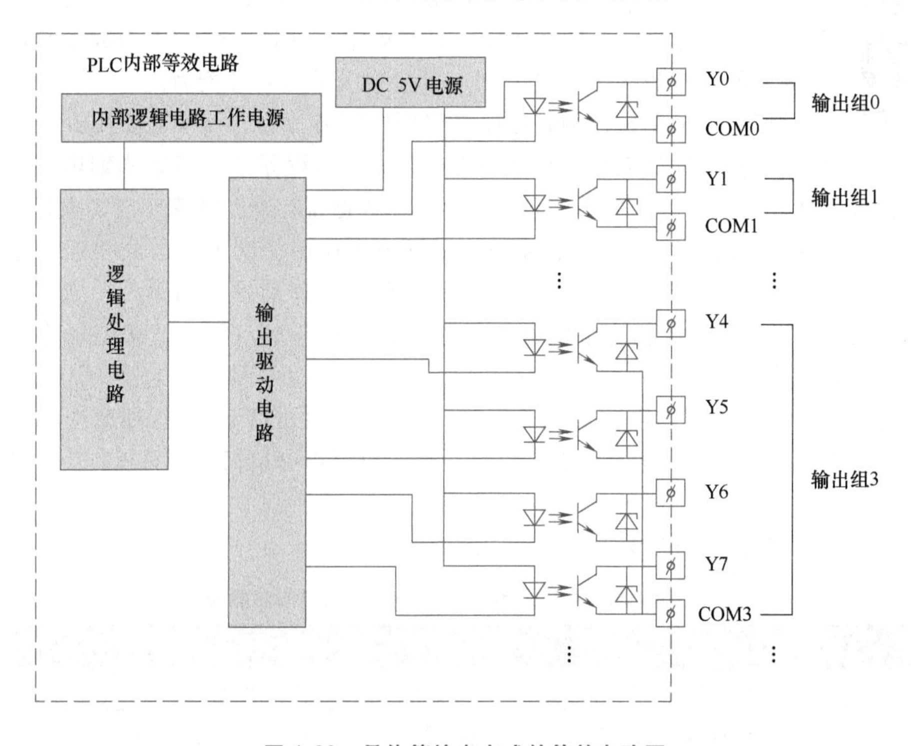

图 1-32　晶体管输出方式的等效电路图

为了避免受到瞬间大电流或高电压的作用而损坏 PLC 输出器件，不要直接驱动容性负载；输出的公共端应接熔断器限制短路电流；直流感性负载应使用续流二极管，交流感性负载应使用阻容吸收回路。使用如图 1-33 所示的输出保护电路，可显著延长 PLC 输出器件的使用寿命。

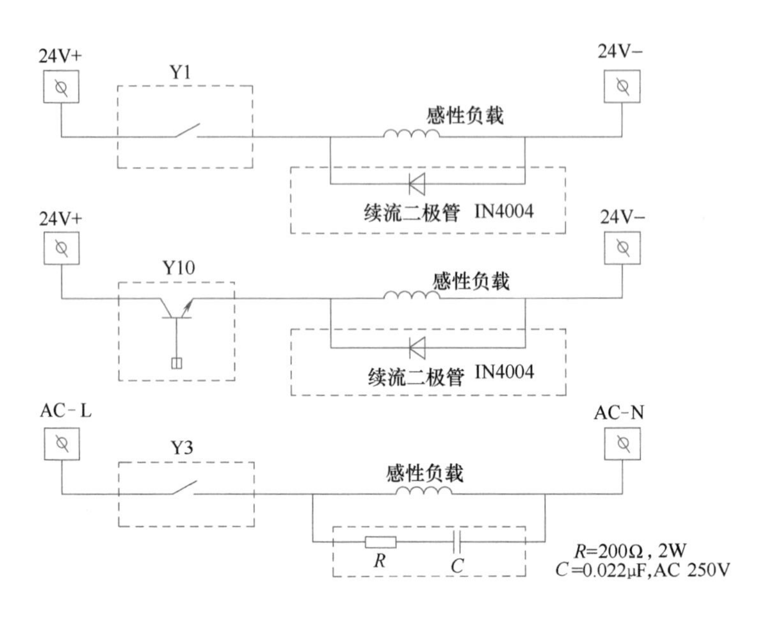

图 1-33 输出保护电路图

5. 汇川 H2U 系列 PLC 的软元件

汇川 H2U 系列 PLC 软元件

用户使用的每一个输入、输出端子及内部的每一个存储单元都称为软元件。每个软元件有不同的功能，且有固定的地址。软元件的数量是由监控程序规定的，它的多少决定了 PLC 的规模及数据处理能力。

PLC 是采用软件编制程序来实现控制要求的。编程时要用到各种编程元件，它们可提供无数个常开和常闭触点。编程元件是指输入继电器、输出继电器、辅助继电器、定时器、计数器、通用寄存器、数据寄存器及特殊功能继电器等。

PLC 内部这些继电器的作用和继电接触控制系统中使用的继电器十分相似，也有“线圈”与“触点”，但它们不是“硬”继电器，而是 PLC 存储器的存储单元。当写入该单元的逻辑状态为“1”时，表示相应继电器线圈得电，其常开触点闭合，常闭触点断开。所以，PLC 内部的这些继电器称为“软”继电器。对于这些编程用的继电器，其工作线圈没有工作电压等级、功耗大小和电磁惯性等问题；触点没有数量限制、机械磨损和电蚀等问题。在不同的指令操作下，其工作状态可以无记忆，也可以有记忆，还可以作为脉冲数字元件使用。

H2U 系列 PLC 编程元件的编号范围与功能说明见表 1-5。

表 1-5 H2U 系列 PLC 编程元件的编号范围与功能说明

项目		H2U 系列	
指令种类	基本顺控/步进梯形图	顺控指令 27 条，步进梯形图指令 2 条	
	应用指令	128 种	298 个

（续）

项　　目		H2U 系列	
运算处理速度	基本指令	0.26μs/指令（H2U-XP：0.12μs/指令）	
	应用指令	1~数百 μs /指令（H2U-XP：0.5~数百 μs /指令）	
输入输出点数	扩展时输入总点数	X000~X377（八进制编号）	256 点
	扩展时输出总点数	Y000~Y377（八进制编号）	256 点
	扩展时输入输出总点数	八进制编号	256 点
辅助继电器	一般用①	M0~M499	500 点
	保存用②	M500~M1023	524 点
	保存用③	M1024~M3071	2048 点
	特殊用	M8000~M8255	256 点
状态寄存器	初始化	S0~S9	10 点
	一般用①	S10~S499	490 点
	保存用②	S500~S899	400 点
	报警用②	S900~S999	100 点
定时器（限时）	100ms	T0~T199	200 点（0.1~3276.7s）
	10ms	T200~T245	46 点（0.01~327.67s）
	1ms 累计型③	T246~T249	4 点（0.001~32.767s）
	100ms 累计型③	T250~T255	6 点（0.1~3276.7s）
计数器	16 位单向①	C0~C99	100 点（0~32767 计数）
	16 位单向②	C100~C199	100 点（0~32767 计数）
	32 位双向①	C200~C219	20 点（-2147483648~+2147483647 计数）
	32 位双向②	C220~C234	15 点（-2147483648~+2147483647 计数）
	32 位高速双向②	C235~C255	21 点（-2147483648~+2147483647 计数）
数据寄存器（使用 1 对时 32 位）	16 位通用①	D0~D199	200 点
	16 位保存用②	D200~D511	312 点
	16 位保存用③	D512~D7999	7488 点（D1000 以后可以 500 点为单位设置文件寄存器）
	16 位特殊用	D8000~D8255	256 点
	16 位变址寻址用	V0~V7，Z0~Z7	16 点
指针	JAMP. CALL 分支用	P0~P127	128 点
	输入中断	I00□~I50□	6 点
	定时中断	I6□□~I8□□	3 点
	计数中断	I010~I060	6 点
嵌套	主控	N0~N7	8 点
常数	十进制（K）	16 位：-32768~+32767	32 位：-2147483648~+2147483647
	十六进制（H）	16 位：0~FFFF	32 位：0~FFFFFFFF

① 非电池保存区。通过参数设置可改为电池保存区。

② 电池保存区。通过参数设置可改为非电池保存区。

③ 电池保存固定区，区域特性不可改变。

1）输入继电器（X）。PLC 的输入端子是从外部开关接收信号的窗口，PLC 内部与输入端子连接的输入继电器 X 是用光电隔离的电子继电器，它们的编号与接线端子编号一致（按八进制编号），线圈的吸合或释放只取决于 PLC 外部触点的状态。内部有常开/常闭两种触点供编程时使用，且使用次数不限。输入电路的时间常数一般小于 10ms。各基本单元都是八进制输入的地址，有 X000～X007、X010 ～X017、X020 ～X027 等，最多可达 128 点。它们一般位于机器的上端。

2）输出继电器（Y）。PLC 的输出端子是向外部负载输出信号的窗口。输出继电器的线圈由程序控制，输出继电器的外部输出主触点接到 PLC 的输出端子上供外部负载使用，其余常开/常闭触点供内部程序使用。输出继电器的电子常开/常闭触点使用次数不限。输出电路的时间常数是固定的。各基本单元都是八进制输出的地址，有 Y000 ～Y007、Y010～Y017、Y020～Y027 等，最多可达 128 点。它们一般位于机器的下端。

3）辅助继电器（M）。PLC 内有很多辅助继电器，其线圈与输出继电器一样，由 PLC 内各软元件的触点驱动。辅助继电器也称为中间继电器，它没有向外的任何联系，只供内部编程使用。它的电子常开/常闭触点使用次数不受限制。但是，这些触点不能直接驱动外部负载，外部负载的驱动必须通过输出继电器来实现。辅助继电器的地址编号采用十进制，共分为三类：通用型辅助继电器、断电保持型辅助继电器和特殊用途型辅助继电器。其中通用型从 M0～M499 共 500 点。断电保持型辅助继电器分为可修改的和专用的。可修改的断电保持型辅助继电器从 M500～M1023 共 524 点。专用的断电保持型辅助继电器从 M1024～M3071 共 2048 点。特殊辅助继电器从 M8000～M8255 共 256 点。

4）定时器（T）。定时器相当于继电器系统中的时间继电器，可在程序中用于延时控制，PLC 里的定时器都是通电延时型。定时器工作是将 PLC 内的 1ms、10ms、100ms 等时钟脉冲相加，当它的当前值等于设定值时，定时器的输出触点（常开或常闭）动作，即常开触点接通，常闭触点断开。定时器触点使用次数不限。定时器的设定值可由常数（K）或数据寄存器（D）中的数值设定。

5）计数器（C）。计数器在程序中用于计数控制。H2U 系列 PLC 提供了 256 个计数器。当计数器的当前值和设定值相等时，触点动作。计数器的触点可以无限次使用。根据计数方式和工作特点可分为内部信号计数器和高速计数器。

6）状态寄存器（S）。状态寄存器是构成状态转移图的重要器件，与步进顺控指令配合使用。通常有如下五种类型：

初始状态寄存器：S0～S9，共 10 点。

回零状态寄存器：S10～S19，共 10 点。

通用状态寄存器：S20～S499，共 480 点。

保持状态寄存器：S500～S899，共 400 点。

报警用状态寄存器：S900～S999，共 100 点。

其常开/常闭触点的使用次数不受限制。不用于步进顺控指令时，状态寄存器也可以作为辅助继电器使用。

7）数据寄存器（D）。数据寄存器是计算机必不可少的元件，用于存放各种数据。每一个数据寄存器都是 16 位（最高位为正、负符号位），也可用两个数据寄存器合并起来存储 32 位数据（最高位为正、负符号位）。

① 通用数据寄存器 D。通道分配 D 0～D199，共 200 点。只要不写入其他数据，已写入

的数据不会变化。但是，由 RUN→STOP 时，全部数据均清零（若特殊辅助继电器 M8033 已被驱动，则数据不被清零）。

② 停电保持用寄存器。通道分配 D200～D511，共 312 点，或 D200～D999，共 800 点（由机器的具体型号确定）。除非改写，否则原有数据不会丢失，不论电源接通与否，PLC 运行与否，其内容也不变化。然而在两台 PLC 作点对点的通信时，D490～D509 被用作通信操作。

③ 文件寄存器。通道分配 D1000～D2999，共 2000 点。文件寄存器是在用户程序存储器（RAM、EEPROM、EPROM）内的一个存储区，以 500 点为一个单位，最多可在参数设置时用到 2000 点。用外部设备端口进行写入操作。在 PLC 运行时，可用 BMOV 指令写入通用数据寄存器中，但是不能用指令将数据写入文件寄存器。用 BMOV 指令将数据写入 RAM 后，再从 RAM 中读出。将数据写入 EEPROM 盒时，需要花费一定的时间，请务必注意。

④ RAM 文件寄存器。通道分配 D6000～D7999，共 2000 点。

⑤ 特殊用寄存器。通道分配 D8000～D8255，共 256 点。其内容在电源接通时，将赋予特定目的的数据或已经写入数据寄存器的数据作为初始化值写入数据寄存器（一般先清零，然后由系统 ROM 来写入）。

8）指针 P/I。

① 分支指令用指针。P 标号共有 128 点，从 P0～P62，P64～P127。P63 用于结束跳转，不能随意指定，P63 相当于 END。指针 P 用来指定跳转指令 CJ 或子程序调用指令 CALL 等分支指令的跳转目标。P 标号在整个程序中只允许出现一次，但可以多次引用。

P 标号用在跳转指令中的使用格式：CJ　P0～CJ　P62

P 标号用在子程序调用指令中的使用格式：CALL　P0～CALL　P63

② 中断用指针。I 标号专用于中断服务程序的入口地址，有 15 点。其中 I000～I500 共 6 点，用于外中断，由输入继电器 X0～X5 引起中断。I600～I800 共 3 点，用于插入计数。余下的 6 点 I010～I060 用于计数器中断。

9）常数 K/H。常数也作为器件对待，它在存储器中占有一定的空间。PLC 最常用的是两种常数 K 和 H。K 表示十进制，如 K30 表示十进制的 30。H 表示十六进制，如 H64 对应十进制的 100。常数一般用于定时器、计数器的设定值或数据操作。

【任务实施】

1. 认识汇川 H2U 系列 PLC

H2U 系列 PLC 主模块各部分的名称与功能如图 1-34 所示。

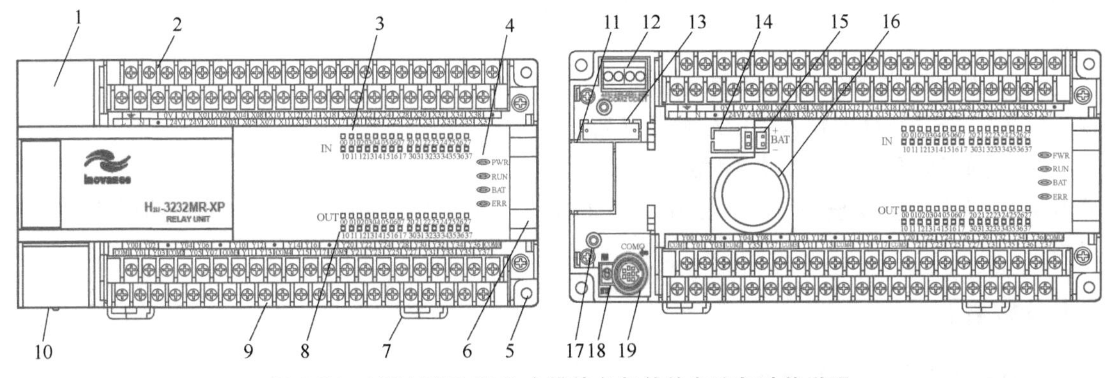

图 1-34　H2U 系列 PLC 主模块各部件的名称与功能说明

图1-34中各部件的名称与功能说明如下：

1）“丁”字盖板。

2）电源、辅助电源、输入信号用可拆卸式端子。

3）输入状态指示灯。

4）运行状态指示灯。PWR：电源指示灯，RUN：运行指示灯（正常运行时闪烁），BAT：电池电压低指示灯，ERR：错误指示灯。

5）安装螺钉孔（4个）。

6）扩展模块接口盖子。

7）DIN导轨安装卡扣（2个）。

8）输出状态指示灯。

9）输出信号用可拆卸式端子。

10）用户程序下载口（COM0）翻盖。

11）特殊功能转接板敲落孔（安装特殊功能转接板之前需剪掉）。

12）RS485通信口（COM1/COM2）接线端子。

13）特殊功能扩展卡和特殊功能转接板接口。

14）系统程序下载口（非专业人员切勿操作）。

15）电池插座（BAT）（注意极性，不能接反）。

16）圆片电池（须使用厂家提供的专用电池）。

17）特殊功能扩展卡和特殊功能转接板固定螺钉柱。

18）RUN/STOP切换开关。

19）用户程序下载口（COM0）。

2. 连接PLC输入信号

如图1-35所示，对按钮、行程开关和转换开关进行I/O分配，正确接线，熟悉常开、常闭触点的使用方法。

先将PLC输入COM端接电源0V，然后完成以下操作：

1）将按钮SB1的常开触点接到PLC的输入口X0，查看按动时输入指示灯是否点亮。

2）将行程开关SB2的常开触点接到PLC的输入口X1，查看按动时输入指示灯是否点亮。

3）将旋钮开关SB3的常开触点接到PLC的输入口X2，查看按动时输入指示灯是否点亮。

4）将旋钮开关SB3的常闭触点接到PLC的输入口X3，查看按动时输入指示灯是否点亮。

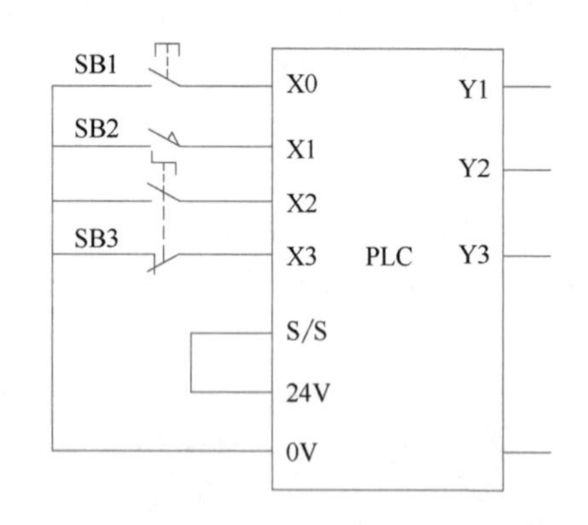

图1-35　PLC与按钮、行程开关的接线图

【任务拓展】

实训室安全操作规范如下：

1）学生进入 PLC 实训室，应服从老师安排，按规定穿工作服和电工鞋。必须遵守相关的各项规章制度，爱护公物，保持室内安静，并按指定位置就座。

2）不得将与教学无关的物品带入室内，不得将水杯放在操作台或设备上，必须保持室内卫生。

3）学生使用设备须事先进行培训，了解设备的正确使用方法及操作步骤。

① 检查实训台供电电源或设备是否正常。

② 确认编程器或计算机是否开机正常。训练中，不做与实习操作无关的事情，强电操作时必须穿好电工鞋。

4）学生进入实训室后不得随意开关设备电源，操作中如果发现有异常，应及时向任课老师报告，待查明原因，排除故障，严禁设备带病工作。

5）为避免带进计算机病毒，严禁任何人私自将个人 U 盘及光盘带入室内，一经发现除没收外，视情节轻重给予一定的处罚。

6）实训结束后，每个学生必须正确关闭设备电源，认真清点好工具及材料，整理好自己的工作台，经老师同意后，方可离开。

7）值日生每天除做好卫生工作外，还应将门、窗、灯关好，切断总电源后方能离开实训室。

【思考与练习】

1. PLC 的硬件结构包括__________、存储器、__________、__________和编程器，其中存储器有__________和__________两种。

2. PLC 的三种输出形式为__________输出、__________输出和__________输出。

3. PLC 软件系统包括__________和__________。

4. PLC 按结构型式分类，可分为__________和__________两类。

5. H2U-3232MT 表示 H __________系列，I/O 点数为__________点，该模块为__________模块，采用__________输出。

6. 将按钮 SB1 的常开触点接 X10，常闭触点接 X14，并正确连接输入 S/S 和输入公共端。

7. 市场上还有哪些品牌的 PLC？列举三个国产品牌的 PLC。

8. 按钮的常开触点与常闭触点接入 PLC 输入继电器，对应的触点逻辑状态有什么不同？

项目2
PROJECT 2

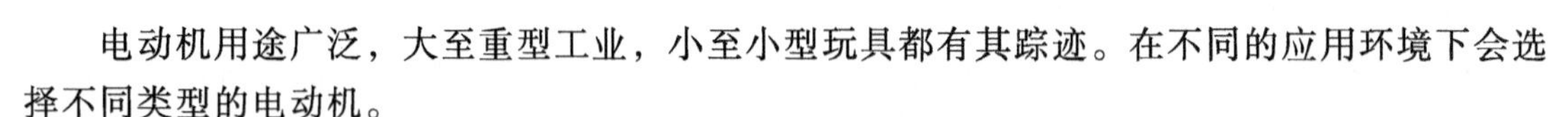

设计电动机控制电路

电动机用途广泛，大至重型工业，小至小型玩具都有其踪迹。在不同的应用环境下会选择不同类型的电动机。

电动机是 PLC 系统常用的被控对象，本项目介绍以电动机为汇川 PLC 控制对象，经过编程、接线、调试，实现电动机的单向运转起动、停止，电动机的延时起停等功能。通过实践熟悉汇川 PLC 控制系统的组成、PLC 的基本工作原理以及 PLC 内部组件，掌握汇川 PLC 输入输出外部接线。会使用 AutoShop 编程软件，掌握汇川 PLC 起保停电路设计步骤、调试，灵活应用汇川 PLC 的定时器元件。

思维导图

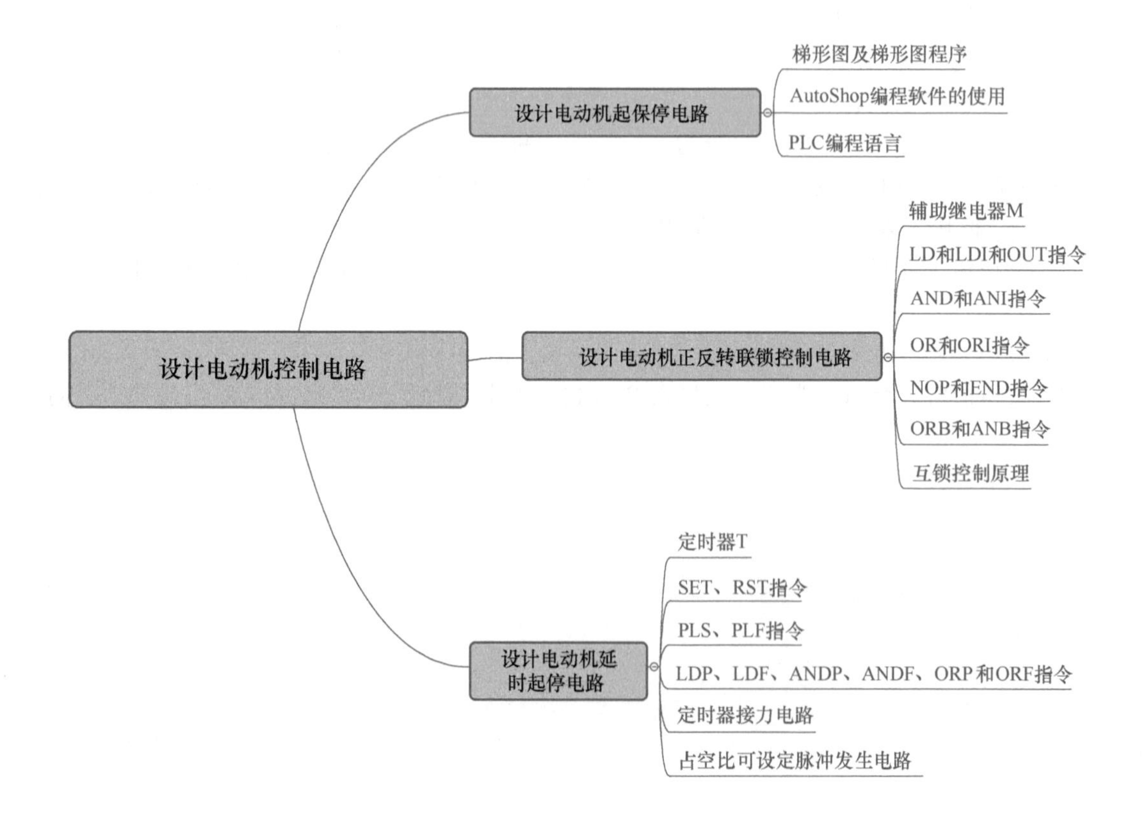

任务2-1 设计电动机起保停电路

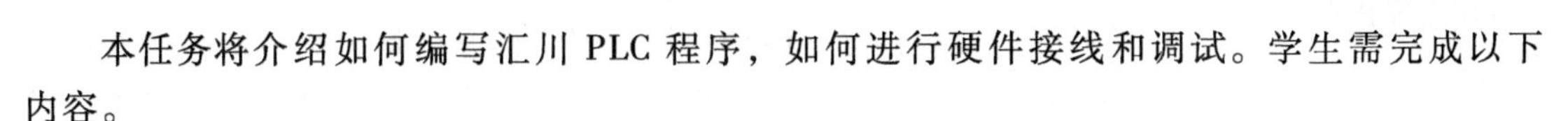

本任务将介绍如何编写汇川 PLC 程序，如何进行硬件接线和调试。学生需完成以下内容。

1. 熟悉 AutoShop 编程环境，学会输入 PLC 梯形图。
2. 掌握起保停控制电路的原理。
3. 熟悉 PLC 内部组件 X、Y。
4. 培养安全正确操作设备的习惯、严谨的做事风格和协作意识。

【重点知识】

汇川 PLC 的扫描工作原理，输入继电器 X、输出继电器 Y。

【关键能力】

1. 会在编程环境中输入梯形图程序，会上传、下载程序，会在线监控。
2. 会进行输入输出接线。

【素养目标】

通过对电动机的精准控制，培养严谨的做事风格、安全正确操作设备的习惯。

【任务描述】

有一个设备，当按下起动按钮时，电动机起动运行；当按下停止按钮时，电动机停止。完成汇川 PLC 程序的编写与调试、硬件的接线与调试。

【任务要求】

1. 安装 AutoShop 编程软件。
2. 在梯形图编程环境下编写起保停电路。
3. 正确连接编程电缆，下载程序到汇川 PLC。
4. 正确连接输入按钮和外部负载（交流接触器）。
5. 在线监控，软、硬件调试。

【任务环境】

1. 两人一组，根据工作任务进行合理分工。
2. 每组配备 H2U PLC 主机一台。
3. 每组配备按钮开关两个、交流接触器一个、电动机一台。
4. 每组配备工具和导线若干等。

【相关知识】

梯形图及梯形图程序

1. 梯形图及梯形图程序

汇川 PLC 在工业生产的各个领域得到了越来越广泛的应用。用户要正确地使用汇川 PLC 去完成各类控制任务，首先需要了解汇川 PLC 的编程特点。

（1）梯形图的编程特点　PLC 中梯形图编程方法是仿照传统继电器控制系统的电气原理设计的一种方法，设计中使用的元件（如中间继电器 M、时间继电器 T、计数器 C、触点等）都和实际中电气元件的特性相似。

梯形图中常用“触点”和“线圈”元件。“触点”元件包括常开型和常闭型，分别对应电工术语中的常开触点和常闭触点，PLC 中同一个继电器的“触点”可被无限次使用。可认为，一个继电器（无论中间继电器 M、时间继电器 T、计数器 C）元件具有无限个常开触点和常闭触点。

时间继电器、计数器具有线圈（信号触发端）和触点，部分元件还具有掉电保持特性。选择合适的元件，可以得到所需特性。

随着现代技术的发展，PLC 不仅可以完成顺序逻辑控制功能，还能完成数值计算功能，如数值比较、四则运算和函数运算等，数值宽度有 16 位、32 位及浮点等。H2U 系列 PLC 提供了大量的寄存器 D 元件，梯形图程序中可用于数值运算。

梯形图的设计思想与传统继电器控制系统基本相同，下面以常见的电磁开关的电气原理为例进行介绍。

如图 2-1 所示，J1 为继电器或接触器，AN1 为启动 J1 的按钮，使用其常开触点；而 AN2 为断开 J1 的按钮，使用了其常闭触点，另外使用了 J1 的常开型辅助触点进行状态保持。等效梯形图如图 2-2 所示。

设计 PLC 的信号输入连接和梯形图编程便可实现相同的起停控制功能。出于安全考虑，停止按钮一般用常闭触点接入 PLC 输入端。梯形图程序中 X2 用常开触点，如图 2-3 所示。

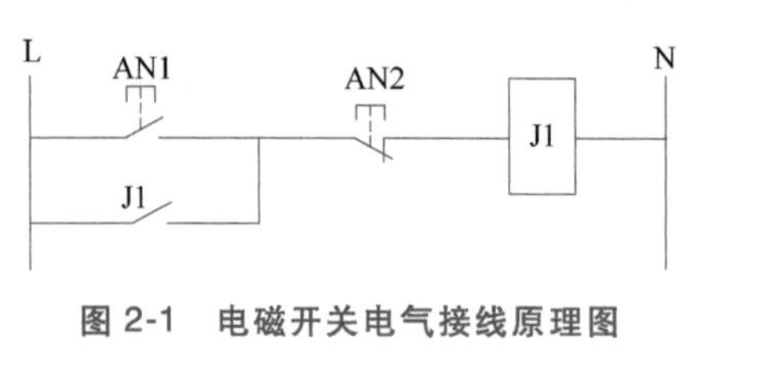

图 2-1　电磁开关电气接线原理图

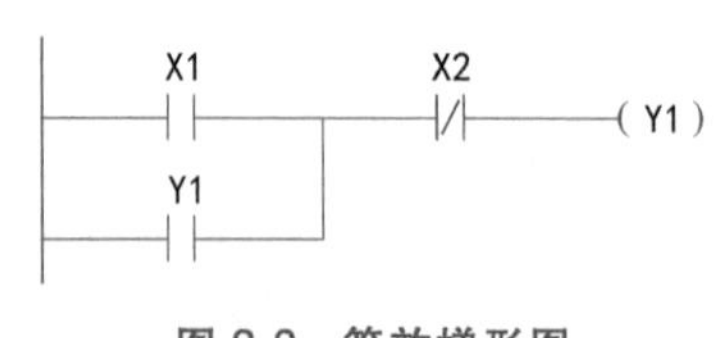

图 2-2　等效梯形图

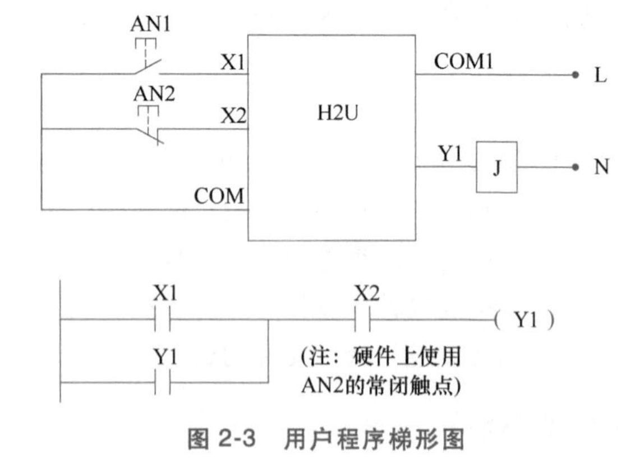

图 2-3　用户程序梯形图

（2）PLC 与继电器控制的异同

1）PLC 与继电器控制方式的比较。PLC 的扫描工作方式与继电器控制有明显不同，见表 2-1。

表 2-1 PLC 控制系统与继电器控制系统的比较

控制系统	控制方式	线圈通电
继电器	硬逻辑并行运行方式	所有常开/常闭触点立即动作
PLC	循环扫描工作方式	CPU 扫描到的触点才会动作

继电器控制装置采用硬逻辑并行运行的方式，一个继电器线圈的通断将会同时影响该继电器的所有常开和常闭触点动作，与触点在控制线路中所处的位置无关。PLC 的 CPU 采用循环扫描工作方式，一个软继电器的线圈通断只会影响该继电器扫描到的触点动作。但是，由于 CPU 的运算处理速度很高，使得从外观上看，用户程序似乎是同时执行的。

2）PLC 扫描周期与继电器控制系统响应时间的比较。传统的继电控制系统采用硬逻辑并行工作方式，线圈控制其所属触点同时动作。而 PLC 控制系统则采用顺序扫描工作方式，软线圈控制其所属触点串行动作。PLC 的扫描周期越长，响应速度越慢，会产生输入、输出的滞后。H2U 系列小型 PLC 的扫描周期一般为毫秒级，而继电器、接触器触点的动作时间在 100ms 左右，相对而言，PLC 的扫描过程几乎是同时完成的。PLC 因扫描引起的响应滞后非但无害，反而可增强系统的抗干扰能力，避免了在同一时刻因有几个电器同时动作而产生的触点动作时序竞争现象，避免了执行机构频繁动作而引起的工艺过程波动。但对响应时间要求较高的设备，应选用高速 CPU、快速响应模块、高速计数模块，直至采用中断传输方式。

（3）梯形图编程时使用的元件符号　梯形图中使用的元件符号及特性说明见表 2-2。可将这些触点元件的“与”“或”逻辑组合，输出到线圈元件。

表 2-2 梯形图中使用的元件符号及特性说明

符号	说　明	动作特性
—| |—	触点元件，代表元件的常开触点，有输入 X 信号触点、输出 Y 的触点、中间继电器 M、时间继电器 T、计数器 C 的输出触点等。对于 Y、M、T、C 等元件，在未动作状态下也为 OFF	X：当 X 端口信号触点闭合时，状态为 ON；端口信号为断开状态时，触点状态为 OFF
		Y：当 Y 继电器的线圈得电时为 ON，否则为 OFF。Y 最后状态将对应于 PLC 的输出 Y 端口的状态
		M：当 M 继电器的线圈得电时为 ON，否则为 OFF
		S：当 S 作为普通标志元件使用时，S 继电器的线圈得电时为 ON，否则为 OFF
		T：当对应的时间继电器线圈得电，且计时时间达到设定的时间，状态为 ON，否则为 OFF
		C：当对应的计数器的读数达到设定的时间，状态为 ON，否则为 OFF
—|/|—	触点元件，代表元件的常闭触点，有输入 X 信号触点、输出 Y 的触点、中间继电器 M、时间继电器 T、计数器 C 的输出触点等	逻辑与状态刚好与 —| |— 的信号相反
—|↑|—	触点元件，仅在触点的上升沿有效	当触点元件（X、Y、M）的状态由 OFF→ON 的上升沿变化时，该信号为有效，这个触点信号在一个扫描周期内有效，若下一状态不再变化，该信号恢复为 OFF
—|↓|—	触点元件，仅在触点的下降沿有效	当触点元件（X、Y、M）的状态由 ON→OFF 的下降沿变化时，该信号为有效，这个触点信号在一个扫描周期内有效，若下一状态不再变化，该信号恢复为 OFF

（续）

符号	说　明	动作特性
—/—	状态取反	将当前信号点的状态进行取反
—|STL|—	步进梯形图中表示S状态信号	步进指令状态的转移
—(　)	线圈元件，在梯形图中是被激励的对象	Y、M元件的线圈得电时，其常开触点动作闭合，其常闭触点动作断开，失电时恢复原来状态
		T元件的线圈得电时，开始计时，失电时恢复为默认状态。当计时时间达到设定值时，其常开触点动作闭合，其常闭触点动作断开
		C元件的线圈得电的瞬间，计数值增加1，当计数值达到设定值时，其常开触点动作闭合，其常闭触点动作断开。清除其线圈的操作，可使其计数值和触点恢复为默认状态
		注意：X输入元件没有线圈，用户程序不能修改其状态，只由外部的用户线路决定其状态
—[　]	操作指令，对元件或线圈、参数等进行操作	可完成逻辑操作、数据处理等众多功能，如〔RST Y0〕、〔SET M2〕、〔MOV K5 D100〕、〔JC P1〕等指令

AutoShop 编程软件的使用

2. AutoShop 编程软件的使用

汇川小型PLC使用的是汇川公司开发的编程平台，软件名称为AutoShop，可以从汇川技术官网资料下载区下载。

（1）AutoShop编程软件的界面　首先双击桌面上的AutoShop图标，界面显示如图2-4所示。界面分为6个区域：标题栏、菜单栏、工具栏、状态栏、导航窗口和工作区。

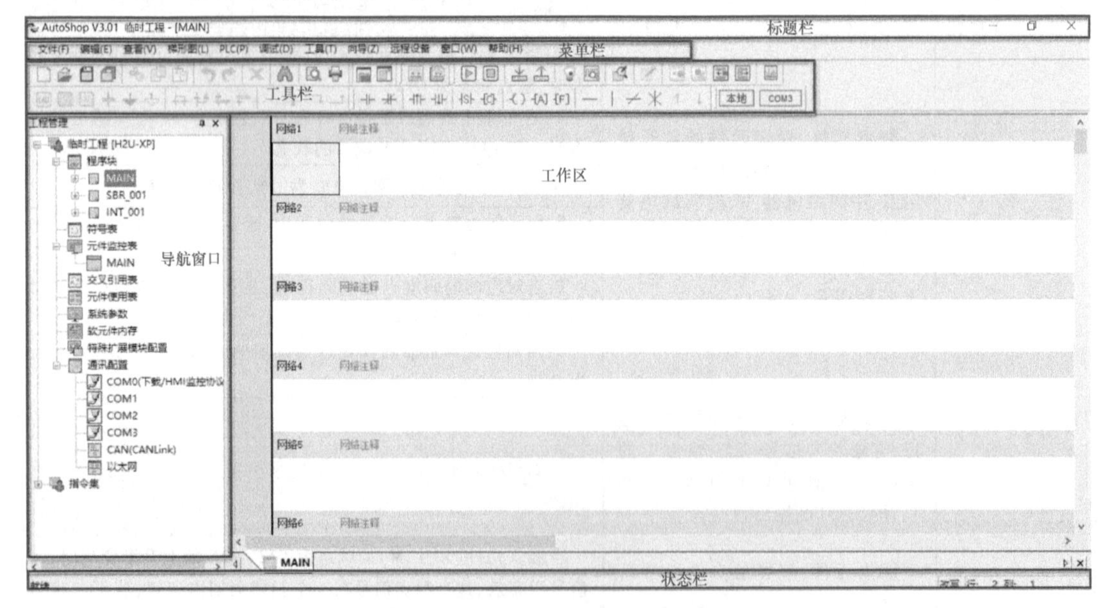

图2-4　AutoShop编程软件的界面

单击梯形图编辑区，使之成为当前工作区。编辑梯形图时，首先应确定光标位置，即出现蓝色的框，在工具栏内单击欲用的元件，此时出现一个对话框，如图2-5所示。输入元件

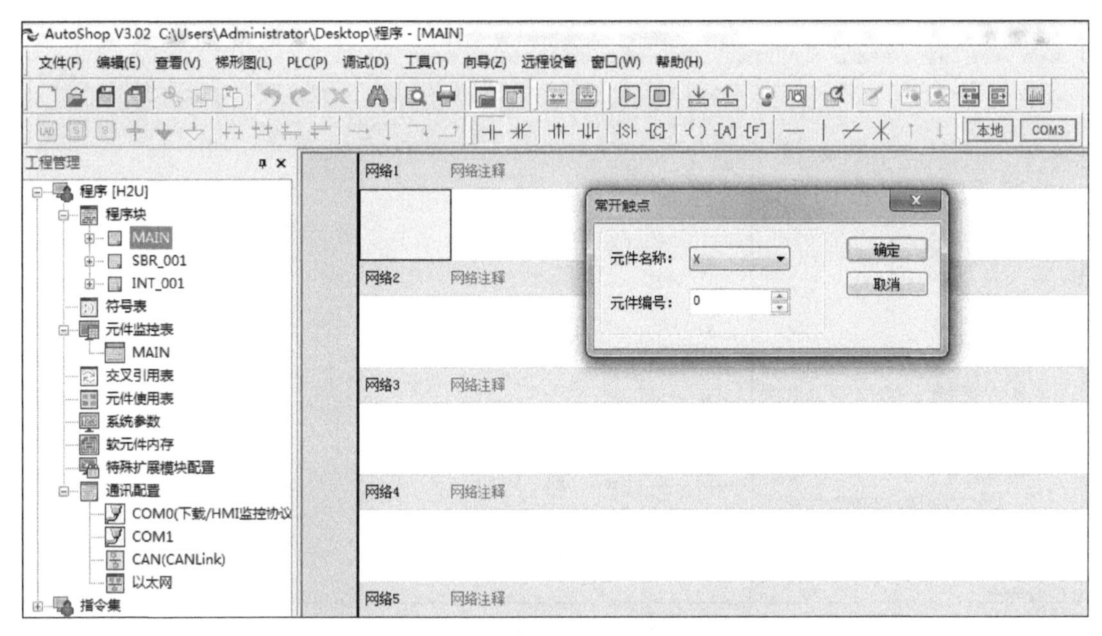

图 2-5 用 AutoShop 软件编写梯形图

编号后，元件图形出现在原光标位置。按照这种方法，逐一将元件添加到梯形图上。梯形图完成后，单击工具栏中的“转换”按钮，即可完成梯形图的编辑。

（2）汇川 PLC 程序设计的基本操作及调试　正确进入 AutoShop 编程系统后，文件程序的编辑可用梯形图编辑和顺序功能图（SFC）编辑两种方式。

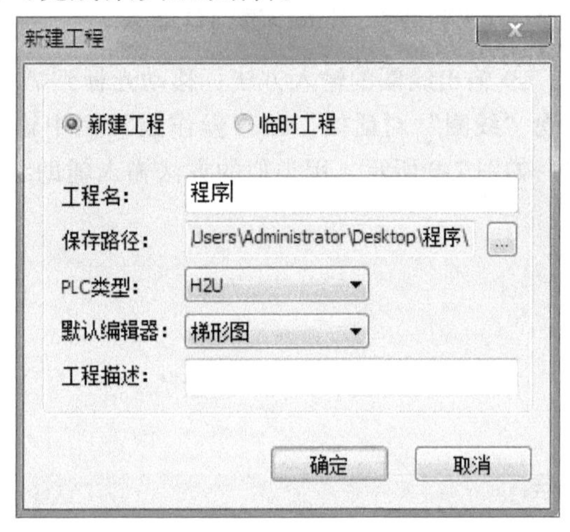

图 2-6 AutoShop 新建工程界面

PLC 编程语言标准（IEC 61131-3）中有六种编程语言，即结构化文本（ST）、功能块图表（FBD）、指令列表（IL）、梯形图（LD）、顺序功能图（SFC）和 IEC 61131-3 扩展编程语言连续功能图（CFC），其中汇川公司的 AM400、AM600、ACS810 系列中型 PLC 支持以上六种编程语言。而 H123U 小型 PLC 仅支持梯形图、指令表和顺序功能图这三种编程语言。具体操作如下：

1）打开 AutoShop 编程软件，单击工具栏中的“新建”按钮，选择 PLC 类型为 H2U，默认编辑器为梯形图，然后单击“确定”按钮，即可立即进入梯形图编辑状态。图 2-6 所示为 AutoShop 新建工程界面。

下面以输入图 2-7 中梯形图为例进行介绍。

① 常开触点 X1 的输入方法：移动光标到需要放置触点的位置，单击工具栏中的按钮，出现“常开触点”对话框，选择“元件名称”为“X”、“元件编号”为“1”，单击“确定”按钮或按<Enter>键确认输入，如图 2-8 所示。

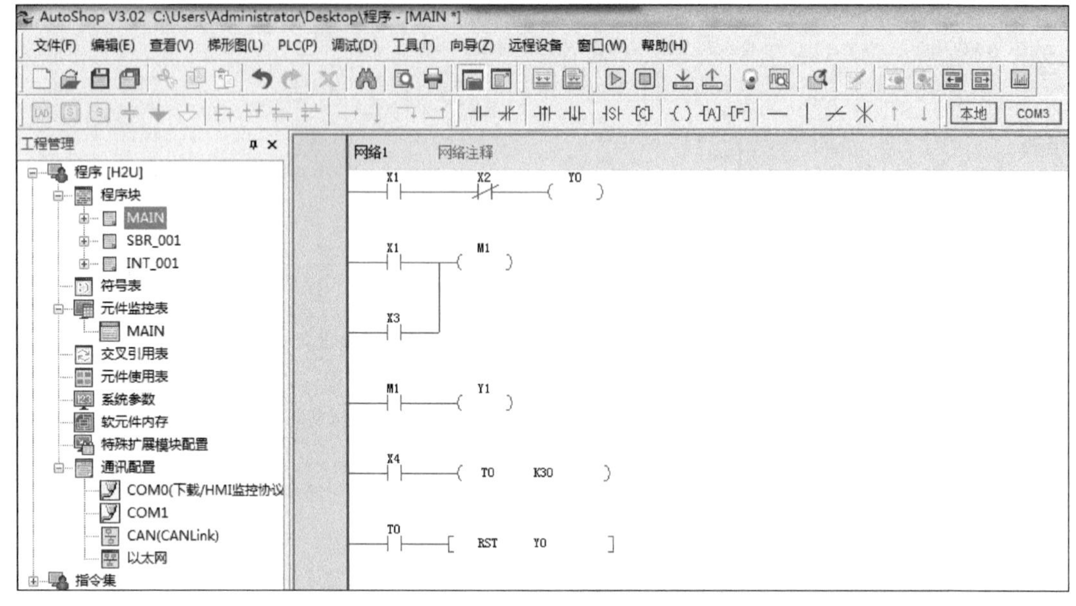

图 2-7　梯形图编辑方式

② 常闭触点 X2 的输入方法：移动光标到需要放置触点的位置，单击工具栏中的按钮 ，出现“常闭触点”对话框，选择“元件名称”为“X”，“元件编号”为“2”，单击“确定”按钮或按<Enter>键确认输入。

③ 输出线圈的输入方法：移动光标到需要放置线圈的位置，单击工具栏中的按钮 ，出现“线圈”对话框，在“操作数”栏中输入“Y0”后，单击“确定”按钮或按<Enter>键，如图 2-9 所示。用类似的方法输入辅助继电器的常开触点 M1 和输出线圈 Y1。

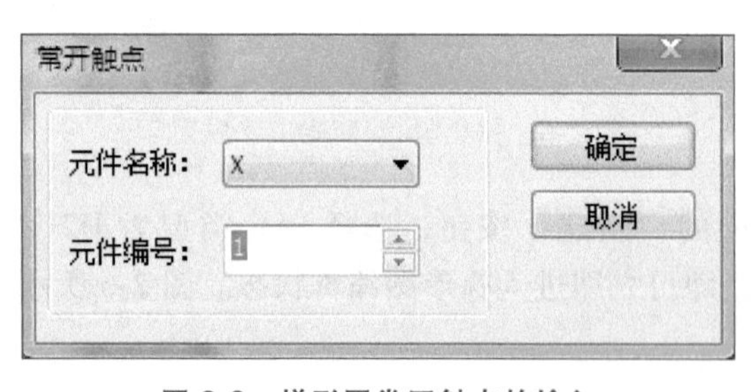

图 2-8　梯形图常开触点的输入

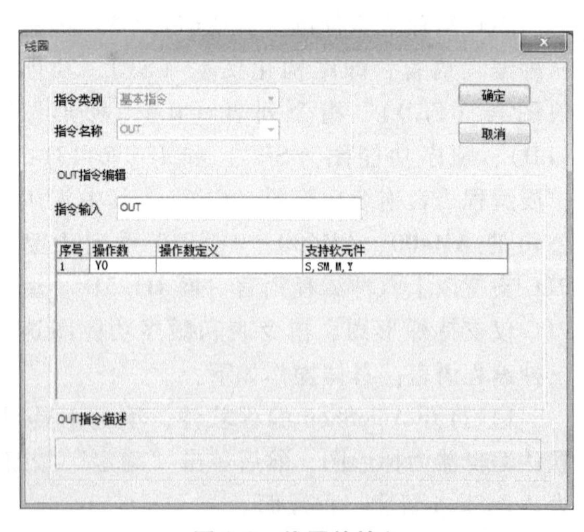

图 2-9　线圈的输入

④ 常开触点并联 X3 的输入方法：移动光标到需要放置触点的位置，先放置常开触点，再在连接点单击按钮 ，单击“确定”按钮或按<Enter>键确认输入，组合使用可以实现

并联触点的输入。

⑤ 定时器、计数器线圈的输入方法：单击工具栏中的按钮 -{ }，出现“线圈”对话框，在“指令输入”栏中输入“OUT T0 K30”后，单击“确定”按钮或按<Enter>键（计数器的输入方法相同），如图 2-10 所示。

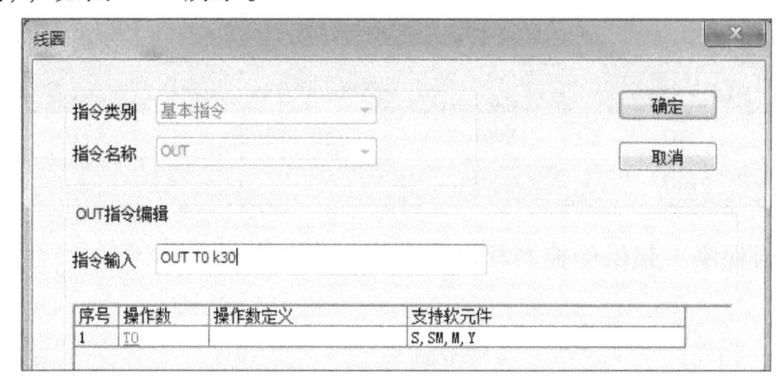

图 2-10　定时器线圈的输入

⑥ 应用指令的输入方法：移动光标到相应位置，单击工具栏中的按钮 -[A]，出现“应用指令”对话框，在“指令输入”栏中输入“RST Y0”，单击“确定”按钮或按<Enter>键确认输入，如图 2-11 所示。

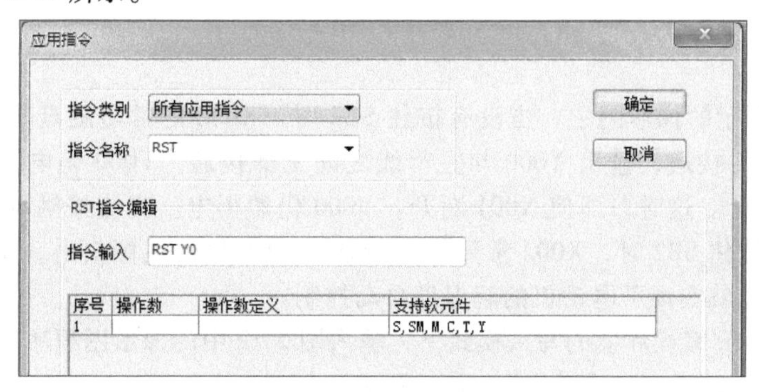

图 2-11　应用指令的输入

2）在梯形图输入的过程中，难免要修改，梯形图的修改方法如下：

① 元件的修改。在元件的位置上双击，系统弹出相应的对话框，在该对话框中重新输入。

② 连线的修改。横线的删除是把光标移到需要删除的位置后按<Delete>键；竖线的删除是把光标移到需要删除的位置的右端，然后单击工具栏中的按钮 ⋇ 即可。

在梯形图编程过程中，可以随时单击按钮进行编译转换。若梯形图无错误，则灰色区域恢复成白色；若有错误，则出现有错误提示对话框，应及时检查和修正编程错误。

梯形图编程比较简单、明了，接近电路图。所以，一般 PLC 程序都用梯形图来编辑。

【任务实施】

1. 安装 AutoShop 编程软件

安装方法，请扫描二维码学习。

2. 设计电动机单向运转起停电路

(1) 分配I/O　电动机单向运转起停电路即起保停控制电路，其输入/输出端口分配表见表2-3。

表2-3　电动机单向运转控制输入/输出端口分配表

输入			输出		
名称		输入点	名称		输出点
起动按钮	SB1	X001	交流接触器	KM1	Y000
停止按钮	SB2	X002			

(2) 编写控制程序　起保停控制程序梯形图如图2-12所示。

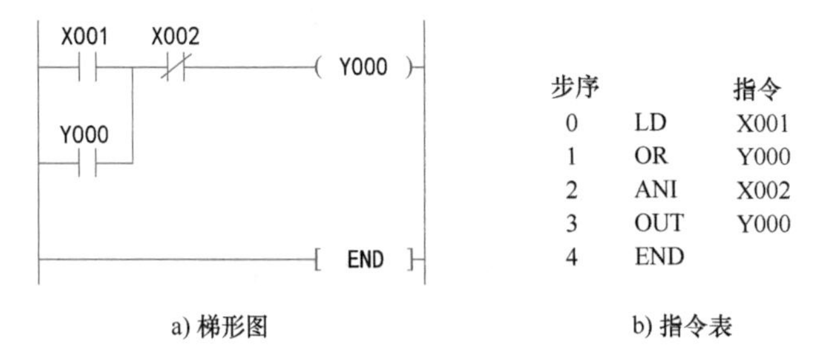

图2-12　电动机单向运转控制程序梯形图

在图2-13a所示的梯形图中，当没有按住SB2时，X002的常闭触点是接通的。当按下起动按钮时，X001接通，输出Y000与左母线之间全部接通，Y000得电，与X001并联的Y000常开触点闭合。这时，即使X001断开，Y000仍然得电。交流接触器一直吸合，电动机起动运行。当按住SB2时，X002常闭触点断开，Y000输出线圈失电，交流接触器释放，电动机停止。这样就实现了电动机的起保停自动控制。

1) 在AutoShop编程环境的写入模式下，输入图2-12中的梯形图程序。

2) 输入完成后单击按钮或按快捷键<F7>。

3) 在写入模式下，单击工具栏中的"软元件注释编辑"按钮，开启软元件注释编辑状态，双击梯形图中的"X001"等元件，系统弹出对话框，输入相应的注释，并单击"确定"按钮。

4) 保存为单文件格式工程。

(3) 外部接线与调试

1) 正确连接计算机与PLC之间的通信电缆。开启PLC电源，PLC电源指示灯亮。

程序设计完毕后，在PLC和计算机正常连接并已通电的情况下，单击按钮即可下载用户程序。程序下载完毕，将PLC上的RUN/STOP拨动开关拨至RUN位置，PLC即可开始运行用户程序。

2) 单击工具栏中的"PLC写入"按钮，系统弹出对话框。在通信正常的情况下，选择需要写入的内容，一般选择为"程序"。单击"执行"按钮，进行写入操作。等待写入完成，单击"关闭"按钮。

3) 外部输入/输出接线如图2-13a所示。接线时断开电源。

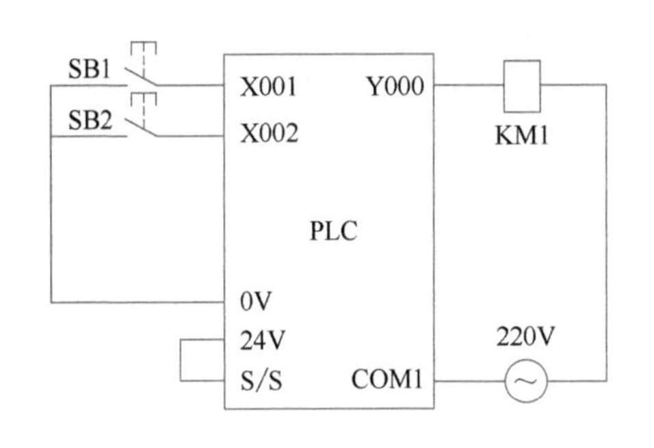

a) 停止按钮用常开触点

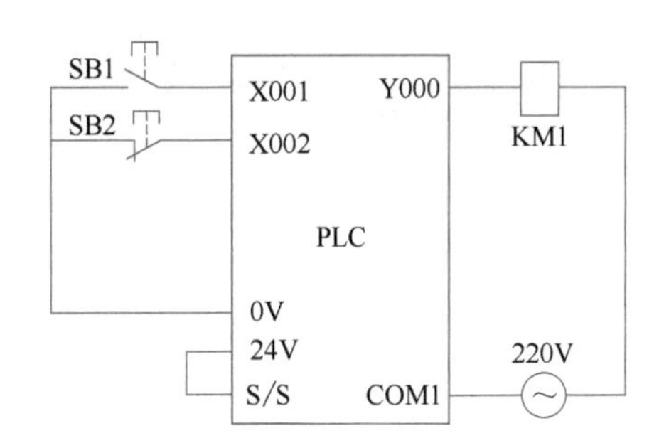

b) 停止按钮用常闭触点

图 2-13　电动机单向运转控制接线图

如果外部接线如图 2-13b 所示，则需要把 PLC 程序中的 X002 常闭触点改为常开触点。也就是要求，不按停止按钮时，程序中对应触点是接通的，按动时断开。外接按钮的常开、常闭决定程序中对应输入继电器的状态。两者是因果关系，不是等同关系，要注意理解。

4）在 PLC 运行用户程序时，单击按钮即可进行运行和停止命令操作，单击按钮可监控 PLC 内各种继电器和寄存器 D 的状态和读数，并在当前编程界面上显示出来，方便了程序调试。汇川 PLC 与计算机连接如图 2-14 所示。

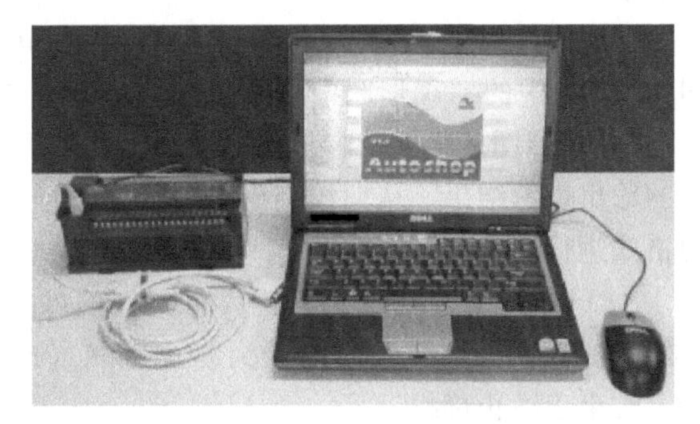

图 2-14　汇川 PLC 与计算机连接

在线监视是调试程序重要的手段。当程序执行结果不正确时，可通过监视来查找问题所在。当工程较复杂时，调试是一个不断修改完善程序的过程，即写入→执行→监视→修改→写入→监视→修改……，反复进行，直到满足控制要求。

【任务拓展】

汇川 AutoShop 可编程软件支持三种常用的语言：梯形图（LD）、指令表（IL）和顺序功能图（SFC）。主程序可以使用上述三种编程语言中的任意一种来编写，但是子程序和中断子程序只能使用梯形图或者指令表编写。另外，顺序功能图中的内置程序只能使用梯形图编写。

（1）梯形图语言

1）从继电器接触控制电路图到梯形图。梯形图语言是在继电器控制电路图的基础上发展而来的，以图形符号及其在图中的相互关系来表示控制关系的编程语言。它最大的优点是形象直观，使用简便，很容易被熟悉继电器控制的电气工程人员掌握、使用，特别适用于开关量逻辑控制。

2）梯形图中的图元符号。PLC 中梯形图编程方法是仿照继电器控制系统的电气原理设计的一种编程方法。触点代表逻辑输入条件，线圈通常代表逻辑输出结果，两者的对应关系见表 2-4。

表 2-4　继电接触控制图符号与梯形图图元符号的对应关系

名称	梯形图中的图元符号	继电接触控制图中的符号
常开	—| |—	
常闭	—|/|—　—|/|—	
线圈	—○—　—⬭—　—( )—	

由表 2-4 可以得出如下结论：

① 对应继电接触控制图中的各种常开符号，在梯形图中一律抽象为一种图元符号来表示。同样，对应继电接触控制图中的各种常闭符号，在梯形图中也一律抽象为一种图元符号来表示。

② 不同的 PLC 编程软件（或版本），在其梯形图中使用的图元符号可能会略有不同。如在表 2-4 中的“梯形图中的图元符号”这一列中，有两种常闭符号，三种线圈符号。

3）梯形图的格式。梯形图是形象化的编程语言，它用触点的连接组合表示条件，用线圈的输出表示结果，从而绘制出由若干逻辑行组成的顺控电路图。梯形图的绘制必须按规定的格式进行。

① PLC 程序按从上到下、从左到右的顺序编写。梯形图左边的垂直线称为起始母线（或称左母线），右边垂直线称为终止母线（或称右母线）。每一逻辑行都是从起始母线开始，结束于终止母线。

② 梯形图中起始母线接输入触点或内部继电器触点，表示控制条件。右端的终止母线连接输出线圈，表示控制的结果，且同一标识的输出线圈只能使用一次。

③ 梯形图中各软元件的常开和常闭触点均可无限次重复使用。因为它们是 PLC 内部 I/O 映像区或 RAM 区中存储器位的映像，而存储器位的状态是可以反复读取的。继电接触控制图中的每个开关均对应一个物理实体，故使用次数有限。这也是 PLC 优于继电接触控制的一大优点。

④ 梯形图中的触点可以任意串联和并联，而输出线圈只能并联，不能串联。

⑤ 在梯形图的最后一个逻辑行要用程序结束符“END”，以告诉编译系统，用户程序到此结束。

在图 2-15 所示的梯形图中，执行顺序是：首先装载输入点 X0 的值作为当前值，然后装载输入点 X2 的值，将 X2 的值和 X0 当前值进行“或”运算后，运算结果成为当前值，再装载 X1 的值并和当前值进行“与”运算，运算结果将最终控制输出点 Y1 是否有能流导通。

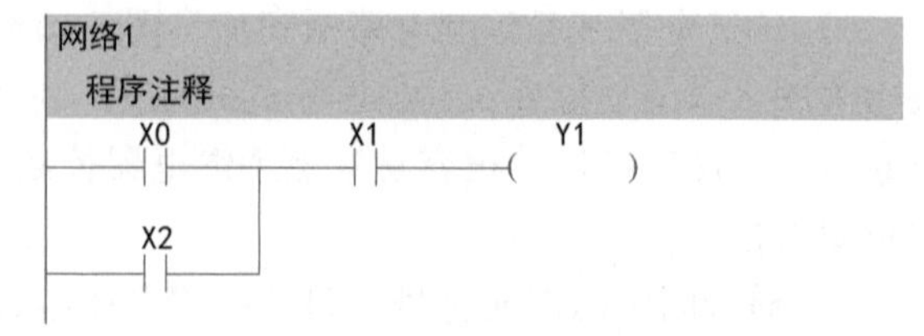

图 2-15　梯形图编程实例

（2）助记符语言　指令表程序编辑器是一个文本编辑器，所有的逻辑和运算都使用指令和操作数的方式输入，根据指令所完成的功能和涉及操作数中的软元件，完成软元件值读取、逻辑处理和软元件值写入。在现场调试时，小型 PLC 往往只配备显示屏，只有几行宽度的便携式编程器，这样就无法输入梯形图，但助记符指令却可以一条一条地输入，并滚屏显示。

图 2-15 中梯形图对应的指令表如下：

//网络 1 程序注释

指令	软元件
LD	X0
OR	X2
AND	X1
OUT	Y1

（3）顺序功能图语言　顺序功能图是根据机械设备的流程或者工序，将控制分成了多个步和步到步之间转换的一种语言。一个标准的顺序功能图由初始步、一般步、步间的转换条件、跳转和重置组成。每一步就是机械设备的一个处理工序，一个步中可以有内置梯形图，也就是这一步需要完成的处理工序。转换条件就是一个工序的完成和下一个工序的启动条件，它也需要内置梯形图来表示。

如图 2-16 所示，初始状态是 S0，当 S0 至 S10 的转换条件不满足时，S0 工序会一直被执行，一旦转换条件满足，就停止 S0 的执行，开始 S10 的执行，以此类推。在最后完成 S11 并满足 S11 重置为 S0 的重置条件后，停止 S11 工序的执行，重新启动初始步 S0 的执行。

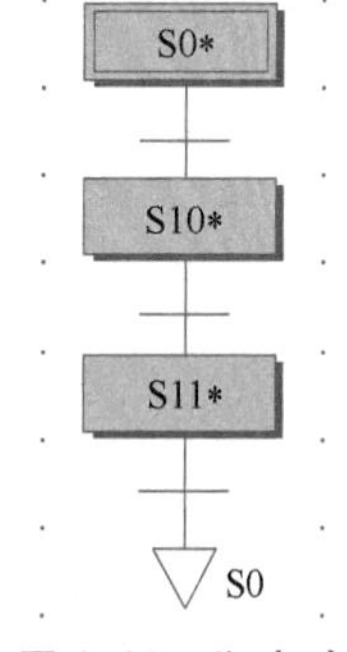

图 2-16　顺序功能图编程实例

上述的三种编程语言可以互相转换，根据使用的习惯或者实际应用的控制环境，用户可以选择合适的编程语言。顺序功能图语言比较特殊，因此梯形图或者指令表必须遵守顺序功能图的语法才能正确转换到顺序功能图。

用顺序功能图语言来编制复杂的顺控程序的编程思路如下：

1）按结构化程序设计的要求，将一个复杂的控制过程分解为若干个工步，这些工步称为状态。相邻的状态具有不同的动作。当相邻两状态之间的转移条件得到满足时，就实现转移，即上一状态的动作结束而下一状态的动作开始。可通过顺序功能图来直观、简单地描述控制系统的控制过程。顺序功能图是设计 PLC 顺序控制程序的一种有力工具。

2）顺序功能图语言主要由状态、转移和有向线段等组成。状态表示过程中的一个工步（动作）。转移表示从一个状态到另一个状态的变化。状态之间要用有向线段连接，以表示转移的方向。有向线段上的垂直短线和它旁边标注的文字符号或逻辑表达式表示状态转移条件。凡是从上到下、从左到右的有向线段的箭头可以省去不画。与状态对应的动作用该状态右边的一个或几个矩形框来表示，实际上其旁边大多为被驱动的线圈。

3）顺序功能图语言的基本形式按结构可以分为三种，分别是单流程结构、选择结构和并行结构。

单流程结构是指其状态是一个接着一个地顺序进行，每个状态仅连接一个转移，每个转移也仅连接一个状态。单流程结构如图 2-17a 所示。

选择结构是指在某一状态后有几个单流程分支，当相应的转移条件满足时，一次只能选择进入一个单流程分支。选择结构的转移条件是在某一状态后连接一条水平线，水平线下再连接各个单流程分支的第一个转移。各个单流程分支结束时，也要用一条水平线表示，而且其下不允许再有转移。选择结构如图 2-17b 所示。

并行结构是指在某一转移下，如果转移条件满足，将同时触发并行的几个单流程分支，这些并行的单流程分支应画在两条双水平线之间。并行结构如图 2-17c 所示。

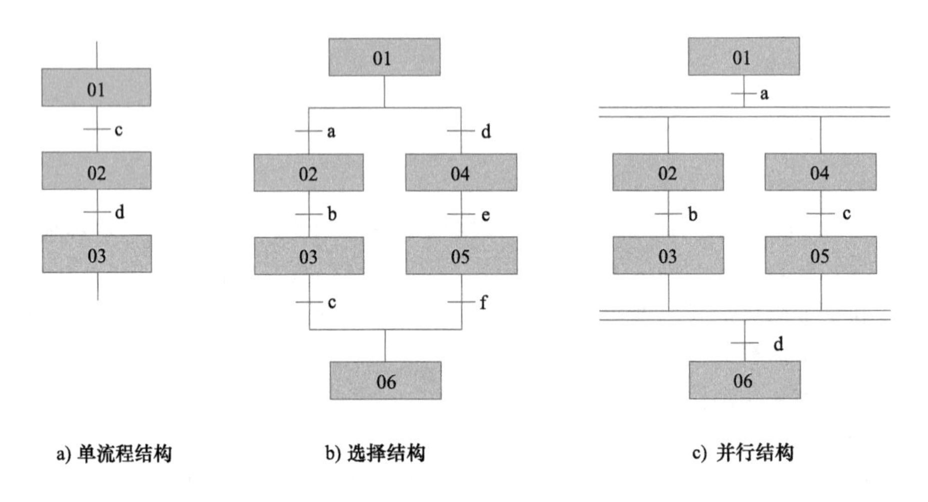

图 2-17 顺序功能图语言的三种基本形式

【思考与练习】

1. 为适应不同负载需要，各类 PLC 的输出都有三种方式：__________、__________和__________。输出口本身都不带电源，在考虑外驱动电源时，需要考虑输出器件的类型，__________型的输出接口可用于交流和直流两种电源，__________型的输出接口只适用于直流驱动的场合，而__________型的输出接口只适用于交流驱动的场合。

2. PLC 的工作状态包括__________和__________。PLC 的工作方式采用__________。

3. PLC 通电后，CPU 在程序的监督控制下先__________。在执行用户程序之前还应完成__________与__________。

4. 在 H2U 系列 PLC 中，主要元件表示如下：X 表示__________，Y 表示__________，T 表示__________，C 表示__________，M 表示__________，S 表示__________，D 表示__________。

5. PLC 的输入/输出继电器采用__________进制进行编号，其他所有软元件均采用__________进制进行编号。

6. PLC 输入方式有两种类型：一种是__________，另一种是__________。

7. 简述 PLC 循环扫描工作方式的基本原理并指出其与继电器控制系统的异同。

8. 为什么 PLC 中的触点可以使用无限次？

9. 在什么情况下编写 PLC 程序时需要加自锁？

10. 外部电器按钮的常开、常闭触点与 PLC 程序中的常开、常闭触点有何关系？

11. 在 AutoShop 编程中输入图 2-18 所示梯形图，进行转换、模拟运行及调试。

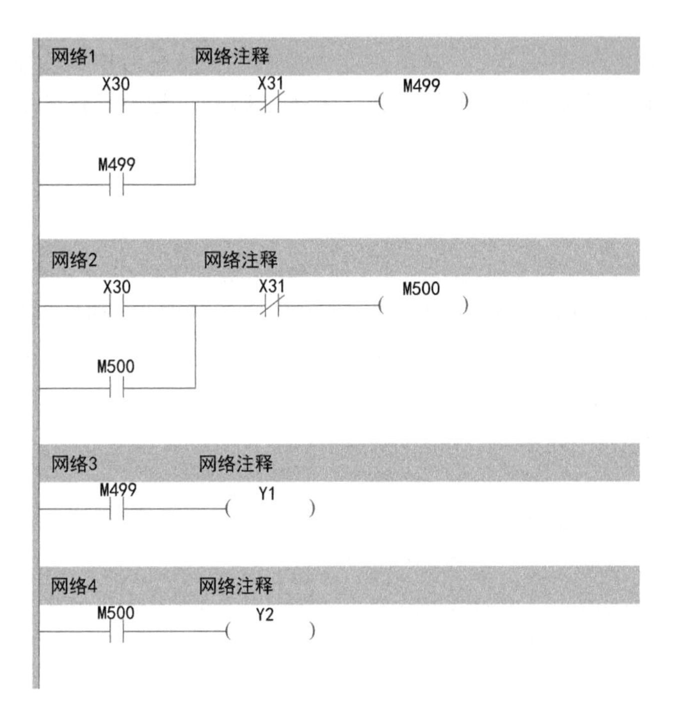

图 2-18 辅助继电器的应用

任务 2-2 设计电动机正反转联锁控制电路

本任务将介绍如何编写 PLC 程序，如何进行硬件接线和调试。学生需完成以下内容。

1. 进一步熟悉 PLC 编程环境，学会输入 PLC 梯形图。
2. 了解三相异步电动机实现正/反转的工作原理，掌握联锁控制电路原理。
3. 熟悉 PLC 内部组件 M。
4. 掌握基本指令 LD、LDI、OUT、AND、ANI、OR 和 ORI。
5. 学会离线仿真。
6. 培养安全正确操作设备的习惯、严谨的做事风格和协作意识。

【重点知识】

基本指令 LD、ANI、OR 和 OUT 的使用。

【关键能力】

会在编程环境中输入梯形图程序，会上传、下载程序，会在线监控，离线仿真；能正确、规范地完成外部接线。

【素养目标】

通过电动机联锁控制电路设计，学生应养成正确逻辑思维习惯和协作意识；培养热爱科学、实事求是的学风和创新意识、创新精神；锻炼实践动手能力，培养分析问题、解决问题的能力。

【任务描述】

有一三相异步电动机，当按下正转按钮时，电动机连续正转，此时反转按钮不起作用（互锁）；当按下停止按钮时，电动机断开电源；当按下反转按钮时，电动机连续反转，正转按钮不起作用。SB1 为电动机的正转起动按钮，SB2 为电动机的反转起动按钮，SB3 为电动机停止按钮。完成电动机正/反转联锁运行控制。

【任务要求】

1. 安装 AutoShop 编程软件。
2. 在梯形图编程环境下编写联锁控制电路。
3. 正确连接编程电缆，下载程序到 PLC。
4. 正确连接输入按钮和外部负载。
5. 在线监控，软、硬件调试。

【任务环境】

1. 两人一组，根据工作任务进行合理分工。
2. 每组配备 H2U PLC 主机一台。
3. 每组配备按钮三个，电动机一台。
4. 每组配备工具和导线若干等。

辅助继电器 M

【相关知识】

1. 辅助继电器 M

PLC 内有很多辅助继电器，其线圈与输出继电器一样，由 PLC 内各软元件的触点驱动。辅助继电器也称中间继电器，它没有向外的任何联系，只供内部编程使用。它的电子常开/常闭触点使用次数不受限制。但是，这些触点不能直接驱动外部负载，外部负载的驱动必须通过输出继电器来实现。如图 2-19 中的 M300 只起自锁的作用。

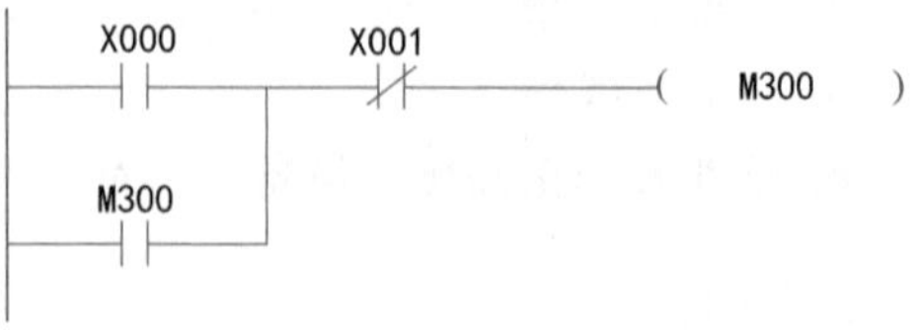

图 2-19　辅助继电器的使用

辅助继电器的地址编号是采用十进制的，共分为三类：通用型辅助继电器、断电保持型辅助继电器和特殊用途型辅助继电器。其中通用型从 M0～M499 共 500 点；断电保持型分为可修改和专用，可修改从 M500～M1023 共 524 点，专用从 M1024～M3071 共 2048 点；特殊用途型从 M8000～M8255 共 256 点。

（1）通用型辅助继电器（M0～M499） 通用型辅助继电器用作状态暂存、中间过渡等，当线圈通电时，触点动作，当线圈断电时，触点复位，没有断电保持功能。如果在 PLC 运行时突然断电，这些继电器将全部变为 OFF 状态。若再次通电之后，除了因外部输入信号而变为 ON 状态的，其余的仍将保持为 OFF 状态。

（2）断电保持型辅助继电器（M500～M3071） 不少控制系统要求继电器能够保持断电瞬间的状态。断电保持型辅助继电器就是用于这种场合的，断电保持由 PLC 内装锂电池支持。H2U 系列有 M500～M1023 共 524 个断电保持型辅助继电器。当 PLC 断电并再次通电之后，这些继电器会保持断电之前的状态。其他特性与通用型辅助继电器完全一样。

此外，还有 M1024～M3071 共 2048 个断电保持型专用辅助继电器，它与断电保持型辅助继电器的区别是断电保持型辅助继电器可用参数来设定，可变更非断电保持区域。而断电保持型专用辅助继电器的断电保持特性无法用参数来改变。

（3）特殊用途型辅助继电器（M8000～M8255） PLC 内有大量的特殊用途型辅助继电器，它们都有各自的特殊功能。H2U 系列中有 256 个特殊用途型辅助继电器，可分成触点型和线圈型两大类。

1）触点型。其线圈由 PLC 自动驱动，用户只可使用其触点。例如：

M8000：运行监视器（在 PLC 运行中接通）。

M8002：初始脉冲（仅在运行开始时瞬间接通）。

M8011、M8012、M8013 和 M8014：分别是产生 10ms、100ms 、1s 和 1min 时钟脉冲的特殊用途型辅助继电器。

2）线圈型。由用户程序驱动线圈后，PLC 执行特定的动作。例如：

M8033：若使其线圈得电，则 PLC 停止时保持输出映像存储器和数据寄存器中的内容。

M8034：若使其线圈得电，则将 PLC 的输出全部禁止。

M8039：若使其线圈得电，则 PLC 按 D8039 中指定的扫描时间工作。

2. LD、LDI 和 OUT 指令

LD、LDI 和 OUT 指令

LD（Load）取指令：用于将常开触点接到母线上。另外，与后述的 ANB、ORB 指令组合，在分支起点处也可使用。

LDI（Load Inverse）取反指令：与 LD 的用法相同，只是 LDI 用于常闭触点。

OUT 输出指令：也称线圈驱动指令，是用于输出继电器、辅助继电器、状态继电器、定时器和计数器的线圈驱动，对于输入继电器不能使用。OUT 指令用于并行输出，在梯形图中相当于线圈是并联的。OUT 指令能连续使用多次，不能串联使用。

LD、LDI 和 OUT 指令说明见表 2-5。

表 2-5 LD、LDI 和 OUT 指令说明

符号/名称	功　能	梯形图表示及操作元件	程序步
LD/取	常开触点与母线相连	X,Y,M,S,T,C	1

（续）

符号/名称	功　能	梯形图表示及操作元件	程序步
LDI/取反	常闭触点与母线相连	X,Y,M,S,T,C	1
OUT/输出	线圈驱动	Y,M,S,T,C	Y、M:1 S、特殊 M:2 T:3 C:3~5

LD 和 LDI 指令是一个程序步指令，一个程序步即是一个字；OUT 指令是多程序步指令，要视目标元件而定。当对定时器 T、计数器 C 使用 OUT 指令时，必须设置常数 K，其设定范围与步数值见表 2-6。

表 2-6　常数 K 的设定范围与步数值

定时器、计数器	时间常数 K 的范围	实际设定值的范围	步数
1ms 定时器	1~32767	0.001~32.767s	3
10ms 定时器		0.01~327.67s	3
100ms 定时器		0.1~3276.7s	3
16 位计数器	1~32767	1~32767	3
32 位计数器	-2147483648~+2147483647	-2147483648~+2147483647	5

图 2-20 所示为上述三条指令的使用举例。

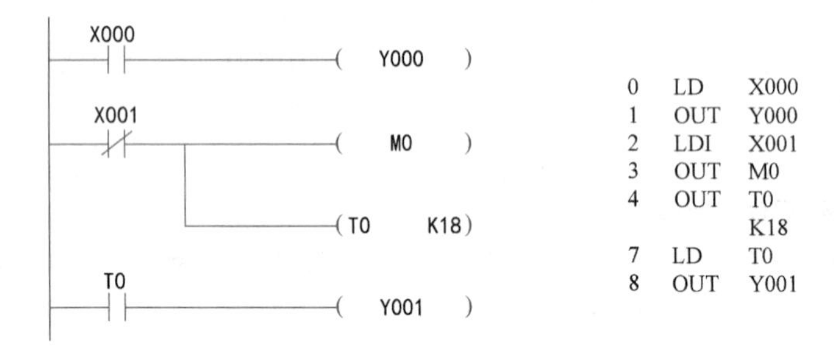

图 2-20　LD、LDI 和 OUT 指令的使用

AND 和 ANI 指令

3. AND 和 ANI 指令

AND 与指令：用于单个常开触点的串联。

ANI（And Inverse）与非指令：用于单个常闭触点的串联。

AND 和 ANI 指令说明见表 2-7。

表 2-7　AND 和 ANI 指令说明

符号、名称	功　能	梯形图表示及操作元件	程序步
AND 与	常开触点串联连接	X,Y,M,S,T,C	1
ANI 与非	常闭触点串联连接	X,Y,M,S,T,C	1

AND 和 ANI 都是一个程序步指令，串联触点个数没有限制，该指令可以连续多次使用。如果有两个以上的触点并联连接，并将这种并联回路与其他回路串联连接时，要采用后述的 ANB 指令。如图 2-21 所示，当使用 OUT 指令驱动线圈 Y 后，通过触点 X4（即 X004）驱动线圈 Y2（即 Y002），可重复使用 OUT 指令，实现纵接输出。

但是如果驱动顺序换成如图 2-22 所示的形式，则必须用 MPS 指令，这时程序步增多，因此不推荐使用。

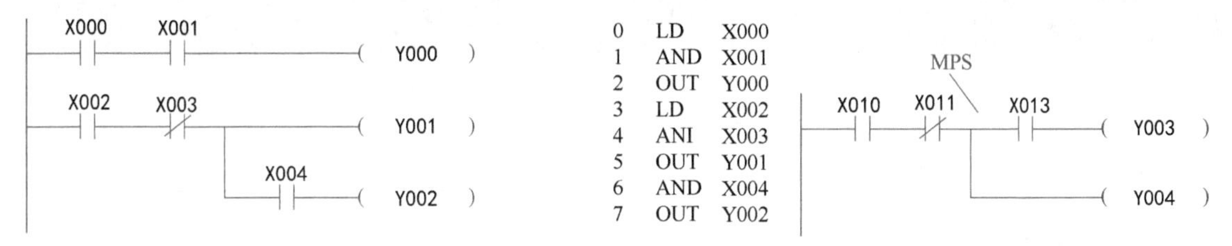

图 2-21　AND 和 ANI 指令的使用

图 2-22　不推荐电路

4. OR 和 ORI 指令

OR 或指令：用于单个常开触点的并联。

ORI（Or Inverse）或非指令：用于单个常闭触点的并联。

OR 和 ORI 指令说明见表 2-8。

OR 和 ORI 指令

表 2-8　OR 和 ORI 指令说明

符号、名称	功　能	梯形图表示及操作元件	程序步
OR 或	常开触点并联连接	X, Y, M, S, T, C	1
ORI 或非	常闭触点并联连接	X, Y, M, S, T, C	1

OR 和 ORI 都是一个程序步指令，并联触点个数没有限制，该指令可以连续多次使用。如果有两个以上的触点串联连接，并将这种串联回路与其他回路并联连接时，要采用 ORB 指令。OR 和 ORI 指令的使用如图 2-23 所示。

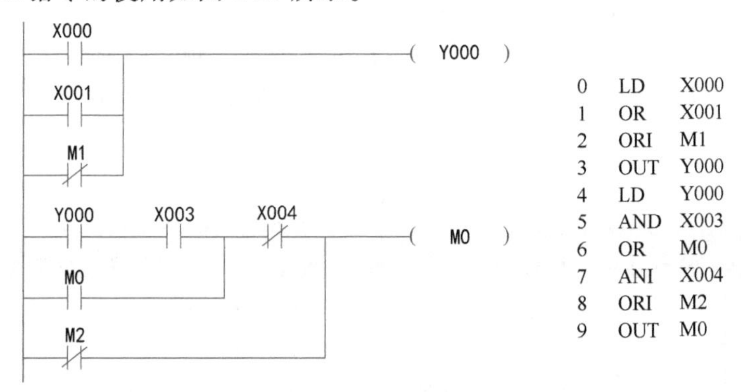

图 2-23　OR 和 ORI 指令的使用

【任务实施】

1. 分配 I/O

电动机正/反转联锁控制输入/输出端口分配见表 2-9。

表 2-9　电动机正/反转联锁控制输入/输出端口分配

输　入			输　出		
名　称		输入点	名　称		输出点
正转起动按钮	SB1	X1	正转交流接触器	KM1	Y1
反转起动按钮	SB2	X2	反转交流接触器	KM2	Y2
停止按钮	SB3	X3			

2. 编写控制程序

电动机正/反转联锁控制程序梯形图如图 2-24 所示。

在梯形图编程环境的写入模式下完成程序的输入、转换，并保存。

3. 外部接线及调试

电动机正/反转联锁控制接线图如图 2-25 所示。

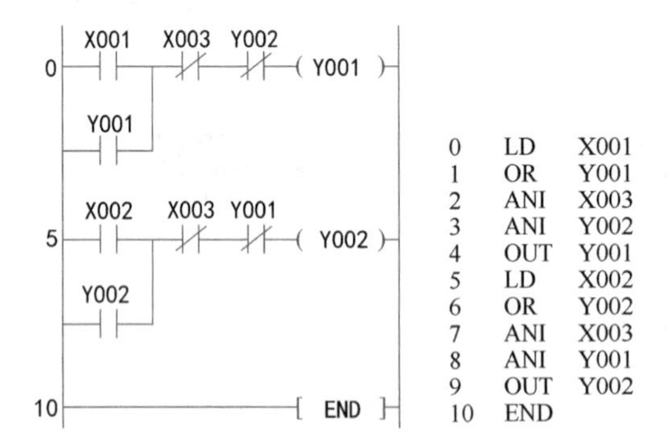

图 2-24　电动机正/反转联锁控制程序梯形图

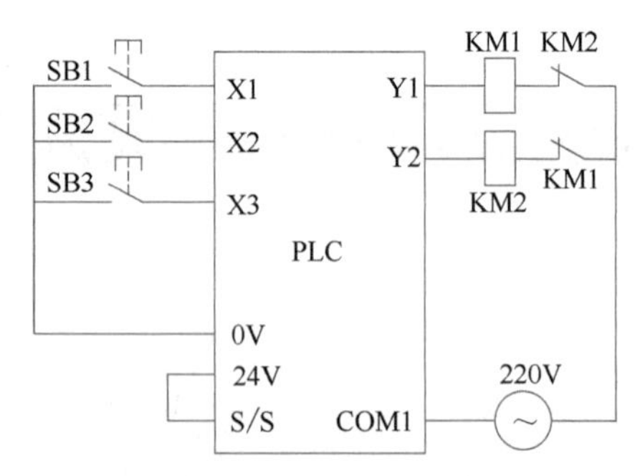

图 2-25　电动机正/反转联锁控制接线图

【任务拓展】

NOP 和 END 指令

1. NOP 和 END 指令

NOP 空操作指令：空一条指令（或用于删除一条指令）。

END 程序结束指令：输入/输出处理以及返回到 0 步。

NOP 和 END 指令说明见表 2-10。

表 2-10　NOP 和 END 指令说明

符号、名称	功　能	梯形图表示及操作元件	程序步
NOP 空操作	无动作	无操作元件	1
END 结束	输入/输出处理以及返回到 0 步	[END] 无操作元件	1

在普通的指令中加入NOP指令，对程序执行结果没有影响。但是如果将已写入的指令换成NOP，则被换的程序将被删除，程序发生变化。所以可用NOP指令对程序进行编辑。如：将AND和ANI指令改为NOP，相当于串联触点被短路，将OR和ORI指令改为NOP，相当于并联触点被开路，变化如图2-26所示。若用NOP指令修改后的电路不合理，梯形图将出错。执行程序全清操作后，全部步指令都变为NOP。

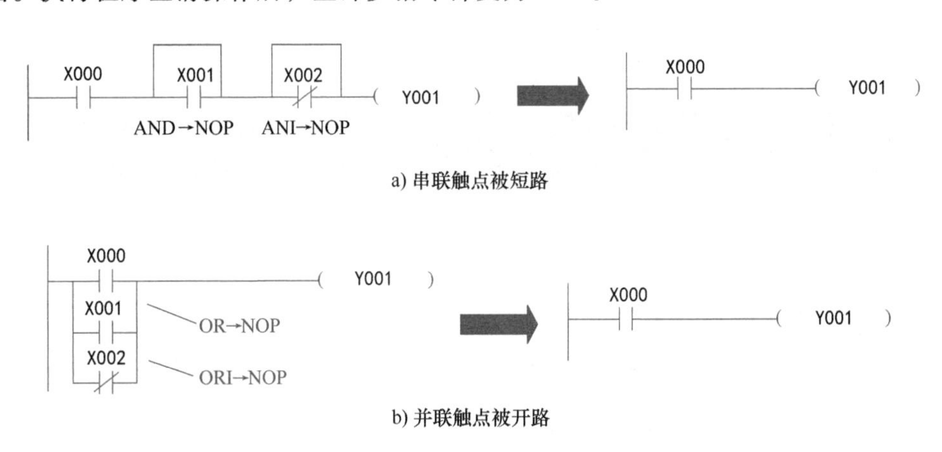

a) 串联触点被短路

b) 并联触点被开路

图2-26 NOP指令的使用

END是程序结束指令，在程序的最后写入END指令，则END以后的程序不再执行。如果程序结束不用END指令，在程序执行时会扫描完整个用户存储器，延长了程序的执行时间，有时PLC会提示程序出错，程序不能运行。在程序调试阶段，在各程序段插入END指令，可依次检查各程序段的动作，确认前面的程序动作无误后，依次删去END指令，有助于程序的调试。图2-27所示为梯形图实例。

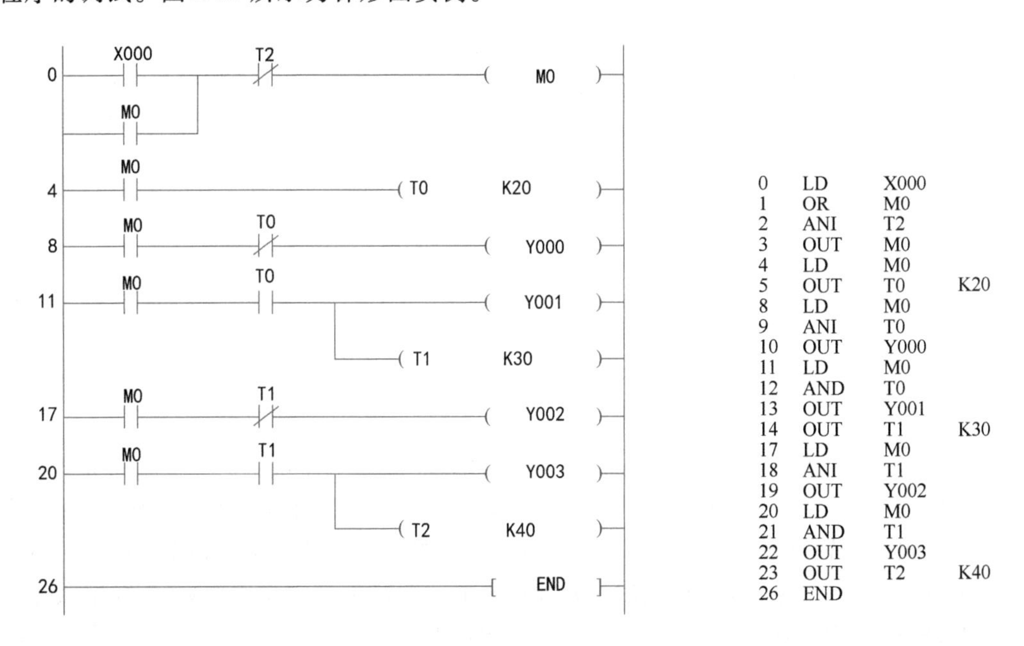

图2-27 梯形图

ORB 和 ANB 指令

2. ORB 和 ANB 指令

ORB 串联电路块或指令：将两个或两个以上串联电路块并联连接的指令。

ANB 并联电路块与指令：将并联电路块的始端与前面电路串联连接的指令。

ORB 和 ANB 指令说明见表 2-11。

表 2-11 ORB 和 ANB 指令说明

符号、名称	功　能	梯形图表示及操作元件	程序步
ORB 电路块或	串联电路块的并联连接	无操作元件	1
ANB 电路块与	并联电路块的串联连接	无操作元件	1

两个或两个以上的触点串联连接的电路称为串联电路块。串联电路块并联连接时，分支开始用 LD、LDI 指令，分支结束用 ORB 指令。ORB 指令不带操作元件，其后不跟任何软组件编号。使用时如果有多个串联电路块按顺序与前面的电路并联，对每个电路块使用 ORB 指令，如图 2-28b 所示，而对并联的回路个数没有限制。如果集中使用 ORB 指令并联连接多个串联电路块，程序如图 2-28c 所示，由于 LD、LDI 指令的重复次数限制在 8 次以下，所以这种电路块并联的个数限制在 8 以下。一般不推荐集中使用 ORB 指令的方式。

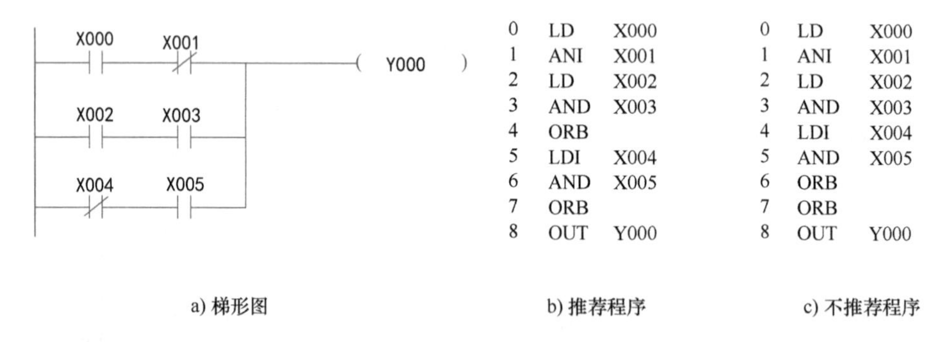

a) 梯形图　　b) 推荐程序　　c) 不推荐程序

图 2-28 ORB 指令的使用

两个或两个以上触点并联的电路称为并联电路块。并联电路块串联连接时，分支的起点用 LD、LDI 指令，并联电路块结束后用 ANB 指令与前面电路串联。ANB 指令不带操作元件，其后不跟任何软组件编号。若有多个并联电路块按顺序与前面的电路串联时，对每个电路块使用 ANB 指令，则对串联的回路个数没有限制。若成批集中使用 ANB 指令串联连接多个并联电路块，由于 LD、LDI 指令的重复次数限制在 8 次以下，所以这种电路块串联的个数限制在 8 以下。ANB 指令的使用如图 2-29 所示。

0	LD	X000
1	OR	X001
2	LD	X002
3	AND	X003
4	LDI	X004
5	AND	X005
6	ORB	
7	OR	X006
8	ANB	
9	OR	X007
10	OUT	Y001

图 2-29 ANB 指令的使用

3. 互锁控制原理

自锁与互锁控制

互锁是电气控制或机械操作机构用语。如电气控制中，同一个电动机的“开”和“关”两个点动按钮应实现互锁控制，即按下其中一个按钮时，另一个按钮必须自动断开电路，有效防止两个按钮同时通电造成机械故障或人身伤害事故。机械行业的某些场合也会用到类似的互锁控制机构。如互锁在电动机上的应用：双重互锁正反转电路，即接触器互锁正反转电路和按钮互锁正反转电路。

在几个回路之间，互锁利用某一回路的辅助触点去控制对方的线圈回路，进行状态保持或功能限制。一般对象是对其他回路的控制。

【思考与练习】

1. 说明下列指令的意义。

LD：__________ OUT：__________

OR：__________ ANI：__________

ANB：__________ ORB：__________

2. PLC 的输出指令 OUT 是对继电器的__________进行驱动的指令，但它不能用于__________。

3. __________是空操作指令，是一条无动作、无目标元件、占一个程序步的指令。

4. PLC 控制系统中，要实现多地起动，要采用__________连接方式，对应的指令是__________。要实现多地停止，要采用__________连接方式，对应的指令是__________。

5. 在成批使用时，连续使用 ANB 指令的次数不得超过__________次，连续使用 ORB 指令的次数不得超过__________次。

6. H2U 系列 PLC 有哪几条基本指令和哪几条逻辑运算指令？

7. 为什么要进行联锁（互锁）？控制程序中，与外部硬件接线是如何实现联锁的？

8. 通用型辅助继电器和断电保持型辅助继电器有什么不同？分别在什么情况下使用？

9. 程序中，如何选择常开触点和常闭触点？

10. 在实际控制中，还有哪里一定要用到互锁？通过网络搜索了解被控对象有哪些。

11. 图 2-30 所示为检票栏旁交通灯的控制。当一辆车接近检票栏时，触发一个接近开

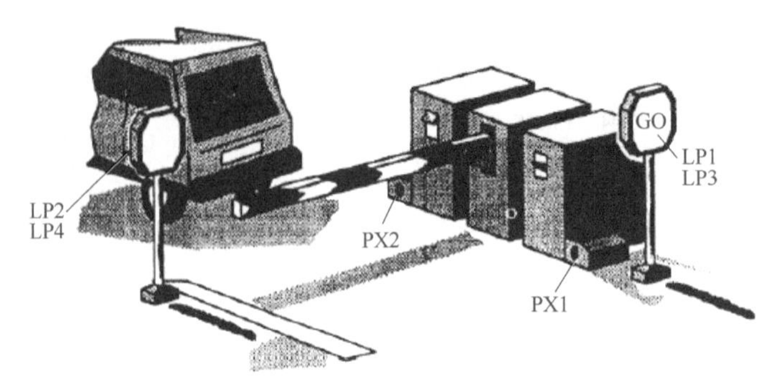

图 2-30　交通灯的控制

关，是 PX1 还是 PX2，取决于来车方向。当 PX1 或 PX2 被触发时，输入 X1 或 X2 信号，每个输入触发一个输出 Y1 或 Y2。被驱动的输出使交通指示灯接通，允许车通过。也就是说，一个方向的灯指示 GO，而另一方向的灯（由同一输出信号控制）指示 STOP，同一时刻只允许一辆车通过。试编写控制程序。

任务 2-3　设计电动机延时起停电路

本任务将介绍如何选择和正确使用汇川 PLC 内部定时器。学生需完成以下内容。

1. 掌握定时器的选用，以及定时时间的设定。
2. 会选择定时器的驱动条件，正确选择定时器触点进行编程，会进行定时器的复位。
3. 正确选用辅助继电器 M。
4. 掌握延时起停电路原理。
5. 培养安全正确操作设备的习惯、严谨的做事风格和协作意识。

【重点知识】

定时器 T 的选用，定时时间的设定，灵活应用定时器。

【关键能力】

正确使用定时器 T。

【任务描述】

SB1 为三相异步电动机的正转起动按钮，SB2 为电动机的反转起动按钮，SB3 为电动机停止按钮。要改为相反方向运转时，必须先停止，且停止 5s 后才能起动相反方向的运行，相同方向则不用等待。完成电动机正/反转联锁运行控制。

【任务要求】

1. 进行输入、输出端口分配。

2. 在梯形图编程环境下编写延时起停控制电路。
3. 正确连接输入按钮和外部负载。
4. 在线监控，软、硬件调试。

【任务环境】

1. 两人一组，根据工作任务进行合理分工。
2. 每组配备汇川 PLC 主机一台。
3. 每组配备按钮三个、电动机一台。
4. 每组配备工具和导线若干等。

【相关知识】

定时器

1. 定时器 T

定时器相当于继电器系统中的时间继电器，在程序中可用于延时控制。PLC 里的定时器都是通电延时型。定时器工作是将 PLC 内的 1ms、10ms、100ms 等时钟脉冲相加，当它的当前值等于设定值时，定时器的输出触点（常开或常闭）动作，即常开触点接通，常闭触点断开。定时器触点使用次数不限。定时器的设定值可由常数（K）或数据寄存器（D）中的数值设定。使用数据寄存器设定定时器的设定值时，一般使用具有掉电保持功能的数据寄存器，这样在断电时不会丢失数据。定时器按工作方式不同可分为普通定时器和积算定时器两类。

定时器的地址号及设定时间范围如下：

1）100ms 普通定时器：T0~T199，共 200 点，设定值为 0.1~3276.7s。

2）10ms 普通定时器：T200~T245，共 46 点，设定值为 0.01~327.67s。

3）1ms 积算定时器：T246~T249，共 4 点，执行中断保持，设定值为 0.001~32.767s。

4）100ms 积算定时器：T250~T255，共 6 点，定时中断保持，设定值为 0.1~3276.7s。

（1）普通定时器（T0~T245） 普通定时器在梯形图中的使用和动作时序如图 2-31a 所示。

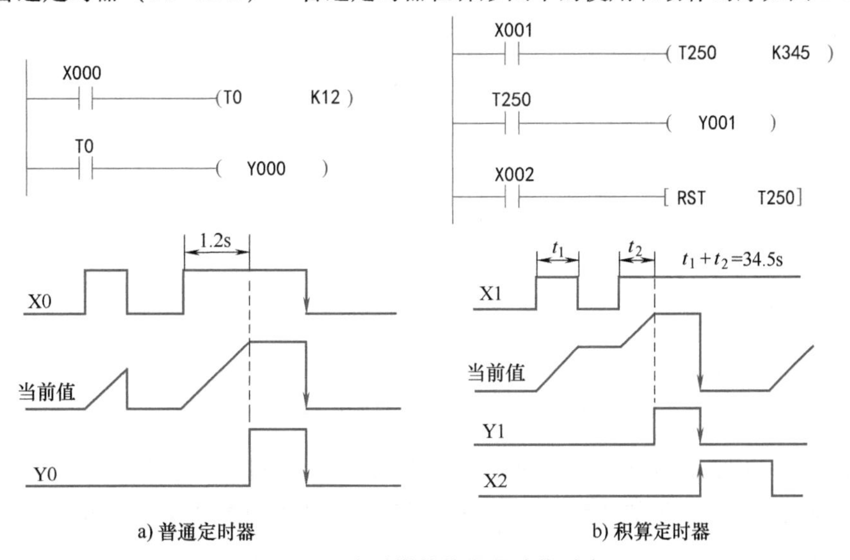

a) 普通定时器　　b) 积算定时器

图 2-31 定时器的使用及动作时序

当 X000 接通时，T0 线圈被驱动，T0 的当前值计数器对 100ms 的时钟脉冲进行累积计数，当前值与设定值 K12 相等时，定时器的输出触点动作，即输出触点是在驱动线圈后的 1.2s（100ms×12=1.2s）时才动作。当 T0 触点吸合后，Y000 就有输出。当输入 X000 断开或发生停电时，定时器就复位，输出触点也复位。

（2）积算定时器（T246~T255） 积算定时器在梯形图中的使用和动作时序如图 2-31b 所示。定时器线圈 T250 的驱动输入 X001 接通时，T250 的当前值计数器对 100ms 的时钟脉冲进行累积计数，当该值与设定值 K345 相等时，定时器的输出触点动作。计数中途即使 X001 断开或断电，T250 线圈失电，当前值也能保持。输入 X001 再次接通或复电时，计数继续进行，直到累计延时到 34.5s（100ms×345=34.5s）时触点动作。任何时刻只要复位输入 X002 接通，定时器就复位，输出触点也复位。一般情况下，从定时条件采样输入到定时器延时输出控制，其延时最大误差为 $2T_C$，T_C 为一个程序扫描周期。

SET 和 RST 指令

2. SET 和 RST 指令

SET 置位指令：使动作保持。

RST 复位指令：消除动作保持，当前值及寄存器清零。

SET 指令的操作元件为 Y、M、S，而 RST 指令的操作元件为 Y、M、S、T、C、D、V、Z。这两条指令是 1~3 个程序步。指令说明见表 2-12。

表 2-12 SET 和 RST 指令说明

符号、名称	功能	梯形图表示及操作元件	程序步
SET 置位	动作保持	SET Y, M, S	Y、M:1 S、特殊 M:2
RST 复位	消除动作保持，当前值及寄存器清零	RST Y, M, S, T, C, D, V, Z	T、C:2 D、V、Z:3

SET 和 RST 指令的使用没有顺序限制，也可以多次使用，并且在 SET 和 RST 指令之间可以插入别的程序，但最后执行的一条有效。具体使用如图 2-32 所示。

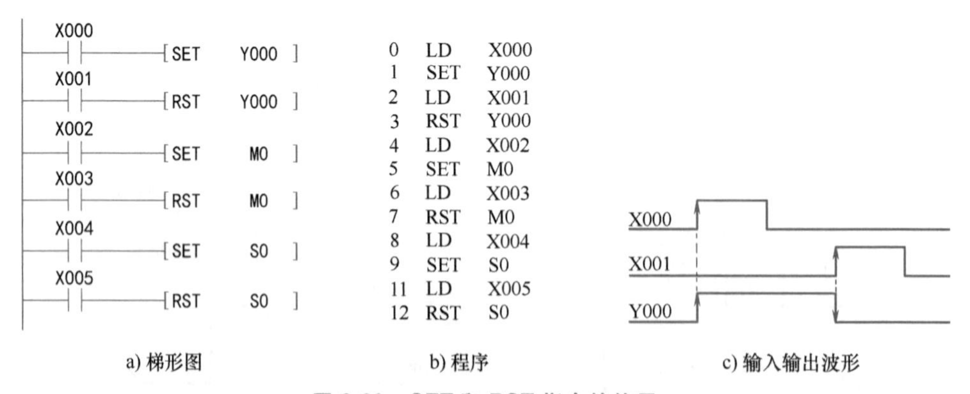

图 2-32 SET 和 RST 指令的使用

RST 指令的操作元件除有与 SET 指令相同的 Y、M、S 外，还有 T、C、D，即对数据寄存器 D 和变址寄存器 V、Z 的清零操作，以及对定时器 T 和计数器 C 的复位，使它们的当前计时值和计数值清零。

如图 2-33 所示，C0 对 X1 的上升沿次数进行增计数，当达到设定值 K10 时，输出触点 C0 动作。此后，X1 即使再有上升沿的变化，计数器的当前值不变，输出触点仍保持动作。为了将此清除，使 X0 接通，对计数器复位，使输出触点复位。

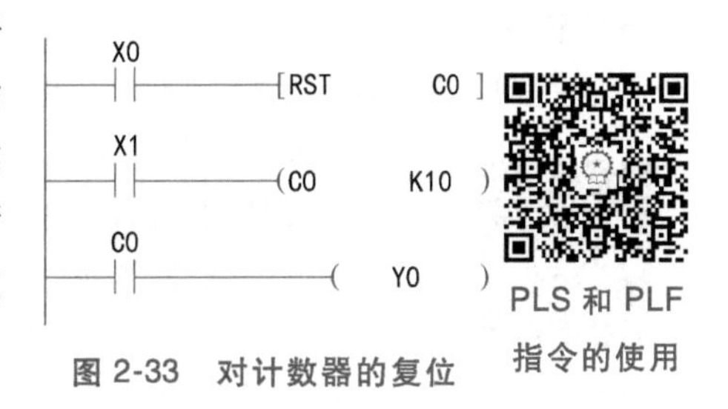

图 2-33 对计数器的复位

PLS 和 PLF 指令的使用

3. PLS 和 PLF 指令

PLS 上升沿微分指令：在输入信号上升沿产生一个扫描周期的脉冲输出。

PLF 下降沿微分指令：在输入信号下降沿产生一个扫描周期的脉冲输出。

上述的指令说明见表 2-13。

表 2-13 PLS 和 PLF 指令说明

符号、名称	功　能	梯形图表示及操作元件	程序步
PLS 上升沿微分	上升沿脉冲输出	[ ]Y,M	2
PLF 下降沿微分	下降沿脉冲输出	[ ]Y,M	2

在图 2-34 中，PLS 在输入信号 X0 的上升沿产生一个扫描周期的脉冲输出；PLF 在输入信号 X1 的下降沿产生一个扫描周期的脉冲输出。当按下按钮 X0 时，M0 闭合一个扫描周期，通过 SET 指令使 Y0 通电，Y0 灯亮，即使松开 X0，由于 SET 的置位作用，Y0 仍然亮。

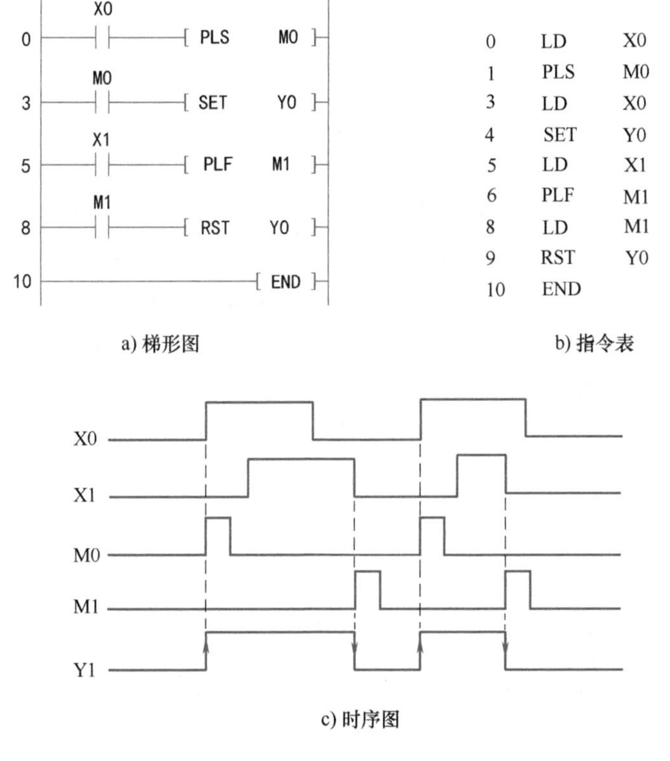

图 2-34 PLS 和 PLF 指令的使用

当按下按钮 X1 时，辅助继电器 M1 并不通电，只有松开按钮 X1，此时 PLF 指令使 M1 闭合一个扫描周期，M1 的常开触点闭合，通过 RST 指令对 Y0 复位，Y0 灯熄灭。

LDP、LDF、ANDP、ANDF、ORP 和 ORF 指令

4. LDP、LDF、ANDP、ANDF、ORP 和 ORF 指令

LDP 取脉冲上升沿指令：用来做上升沿检测，在输入信号的上升沿接通一个扫描周期。

LDF 取脉冲下降沿指令：用来做下降沿检测，在输入信号的下降沿接通一个扫描周期。

ANDP 与脉冲上升沿指令：用来做上升沿检测。

ANDF 与脉冲下降沿指令：用来做下降沿检测。

ORP 或脉冲上升沿指令：用来做上升沿检测。

ORF 或脉冲下降沿指令：用来做下降沿检测。

上述的指令说明见表 2-14。

表 2-14　LDP、LDF、ANDP、ANDF、ORP 和 ORF 指令说明

符号、名称	功　能	梯形图表示及操作元件	程序步
LDP 取上升沿脉冲	上升沿脉冲逻辑运算开始	X，Y，M，S，T，C	2
LDF 取下降沿脉冲	下降沿脉冲逻辑运算开始	X，Y，M，S，T，C	2
ANDP 与上升沿脉冲	上升沿脉冲串联连接	X，Y，M，S，T，C	2
ANDF 与下降沿脉冲	下降沿脉冲串联连接	X，Y，M，S，T，C	2
ORP 或上升沿脉冲	上升沿脉冲并联连接	X，Y，M，S，T，C	2
ORF 或下降沿脉冲	下降沿脉冲并联连接	X，Y，M，S，T，C	2

这是一组与 LD、AND、OR 指令相对应的脉冲式触点指令。指令中 P 对应上升沿脉冲，F 对应下降沿脉冲。指令中的触点仅在操作元件有上升沿/下降沿时导通一个扫描周期。LDP 和 LDF 指令的使用如图 2-35 所示。使用 LDP 指令，Y0 仅在 X0 的上升沿时接通一个扫描周期。使用 LDF 指令，Y1 仅在 X1 的下降沿时接通一个扫描周期。

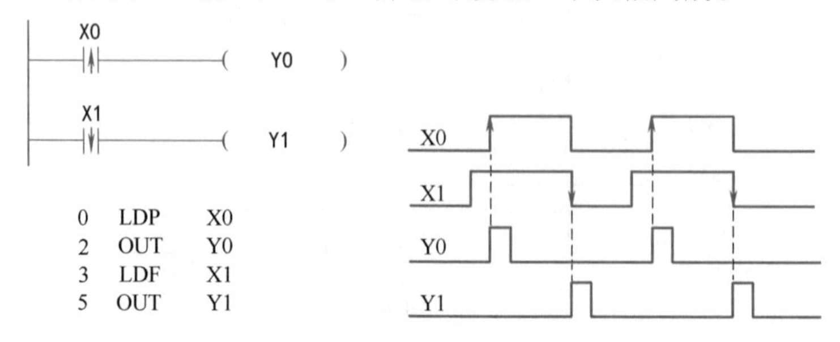

图 2-35　LDP 和 LDF 指令的使用

ANDP 和 ANDF 指令的使用如图 2-36 所示。使用 ANDP 指令，在 X2 接通后，M0 仅在 X3 的上升沿时接通一个扫描周期。使用 ANDF 指令，在 X4 接通后，Y2 仅在 X5 的下降沿时接通一个扫描周期。

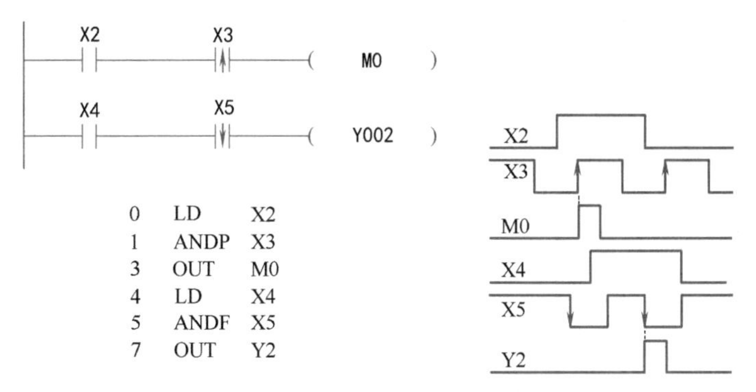

图 2-36 ANDP 和 ANDF 指令的使用

ORP 和 ORF 指令的使用如图 2-37 所示。使用 ORP 指令，M1 仅在 X10 或 X11 的上升沿时接通一个扫描周期。使用 ORF 指令，Y3 仅在 X12 或 X13 的下降沿时接通一个扫描周期。

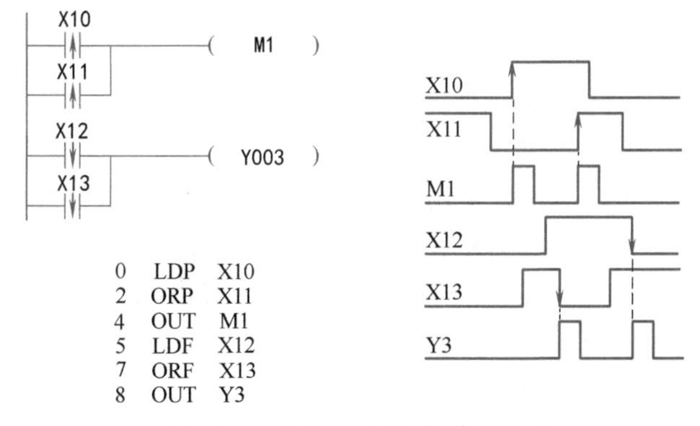

图 2-37 ORP 和 ORF 指令的使用

【任务实施】

1. 分配 I/O

电动机正/反转延时联锁控制输入/输出端口分配见表 2-15。

表 2-15 电动机正/反转延时联锁控制输入/输出端口分配

输入			输出		
名称		输入点	名称		输出点
正转起动按钮	SB1	X1	正转交流接触器	KM1	Y1
反转起动按钮	SB2	X2	反转交流接触器	KM2	Y2
停止按钮	SB3	X3			

2. 编写控制程序

电动机正/反转延时联锁控制程序梯形图如图 2-38 所示。

3. 外部接线及调试

电动机正/反转延时联锁控制接线图如图 2-39 所示。

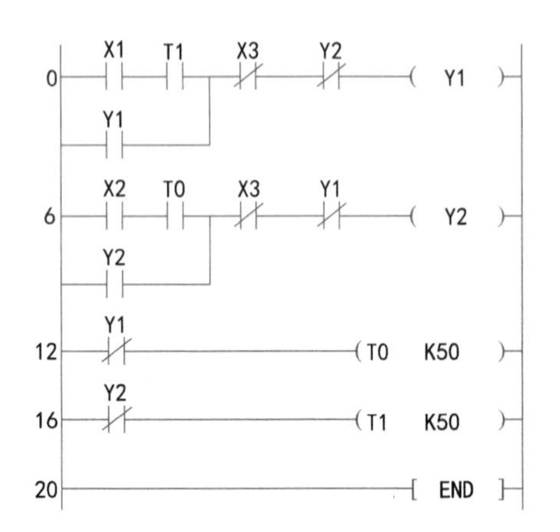

图 2-38 电动机正/反转延时联锁控制程序梯形图

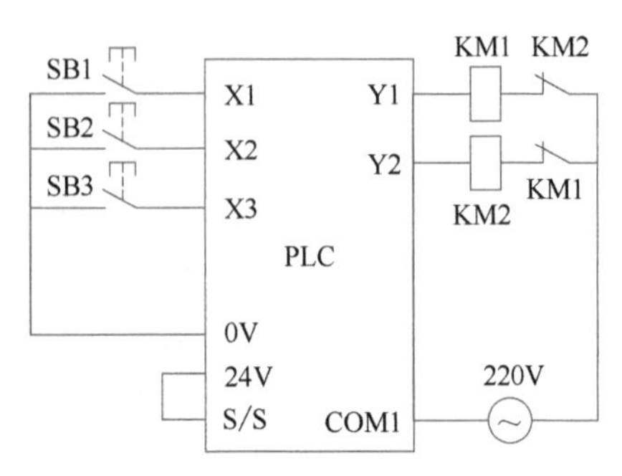

图 2-39 电动机正/反转延时联锁控制接线图

【任务拓展】

定时器接力电路

1. 定时器接力电路

每个定时器有一定的定时范围，在实际使用中有些场合需要长延时（例如 5000s），可以采用定时器接力电路，也称定时器串联电路。定时器接力程序如图 2-40a 所示，使用两个定时器，并利用 T0 的常开触点控制 T1 定时器的启动。输出线圈 Y0 的启动时间由两个定时器的设定值决定，从而实现长延时，即开关 X0 闭合后，延时（3+5）s=8s，输出线圈 Y0 才得电，其时序波形图如图 2-40b 所示。

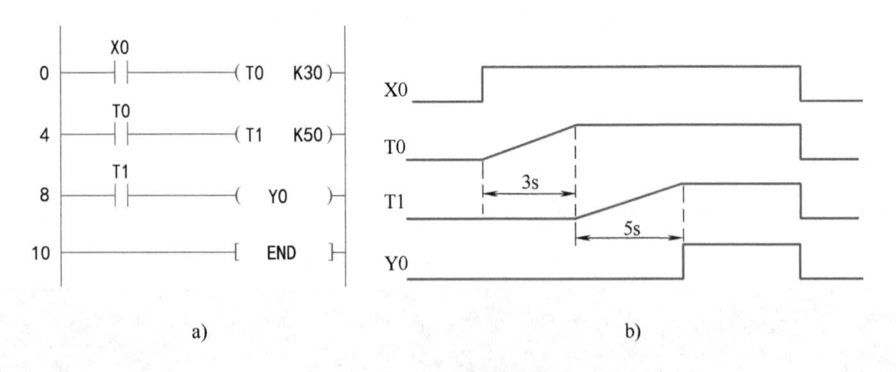

图 2-40 定时器接力程序

2. 占空比可设定脉冲发生电路

输入图 2-41 中的程序并调试。熟悉由两个定时器产生指定占空比脉冲信号的工作机理。

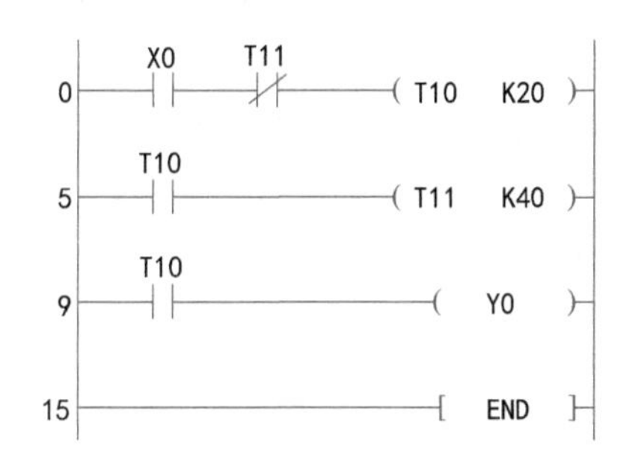

占空比可设定脉冲发生电路

图 2-41 占空比可调的脉冲发生器

【思考与练习】

1. PLS、PLF 指令都是实现在程序循环扫描过程中某些只需执行一次的指令，不同之处是__________。

2. SET 指令可以对__________操作，RST 指令可以对__________操作。使元件自保持 ON 状态，用__________指令，使元件自保持 OFF 状态，用__________指令，

3. 定时器可以对 PLC 内__________、__________、__________的时钟脉冲进行加法计算。

4. PLC 软件和硬件定时器比较，定时范围长的是__________，精度高的是__________。

5. 定时器的线圈__________时开始计时，定时时间到时，其常开触点__________，常闭触点__________。通用定时器__________时被复位，复位后其常开触点__________，常闭触点__________，当前值为__________。

6. 在 H2U 系列 PLC 的定时器中，最长的定时时间是__________。

7. 为什么要反转延时？延时时间 T0 和 T1 如何选取？

8. 试修改定时器的时间设定值，观察电动机的运行情况。

9. 自己设计一种电动机顺序运行的方式，然后编程，并上机实验。

10. H2U 系列 PLC 共有几种类型的定时器？各有何特点？

11. 采用 PLS 指令实现单按钮起停控制。第一次按下按钮 X0，M0 闭合一个扫描周期，Y0 通电自锁，Y0 灯亮；第二次按下按钮 X0，M0 再闭合一个扫描周期，此时 M1 线圈通电，M1 的常闭触点断开，Y0 失电，Y0 灯灭。对外部输入信号 X0 来说，Y0 的输出脉冲信号是其二分频，所以又把这样的电路称作二分频电路。试编程实现二分频电路。

12. ALT 指令练习：

1）通过一个输入启动/停止两个不同的输出。按下按钮 X0，启动输出 Y1，同时停止输出 Y0；再按一次 X0，启动输出 Y0，同时停止输出 Y1，依此循环。

2）输出闪烁动作。输入 X6 为 ON 时，定时器 T2 每隔 5s 使输出 Y7 交替为 ON/OFF。

13. 将 3 个指示灯接在输出端，要求 SB0、SB1、SB2 中任意一个按钮按下时，灯 HL0 亮；任意两个按钮按下时，灯 HL1 亮；三个按钮同时按下时，灯 HL2 亮；没有按钮按下时，所有灯不亮。试用 PLC 实现上述控制要求。

14. 三相异步电动机Y/△转换控制。一台三相异步电动机，要求Y起动，△运行。具体要求如下：

1）按下起动按钮 SB1，电动机Y起动（KM1 和 KMY 接通）；2s 后电动机变为△运行状态（KMY 断开、KM△接通）。

2）按下停止按钮 SB2，电动机停止运行。

项目3 PROJECT 3 物料分拣系统控制

随着社会生产力的提高，商品品种的日益丰富，在生产和流通领域中的物品分拣作业已成为耗时、耗力、占地大、差错率高、管理复杂的环节。为此，物料分拣输送系统已经成为物料搬运系统的一个重要分支，广泛应用于邮电、航空、食品、医药等行业的流通中心和配送中心。

本项目以气缸、传感器、电机为 PLC 控制对象，能通过编程、接线、调试实现对不同颜色物料的分拣。通过实践熟悉功能指令的一般表达形式、SET 和 RST 指令的含义、定时器及辅助继电器的应用。完成本任务后，学生应学会使用汇川 PLC 功能指令编程，能完成物料分拣系统程序的编写及调试。

思维导图

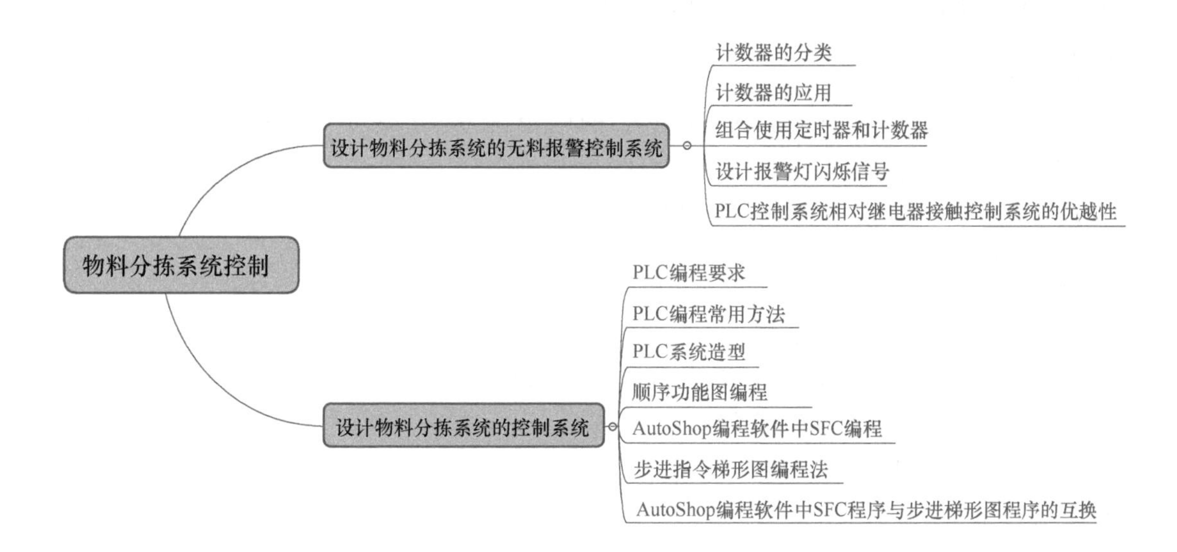

任务3-1　设计物料分拣系统的无料报警控制系统

本任务将介绍如何用功能指令编写PLC程序、进行硬件接线和调试。学生需完成以下内容。

1. 掌握采用单个定时器产生低频定时脉冲信号的方法。
2. 掌握采用两个定时器产生脉冲宽度可设定的闪烁信号的方法。
3. 熟悉计数器的使用方法。
4. 掌握报警闪烁电路原理。
5. 会应用PLC编程实现物料分拣系统的控制。
6. 培养安全正确操作设备的习惯、严谨的做事风格和协作意识。

【重点知识】

采用定时器T产生脉冲信号的编程方法，计数器的使用方法。

【关键能力】

正确灵活使用定时器T产生需要的脉冲信号。

【素养目标】

通过物料分拣系统设计，培养学生的规则意识、质量意识，使其具有理论联系实际、严谨认真、精益求精的科学态度，相互沟通的能力以及团队合作精神。

【任务描述】

当按下起动按钮后，过10s，X5仍没有信号，则报警灯闪烁，蜂鸣器响6s。报警灯闪烁13次后，系统复位停止。

闪烁要求：①0.5s亮，0.5s灭；②1.5s亮，0.8s灭。

【任务要求】

1. 进行输入、输出端口分配。
2. 在梯形图编程环境下绘制报警灯闪烁控制电路。
3. 正确连接输入按钮和外部负载。
4. 在线监控，软、硬件调试。

【任务环境】

1. 两人一组，根据工作任务进行合理分工。
2. 每组配备H2U PLC主机一台。
3. 每组配备按钮一个、报警灯一个。
4. 每组配备工具和导线若干等。

【相关知识】

计数器的分类

16 位增计数器

32 位增/减双向计数器

1. 计数器的分类

计数器在程序中用作计数控制，H2U 系列PLC 提供了 256 个计数器。当计数器的当前值和设定值相等时，触点动作。计数器的触点可以无限次使用。根据计数方式和工作特点，计数器可分为内部信号计数器和高速计数器。

（1）内部信号计数器　在执行扫描操作时，对内部器件 X、Y、M、S、T 和 C 的信号（通/断）进行计数。其接通时间和断开时间应比 PLC 的扫描周期稍长。

内部信号计数器编号见表 3-1。

表 3-1　内部信号计数器编号

16 位增计数器 0~32767 计数		32 位增/减计数器 -2147483648~+2147483647	
一般用	停电保持用(电池保持)	一般用	停电保持用(电池保持)
C0~C99 100 点	C100~C199 100 点	C200~C219 20 点	C220~C234 15 点

（2）高速计数器　高速计数器的类型可分为以下几种（表 3-2）：

1）单相无启动/复位高速计数器 C235~C240。

2）单相带启动/复位高速计数器 C241~C245。

3）单相 2 输入（双向）高速计数器 C246~C250。

4）双相输入（A-B 相型）高速计数器 C251~C255。

高速计数器的选择并不是任意的，它取决于所需高速计数器的类型及高速输入端子。

表 3-2　高速计数器

输　入		X0	X1	X2	X3	X4	X5	X6	X7
单相无启动/复位	C235	U/D							
	C236		U/D						
	C237			U/D					
	C238				U/D				
	C239					U/D			
	C240						U/D		
单相带启动/复位	C241	U/D	R						
	C242			U/D	R				
	C243					U/D	R		
	C244	U/D	R					S	
	C245			U/D	R				S
单相 2 输入(双向)	C246	U	D						
	C247	U	D	R					
	C248				U	D	R		

（续）

输　入		X0	X1	X2	X3	X4	X5	X6	X7
单相2输入(双向)	C249	U	D	R				S	
	C250				U	D	R		S
双相输入（A-B 相型）	C251	A	B						
	C252	A	B	R					
	C253				A	B	R		
	C254	A	B	R				S	
	C255				A	B	R		S

注：U—增计数输入，D—减计数输入，A—A 相输入，B—B 相输入，R—复位输入，S—启动输入。

2. 计数器的应用

（1）16 位增计数器　H2U 中的 16 位增计数器是 16 位二进制加法计数器，它是在计数信号的上升沿进行计数，计数设定值为 K1～K32767，设定值 K0 和 K1 的含义相同，均在第一次计数时，其输出触点就动作。计数器又分通用型和断电保持型，其中 C0～C99 共 100 点是通用型 16 位加法计数器，C100～C199 共 100 点是断电保持型 16 位加法计数器。当切断 PLC 的电源时，通用型计数器当前值自动清除，而断电保持型计数器则可存储停电前的计数器数值，当再次通电时，计数器可按上一次数值累积计数。图 3-1 所示是加法计数器的动作过程。

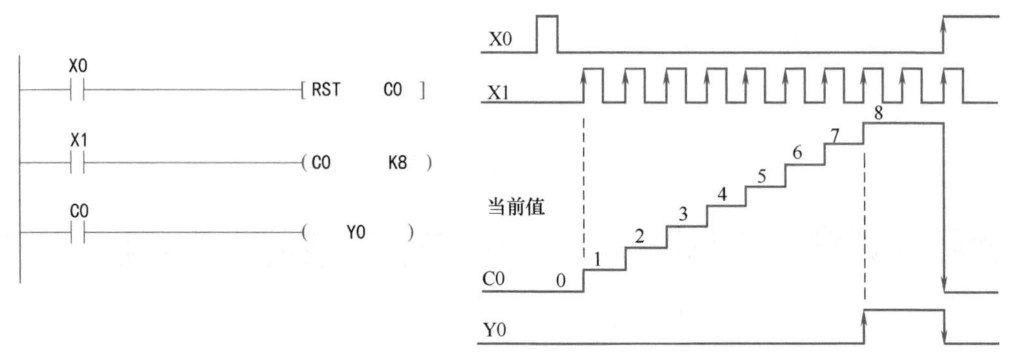

图 3-1　16 位增计数器的动作过程

X1（即 X001，后类同）是计数器输入信号，每接通一次，计数器 C0 当前值加 1，当前值与设定值相等时，即当前值为 8 时，计数器输出触点动作，即常开触点接通，常闭触点断开。当 C0 触点吸合后，Y0 就有输出。之后即使 X1 再接通，计数器的当前值保持不变。当复位输入 X0 接通时，执行 RST 复位指令，计数器 C0 被复位，当前值变为 0，输出触点断开。

计数器的设定值除用常数 K 设定外，也可由数据寄存器来指定，这要用到后述的功能指令 MOV。

（2）32 位增/减双向计数器　32 位增/减双向计数器的计数设定值为-2147483648～+2147483647。双向计数器也有两种类型，即通用型 C200～C219 共 20 点，断电保持型 C220～C234 共 15 点。增/减计数由特殊辅助继电器 M8200～M8234 设定。对应的特殊辅助继电器接通（置 ON）时，为减计数，反之为加计数。32 位增/减双向计数器对应切换的特殊辅助继电器见表 3-3。

表 3-3　32 位增/减双向计数器对应切换的特殊辅助继电器

计数器	方向切换	计数器	方向切换	计数器	方向切换	计数器	方向切换
C200	M8200	C209	M8209	C218	M8218	C226	M8226
C201	M8201	C210	M8210	C219	M8219	C227	M8227
C202	M8202	C211	M8211	—	—	C228	M8228
C203	M8203	C212	M8212	C220	M8220	C229	M8229
C204	M8204	C213	M8213	C221	M8221	C230	M8230
C205	M8205	C214	M8214	C222	M8222	C231	M8231
C206	M8206	C215	M8215	C223	M8223	C232	M8232
C207	M8207	C216	M2168	C224	M8224	C233	M8233
C208	M8208	C217	M8217	C225	M8225	C234	M8234

与 16 位计数器一样，可直接用常数 K 或间接用数据寄存器 D 的内容作为设定值，设定值可正、可负。间接设定时，数据寄存器将连号的内容变为一对，作为 32 位双向计数器的设定值。如在指定 D0 时，将 D1 与 D0 两项作为 32 位设定值处理。

图 3-2 所示是 32 位双向计数器的动作过程。其中 X12 为计数方向设定信号，X13 为计数器复位信号，X14 为计数器输入信号。在计数器的当前值由-4 增加到-3 时，输出触点接通（置 ON），由-3 减小到-4 时，输出触点断开（复位）。当复位输入 X13 接通时，计数器的当前值就为 0，输出触点也复位。若计数器从+2147483647 起再进行加计数，当前值就变成-2147483648，同样从-2147483648 再进行减计数，当前值就变成+2147483647，称为循环计数。

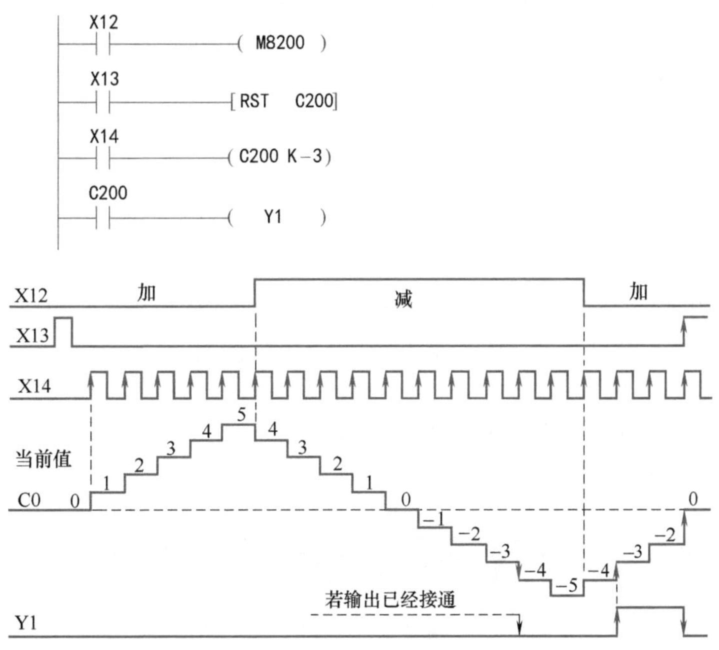

图 3-2　32 位双向计数器的动作过程

（3）高速计数器　高速计数器是对外部输入的高速脉冲信号（周期小于扫描周期）进

行计数，可以执行数千赫的计数。高速计数器共21点，其地址号为C235~C255。适用于高速计数器的输入端只有6点，X0~X5，即高速脉冲信号只允许从这6个端子上引入，其他端子不能对高速脉冲进行处理。高速计数器的计数频率较高，它们的输入信号的频率受两方面的限制，一是输入端的响应速度，二是全部高速计数器的处理时间。因它们采用中断方式，所以计数器用得越少，可计数频率就越高。单独使用单相C235、C236、C246最高可以对60kHz高速脉冲进行计数；C251（双相）最高频率为30kHz。当多个高速计数、脉冲输出同时使用时，频率会降低，不超过一定的总计频率数。X6和X7也是高速输入，但只能用作启动信号，不能用于高速计数。高速计数器的选择并不是任意的，它取决于所需高速计数器的类型及高速输入端子。高速计数器的类型如下：

1）1相1输入无启动/复位高速计数器C235~C240。

2）1相1输入带启动/复位高速计数器C241~C245。1相1计数型，只需要1个计数脉冲信号输入端，由对应的特殊M寄存器决定为增计数或减计数；部分计数器还具有硬件复位、起停的信号输入端口。

3）1相2输入（双向）高速计数器C246~C250。1相2计数型，有2个计数脉冲信号输入端，分别为增计数脉冲输入端和减计数脉冲输入端，部分计数器还具有硬件复位、起停的信号输入端口。

4）2相输入（A-B相型）高速计数器C251~C255。2相2计数型，即A、B两相计数脉冲计数器，是根据A、B两相的相位决定计数的方向。计数方法是：当A脉冲为高电平时，B相的脉冲上升沿做加计数，B相的脉冲下降沿做减计数。通过读取M8251~M8255的状态，可监控C251~C255的增计数/减计数状态。双相式编码器输出的是有90°相位差的A相和B相，据此高速计数器自动地进行增计数/减计数动作，如图3-3所示。

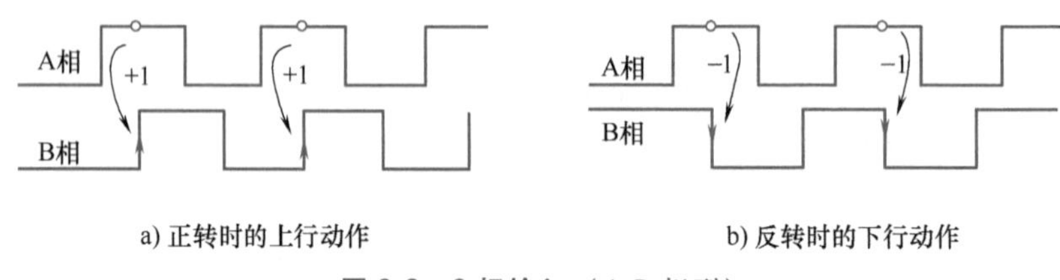

a) 正转时的上行动作　　b) 反转时的下行动作

图3-3　2相输入（A-B相型）

高速计数器为32位双向计数器，增减计数仍然用M82××控制。当M82××为OFF时，高速计数器C2××为增计数；反之，高速计数器C2××为减计数。

高速计数器是以中断方式工作的，独立于扫描周期，因而高速计数器的驱动继电器必须始终有效，而不能像普通计数器那样用产生脉冲信号的端子驱动高速计数器。

高速计数器输入端分配关系见表3-4。

表3-4　高速计数器输入端分配关系

输入		X0	X1	X2	X3	X4	X5	X6	X7
1相1输入 无启动/复位	C235	U/D							
	C236		U/D						
	C237			U/D					
	C238				U/D				

（续）

输入		X0	X1	X2	X3	X4	X5	X6	X7
1相1输入 无启动/复位	C239					U/D			
	C240						U/D		
1相1输入 带启动/复位	C241	U/D	R						
	C242			U/D	R				
	C243					U/D	R		
	C244	U/D	R					S	
	C245			U/D	R				S
1相2输入 （双向）	C246	U	D						
	C247	U	D	R					
	C248				U	D	R		
	C249	U	D	R				S	
	C250				U	D	R		S
2相输入 （A-B相型）	C251	A	B						
	C252	A	B	R					
	C253				A	B	R		
	C254	A	B	R				S	
	C255				A	B	R		S

注：U—加计数输入，D—减计数输入，A—A相输入，B—B相输入，R—复位输入，S—启动输入。

【任务实施】

组合使用定时器和计数器

1. 组合使用定时器和计数器

输入图3-4中的程序并调试。熟悉定时器和计数器的组合使用。分析梯形图中各元件的作用。

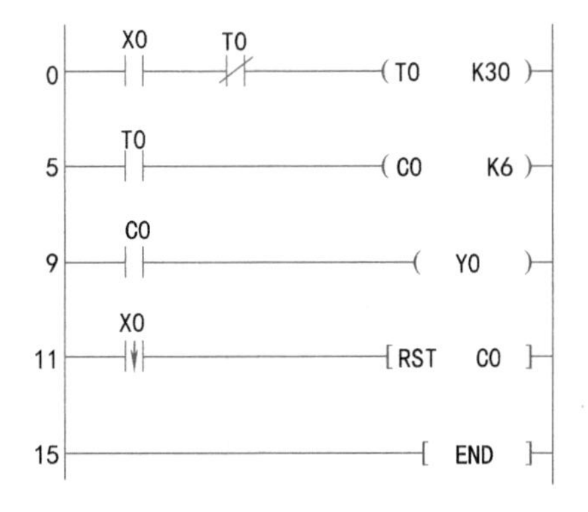

图3-4 定时器与计数器的组合使用

2. 设计报警灯闪烁信号

（1）分配I/O 报警灯闪烁的控制输入/输出端口分配见表3-5。

表 3-5 报警灯闪烁的控制输入/输出端口分配

输入			输出		
名称		输入点	名称		输出点
起动按钮	SB1	X0	报警灯	L	Y0
被检测信号	SB2	X5	蜂鸣器	B	Y1

（2）编写控制程序　报警灯闪烁的控制程序梯形图如图 3-5 所示。

物料系统无料报警任务分析

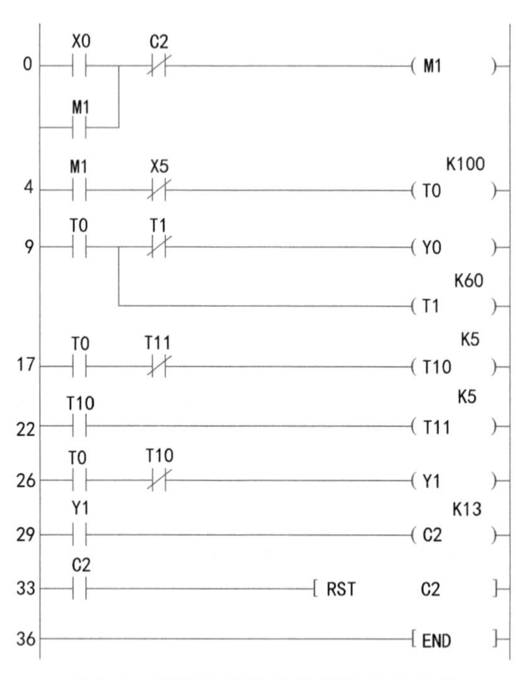

物料系统无料报警软件设计

物料系统无料报警总体联调

图 3-5 报警灯闪烁的控制程序梯形图

（3）外部接线及调试　报警灯闪烁的控制接线图如图 3-6 所示。

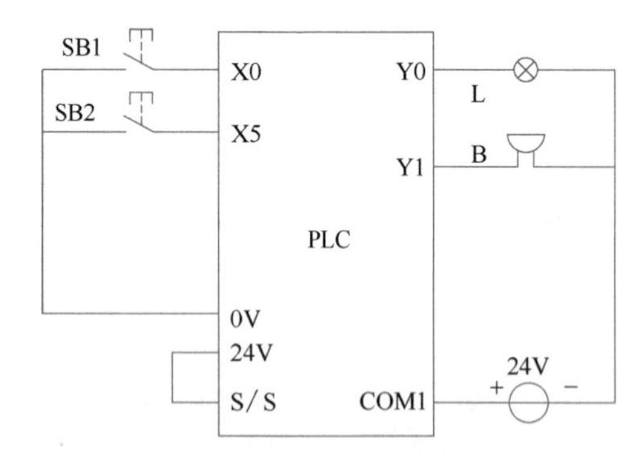

图 3-6 报警灯闪烁的控制接线图

PLC 控制系统相对继电器接触控制系统的优越性

【任务拓展】

PLC 控制系统相对继电器接触控制系统的优越性

PLC 控制系统与继电器接触控制系统的区别见表 3-6。

表 3-6 PLC 控制系统与继电器接触控制系统的区别

项目	控制方式	
	PLC 控制方式	继电器控制方式
功能	利用程序,可灵活实现复杂控制。除了原本的顺序控制,还能实现与数据处理相关的模拟、定位和通信等各种功能	对于采用大量继电器的复杂控制,很难实现经济性和可靠性,基本上仅可进行 ON/OFF 控制
经济性	继电器超过 10 个的系统中,一般采用 PLC 来控制更为经济	必须是小规模的系统,否则很难实现经济性
灵活性	通过程序变更可实现控制内容的灵活变更	除了变更接线,没有别的办法
可靠性	基本上全部采用半导体,可靠性高,寿命更长	由于使用的是继电器触点,长期使用会产生接触不良,很难实现长寿命
维护性	通过外围软件可以监控故障状况。零件更换可采用组件更换方式,简单方便	继电器发生故障时,原因调查和更换作业都很麻烦
设备大小	即使针对复杂的控制,设备体积基本上也不会增大	系统规模增大时,设备体积也会大大增加
系统的开发周期	即便是复杂的控制,与继电器控制方式相比,也更容易设计和制作	从时间和人工上来讲很难扩大规模

【思考与练习】

1. 计数器的复位输入电路__________，计数输入电路__________，若当前值__________设定值，计数器的当前值加 1。当前值等于设定值时，其常开触点__________，常闭触点__________，当前值__________。

2. C200 是一个__________位计数器，计数方向由__________的状态决定，当其为 ON 状态时为__________计数，当其为 OFF 状态时为__________计数。

3. 继电器控制系统中__________（有/没有）计数器。

4. 定时器和计数器各有哪些使用要素？如果梯形图线圈前的触点是工作条件，定时器和计数器的工作条件有什么不同？

5. 计数器在实际应用中有哪些用途？

6. 报警灯在工业生产现场有什么作用？一般用哪几种颜色的光？分别表达什么报警信息？

7. 在复杂的电气控制中，采用 PLC 控制相比传统的继电器控制有哪些优越性？

8. 简述计数器的分类、用途。计数器的计数范围是多少？

9. 如何将 C200~C255 设置为加计数器或减计数器？

10. 试编写一长亮一短亮的灯光信号：开关闭合，长亮（2.54s）→灭（0.8s）→短亮（1.2s）→灭（0.8s）→长亮（2.54s）……如此循环。开关断开，灯熄灭。

11. 某控制系统有一盏绿灯，当开关 K1 合上后，绿灯亮 1s 灭 1s，累计亮灭 30s 后自行关闭。试编写控制程序。

12. 按下按钮 X0 后，Y0 变为 ON 并自锁。T0 计时 7s 后，用 C0 对 X1 输入的脉冲计数，计满 4 个脉冲后，Y0 变为 OFF，同时 C0 和 T0 被复位。在 PLC 刚开始执行用户程序时，C0 也被复位。请设计梯形图。

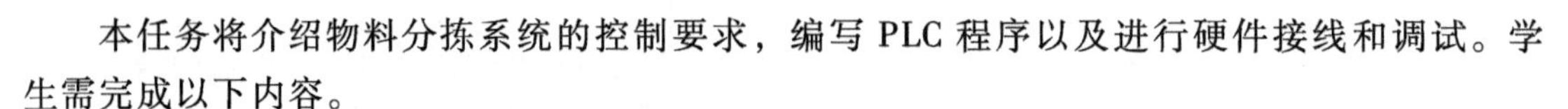

任务 3-2 设计物料分拣系统的控制系统

本任务将介绍物料分拣系统的控制要求，编写 PLC 程序以及进行硬件接线和调试。学生需完成以下内容。

1. 认识物料分拣系统的硬件结构。
2. 能运用 PLC 控制直流电动机带动带轮运转，运输工件。
3. 熟练掌握传感器的检测系统。
4. 熟练掌握气缸动作的控制要求。
5. 会根据控制要求编写 PLC 程序。
6. 会通过 PLC 编程实现物料分拣系统的控制。

【重点知识】

顺序控制编程思路的应用。

【关键能力】

会在编程环境中输入梯形图程序，会上传、下载程序，会在线监控、离线仿真；能正确、规范地完成外部接线。

【素养目标】

通过物料分拣系统设计过程，学生应养成质量意识、环保意识、安全意识，培养学生主动参与、积极进取、探究科学的学习态度。

【任务描述】

系统控制要求如下：

1）按下复位按钮，所有气缸缩回，电动机运行，传送带上清料（3s）。

2）按下开始按钮，系统开始运转，上料系统自动上料，光电传感器有信号，电动机运行，工件行至色标传感器位置。

3）检查是黑色工件时，电动机停止，推料缸动作，将黑色工件推到巷道；如果是蓝色工件，电动机继续运行，待工件被传送到电容传感器位置，电容传感器有信号，电动机停止，推料缸动作，将蓝色工件推到巷道。

物料分拣系统的结构如图 3-7 所示。

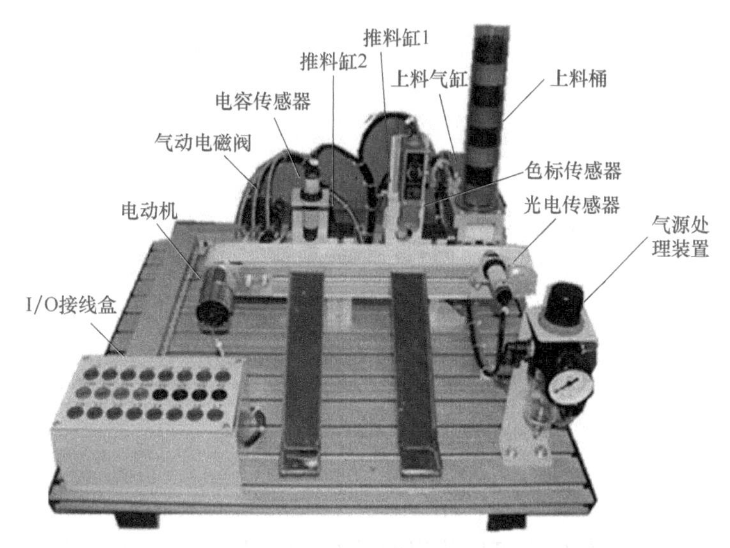

图 3-7 物料分拣系统的结构

【任务要求】

1. 进行输入、输出端口分配。
2. 在梯形图编程环境下编写物料分拣系统控制电路。
3. 正确连接输入按钮和外部负载。
4. 在线监控，软、硬件调试。

【任务环境】

1. 两人一组，根据工作任务进行合理分工。
2. 每组配备 H2U PLC 主机一台。
3. 每组配备工具和导线若干等。

【相关知识】

PLC 编程要求

1. PLC 编程要求

用梯形图编写程序时，基本规则如下：

1）按照自上而下、自左而右的顺序编写。

2）梯形图的每一行（阶梯）都是始于左母线，终于右母线（右母线可以省略不画）。由常开、常闭触点或其组合构成执行逻辑条件与左母线相连，线圈作为输出与右母线相连。注意：线圈与右母线之间不可以有触点。所以，图 3-8a 所示是错误的，应改成图 3-8b 所示的梯形图。

3）线圈不能直接与左母线相连。如果需要无条件执行，可以通过一个没有用到的编程元件的常闭触点或者特殊辅助继电器 M8000（运行常 ON，PLC 运行时一直闭合）来连接，如图 3-9 所示。

4）梯形图中的触点可以任意进行串联或并联，但线圈不能串联输出。

a) 不正确　　b) 正确

图 3-8　线圈与右母线之间不可以有触点

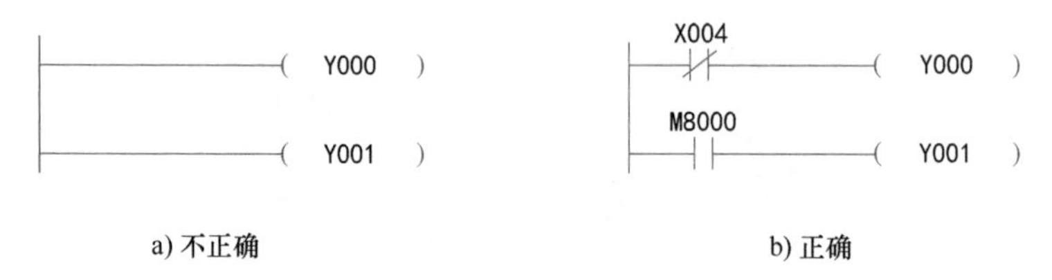

a) 不正确　　b) 正确

图 3-9　线圈不能直接与左母线相连

5）梯形图中同一编号的触点可以使用无限次，但同一编号的输出线圈若在一个程序中使用两次或两次以上，就构成双线圈输出，如图 3-10a 所示。双线圈输出时，只有最后一次才有效，容易引起误操作，一般不宜使用双线圈输出。在特殊情况下，如含有跳转指令或步进指令的梯形图中，双线圈输出是允许的。另外，不同编号的线圈可以并行输出，如图 3-10b 所示。

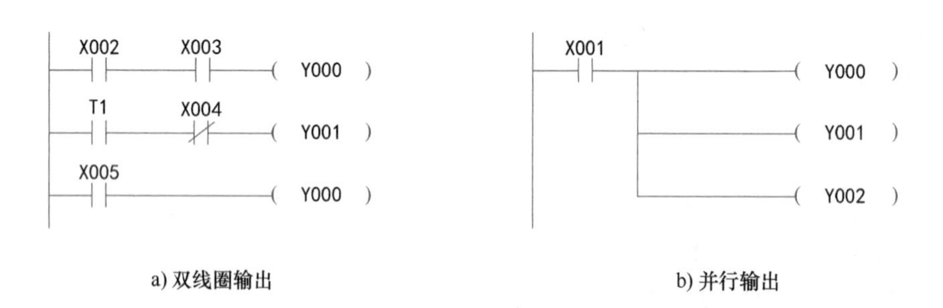

a) 双线圈输出　　b) 并行输出

图 3-10　双线圈输出和并行输出

6）梯形图中触点要画在水平线上，不可画在垂直线上。如图 3-11a 所示，触点 X004 在垂直线上，该桥式电路不能直接编程，须进行等效变换，将其变换为连接关系明确的电路才能进行编程。等效变换后的电路如图 3-11b 所示。

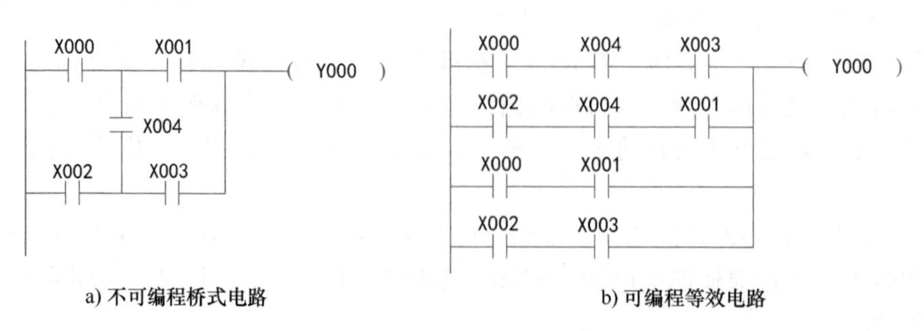

a) 不可编程桥式电路　　b) 可编程等效电路

图 3-11　桥式电路及其等效电路

7）梯形图编程时应遵循“上重下轻”“左重右轻”的原则，即串联多的支路应尽可能放在上部，并联多的支路应尽可能放在左边靠近左母线。这样做既可简化程序，又可减少指令。通过对图 3-12a、b 和图 3-13a、b 的分别比较就一目了然了。

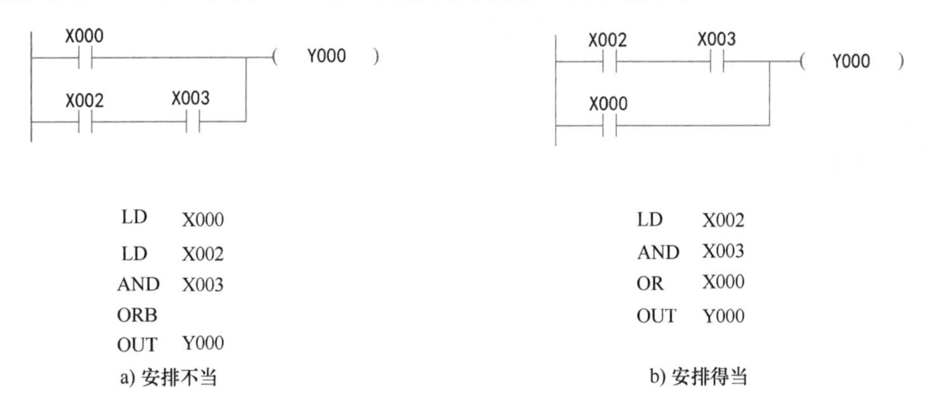

a) 安排不当　　b) 安排得当

图 3-12 “上重下轻”原则

X001 X002 Y001 X003

```
LD    X001
LD    X002
OR    X003
ANB
OUT   Y001
```

a) 安排不当

X002 X001 Y001 X003

```
LD    X002
OR    X003
AND   X001
OUT   Y001
```

b) 安排得当

图 3-13 “左重右轻”原则

8）每个程序结束后都应该有程序结束指令 END。

2. PLC 编程常用方法

顺序功能图

顺序功能图编程

（1）顺控梯形图编程法　在 PLC 的应用中，通常有一些典型的控制环节的编程方法。熟悉这些编程方法，可以使程序的设计变得简单，取得事半功倍的效果。对于一个复杂的控制系统，尤其是顺序控制系统，由于内部的联锁、互动关系极其复杂，其梯形图往往长达数百行，编制的难度较大，而且这类程序的可读性也大大降低。

顺序控制设计法是针对以往在设计顺序控制程序时采用经验设计法的诸多不足而产生的。使用顺序控制设计法编程的一种有力的工具是顺序功能图，又称状态转移图或功能图。它是编程辅助工具，一般需要用梯形图或指令表将其转化成 PLC 可执行的程序。

根据系统的顺序功能图设计出梯形图的方法通常有两种，即使用起保停电路的编程方法和以转换为中心的编程方法。

顺序功能图主要由工步、状态转移、状态输出及有向线段等元素组成。下面介绍顺序功能图设计方法的一般步骤。

1）确定顺序功能图的工步。每一个工步都是描述控制系统中对应的一个相对稳定的状态，在整个控制过程中，执行元件的状态变化决定了工步数。工步的符号如图 3-14 所示。

初始工步对应于初始状态，是控制系统运行的起点。一个控制系统至少有一个初始工步。一般工步是指控制系统正常运行时的某个状态。

a) 一般工步　　b) 初始工步

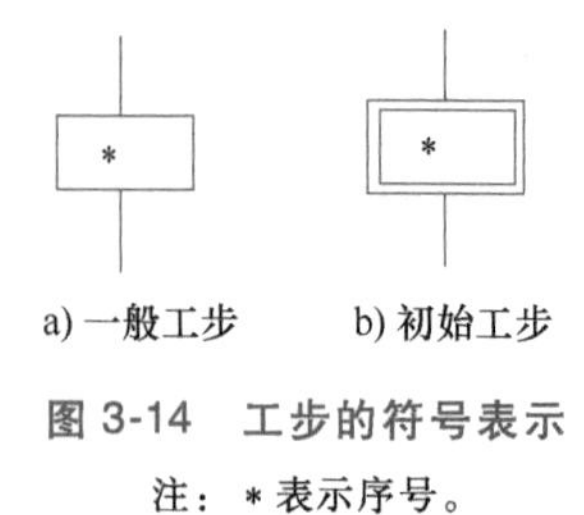

图 3-14　工步的符号表示

注：* 表示序号。

2）设置状态输出。确定好顺序功能图的工步后，即可设置每一工步的状态输出，也就是明确每个状态的负载驱动和功能。状态输出符号写在对应工步的右边，假设此时对应输出用 Y001 表示，如图 3-15 所示。

3）设置状态转移。状态转移说明了从一个工步到另一个工步的变化。转移符号如图 3-16 所示，即用有向线段加一段横线表示。

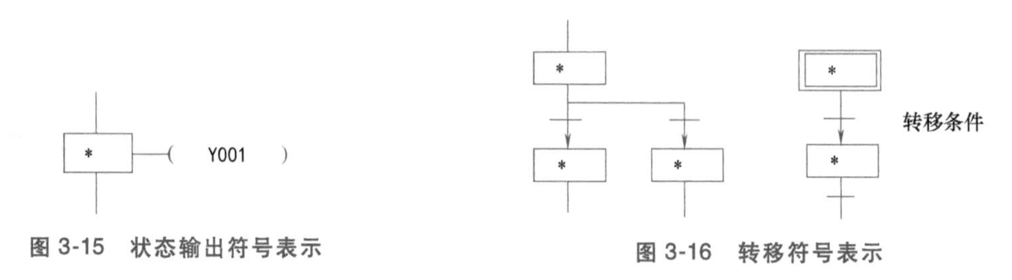

图 3-15　状态输出符号表示

图 3-16　转移符号表示

转移需要满足转移条件，可以用文字语言或逻辑表达式等方式把转移条件表示在转移符号旁。

根据生产工艺和系统复杂程序的不同，顺序功能图的基本结构可分为单序列、选择序列和并行序列三种基本序列，如图 3-17 所示。

a) 单序列　　b) 选择序列　　c) 并行序列

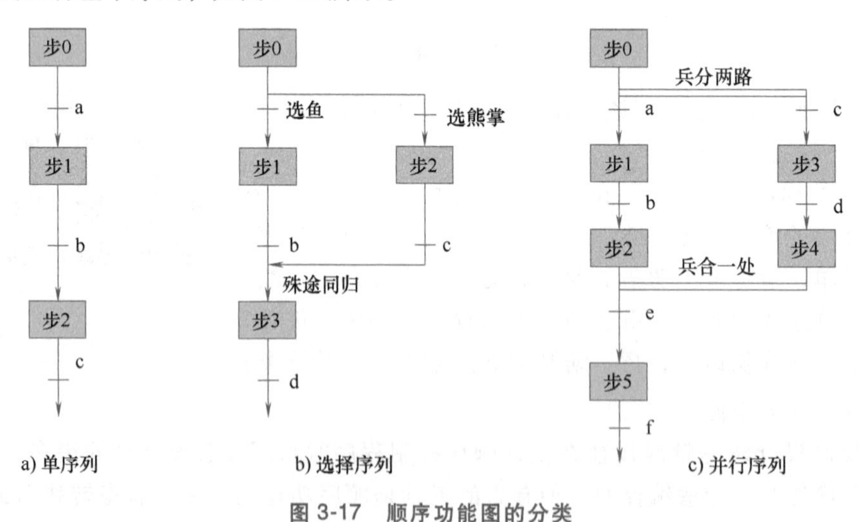

图 3-17　顺序功能图的分类

（2）使用起保停电路的顺控梯形图编程法　如图 3-18 所示，辅助继电器 M1、M2 和 M3 代表顺序功能图中顺序相连的 3 个工步，X001 是 M2 之前的转化条件，当 M1 为活动步，即 M1 为 ON，转换条件 X001 满足时，X001 的常开触点就闭合，此时可以认为 M1 和 X001 的常开触点组成的串联电路作为转换实现的两个条件，使后续工步 M2 变为活动步，即 M2 为 ON，同时使 M1 变为不活动步，即 M1 为 OFF。

X002 是 M2 之后的转换条件，为了使工步 M2 为 ON 后能保持到转换条件 X002 满足，就必须由有保持功能或有记忆功能的电路来控制代表工步的辅助继电器，起保停电路就是典型的有记忆功能的电路。

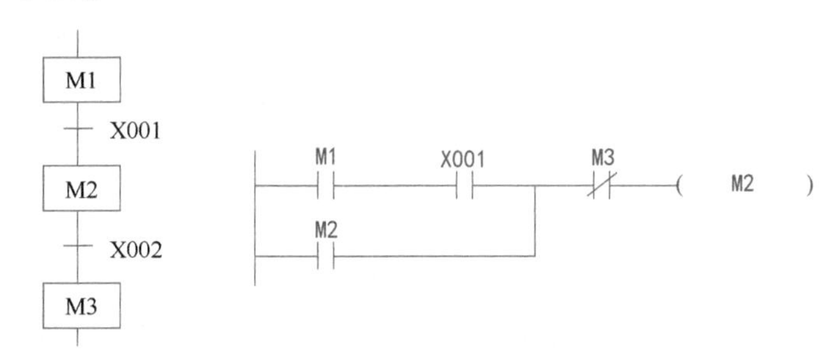

图 3-18 起保停电路

利用起保停电路由顺序功能图画出梯形图，通常要从以下两个方面进行考虑：

1）工步的处理。在起保停电路中，用辅助继电器来代表工步，当某一工步为活动步时，对应的辅助继电器为 ON 状态。当某一转换实现时，该转换的后续步变为活动步，前级步就变为不活动步。

在设计起保停电路时，关键是找出启动条件和停止条件。转换实现的条件是它的前级步为活动步，并且满足相应的转换条件。图 3-18 中，用 M1 和 X001 常开触点组成串联电路，作为控制线圈 M2 的启动条件。当 M3 为活动步时，M2 应为不活动步，因此可以将 M3 = 1 作为使 M2 变为 OFF 的条件，即用 M3 的常闭触点和 M2 的线圈串联作为起保停电路的停止条件。

2）输出电路。如果某一输出量仅在某一步中为 ON 时，可以将它们的线圈分别和对应的辅助继电器的常开触点串联，也可以将它们的线圈和对应的辅助继电器的线圈并联。

如果某一输出继电器在几步中都为 ON 时，应将各辅助继电器的常开触点并联后，驱动该输出继电器的线圈。

起保停电路是一种通用的编程方法，因为起保停电路仅使用与触点和线圈有关的指令，任何一种 PLC 的指令系统都有这类指令，所以它适用于任何型号的 PLC。使用时注意不要出现双线圈输出。

（3）以转换为中心的顺控梯形图编程法　以转换为中心的编程方法与起保停电路的编程方法一样，也是用辅助继电器 M 代表各工步。如图 3-19 所示，M1、M2、M3 代表顺序功能图中相连的 3 步，X001 和 X002 分别是工步 M1 和 M2 之后的转移条件。当 M1 为 ON（活动步），转换条件 X001 也为 ON 时，可以认为 M1 和 X001 的常开触点组成的串联电路作为转换实现的两个条件，使后续工步 M2 变为 ON，同时使前级步 M1 变为 OFF（不活动步）。同样，当 M2 为 ON，转换条件 X002 也为 ON 时，可以认为 M2 和 X002 的常开触点组成的串联电路作为转换实现的两个条件，使后续工步 M3 变为 ON，同时使前级步 M2 变为 OFF。在梯形图中，用 SET 指令将转换的后续步置位为活动步，用 RST 指令使转换的前级步复位为不活动步。

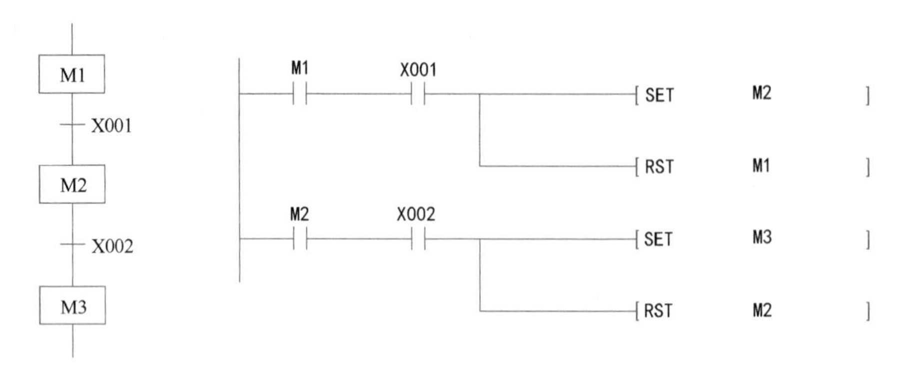

图 3-19 状态转换的编程方法

由图 3-19 可知，每一个转换对应一个置位和复位的电路块，有几个转换就对应几个这样的电路块，所以这种编写方法比较有规律，不容易出错，在设计较复杂的顺序功能图和梯形图时非常有用。输出电路处理与使用起保停电路的顺控梯形图编程法一样。

PLC 系统选型

3. PLC 系统选型

PLC 选型的基本原则：所选的 PLC 应能够满足控制系统的功能需要，一般从 PLC 结构、输出方式、通信联网功能、PLC 电源、I/O 点数及 I/O 接口设备等方面进行综合考虑。

（1）选择 PLC 结构　在相同功能和相同 I/O 点数的情况下，整体式 PLC 比模块式 PLC 价格低。模块式具有功能扩展灵活、维修方便以及容易判断故障等优点。用户应根据需要选择 PLC 的机型。

（2）选择 PLC 输出方式　不同的负载对 PLC 的输出方式有相应的要求。继电器输出型的 PLC 工作电压范围广，触点的导通降压小，承受瞬时过电压和瞬时过电流的能力较强，但是动作速度较慢，触点寿命有一定的限制。如果系统输出信号变化不是很频繁，建议优先选择继电器输出型 PLC。晶体管型与双向晶闸管型 PLC 分别用于直流负载和交流负载，它们的可靠性高，反应速度快，不受动作次数的限制，但是过载能力稍差。

（3）选择通信联网功能　若 PLC 控制系统需要联网控制，则所选用的 PLC 需要有通信联网功能，以及连接其他 PLC、上位机和 CRT 等接口的功能。

（4）选择 PLC 电源　电源是干扰 PLC 的主要因素之一，因此应选择优质电源以提高 PLC 控制系统的可靠性。一般可选用畸变较小的稳压器或带有隔离变压器的电源，使用直流电源时要选用桥式全波整流电源。对于供电不正常或电压波动较大的情况，可考虑采用不间断电源（UPS）或稳压电源供电。

（5）选择 I/O 点数及 I/O 接口设备　根据控制系统所需要的输入设备（如按钮、限位开关、转换开关等）、输出设备（如接触器、电磁阀、信号灯等）以及 A/D、D/A 转换的数量来确定 PLC 的 I/O 点数，再按实际所需总点数的 15% 留有一定的裕量，以满足后续生产的发展或工艺的改进等需要。

4. 顺序功能图编程

PLC 应用中，可以使用顺序功能图（SFC）实现顺控。SFC 程序可以以便于理解的方式表现基于机械动作的各工序的作用和整个控制流程，所以顺控的设计也变得简单。

(1) SFC 编程的步骤

1) 分析流程，确定程序流程结构。程序流程结构可分为单序列结构、选择结构和并行结构，也可以是这三种结构的组合。采用 SFC 编程时，第一步要确定是哪一种流程结构。例如：单个对象连续通过前后顺序步骤完成操作，一般是单序列结构；有多个产品加工选项，各选项参数不同，且不能同时加工的，则应确定为选择结构；多个机械装置联合运行却又相对独立的，则为并行结构。

2) 确定工序步和对应转换条件，画出流程草图。确定了流程结构后，分析系统控制要求确定工序步和转换条件。根据系统控制流程画出流程的草图。

3) 在 AutoShop 编程软件中新建工程，选择 SFC 语言。在 AutoShop 编程软件中新建工程，有两种编程语言，梯形图语言和 SFC 语言。梯形图语言可以编写任意梯形图程序。SFC 语言有自己的编程界面和编程规则。一个完整的 SFC 程序一般包含两个程序块。一个是初始梯形图块，是用于使初始状态置位为 ON 的程序。该程序块必须有且必须置于 SFC 程序块前，通过特殊辅助继电器 M8002 驱动初始状态（特殊辅助继电器 M8002 产生初始化脉冲，即在 PLC 从 STOP 状态转到 RUN 状态的时刻导通一个扫描周期的时间）。在该程序块中也可加入一些处理通用功能的梯形图程序。另一个是 SFC 程序块，在 SFC 编程界面，依据流程草图搭建 SFC。

4) 编写转换条件内置梯形图和状态内置梯形图。在搭建的 SFC 中，根据系统控制要求，编写转换条件内置梯形图和状态内置梯形图。在 SFC 编程界面中，用鼠标双击转换条件或状态即可调出相应的内置梯形图编程界面。注意：在编写完内置梯形图程序后必须“转换”才可以再编写下一个内置梯形图程序。

(2) SFC 的状态组件　状态组件是构成 SFC 的重要器件。H2U 系列共有 1000 点状态组件，地址号和功能见表 3-7。

表 3-7　H2U 系列 PLC 中状态组件 S 的地址号和功能

分　类	点　数
初始状态器	10 点,S0~S9
回零状态器	10 点,S10~S19
通用状态器	480 点,S20~S499
停电保持状态器	400 点,S500~S899
信号报警用状态器	100 点,S900~S999
停电保持专用状态器	3096 点,S1000~S4095

(3) SFC 编程采用的特殊辅助继电器　为了能够更有效地编制 SFC 程序，需要使用几个特殊辅助继电器，主要的内容见表 3-8。

表 3-8　H2U 系列 PLC 中 SFC 编程采用的特殊辅助继电器

软元件号	名　称	功能和用途
M8000	RUN 监视	PLC 在运行过程中需要一直接通的继电器,可作为驱动程序的输入条件或用于 PLC 运行状态的显示
M8002	初始脉冲	在 PLC 由 STOP→RUN 时,仅在瞬间(一个扫描周期)接通的继电器,用于程序的初始设定或初始状态的复位
M8040	禁止转移	驱动该继电器,则禁止在所有状态之间转移。然而,即使在禁止状态转移下,由于状态内的程序仍然动作,输出线圈等不会自动断开

（续）

软元件号	名　　称	功能和用途
M8046	STL 动作	任一状态接通时，M8046 自动接通。用于避免与其他流程同时启动或用作工序的动作标志
M8047	STL 监视有效	驱动该继电器，则编程功能可自动读出正在动作中的状态并加以显示。详细事项可参考各外围设备的手册

（4）可在状态内处理的逻辑指令　在编写状态内置梯形图程序时，有些指令是不可以用的，具体内容见表 3-9。

表 3-9　PLC 中 SFC 编程采用的特殊辅助继电器

<table>
<tr><th colspan="3">指　　令</th><th>LD/LDI/LDP/LDF，AND/ANI/ANDP/ANDF，OR/ORI/ORP/ORF，INV，OUT，SET/RST，PLS/PLF</th><th>ANB/ORB，MPS/MRD/MPP</th><th>MC/MCR</th></tr>
<tr><td rowspan="3">指令状态</td><td colspan="2">初始状态/一般状态</td><td>可使用</td><td>可使用</td><td>不可使用</td></tr>
<tr><td rowspan="2">分支，汇合状态</td><td>输出处理</td><td>可使用</td><td>可使用</td><td>不可使用</td></tr>
<tr><td>转移处理</td><td>可使用</td><td>不可使用</td><td>不可使用</td></tr>
</table>

AutoShop 编程软件中 SFC 编程

5. AutoShop 编程软件中 SFC 编程

用 SFC 编程实现自动闪烁信号生成，PLC 上电后 Y0、Y1 以 1s 为周期交替闪烁。下面讲解编程过程。

启动 AutoShop 编程软件，单击“新建工程”菜单，单击“创建新工程”选项或单击新建工程按钮，系统弹出“新建工程”对话框，如图 3-20 所示。在“PLC 类型”下拉列表框中选择“H2U”，在“默认编辑器”下拉列表框中选择“顺序功能图”，单击“确定”按钮。

图 3-20　“新建工程”对话框

系统弹出图 3-21 所示的顺序功能图编辑窗口。

在顺序功能图编辑窗口中，先选择 LAD 放置一个梯形图块。为什么选择梯形图块，不是在编辑 SFC 程序吗？原因是在 SFC 程序中初始状态必须是激活的，而激活的方法是利用一

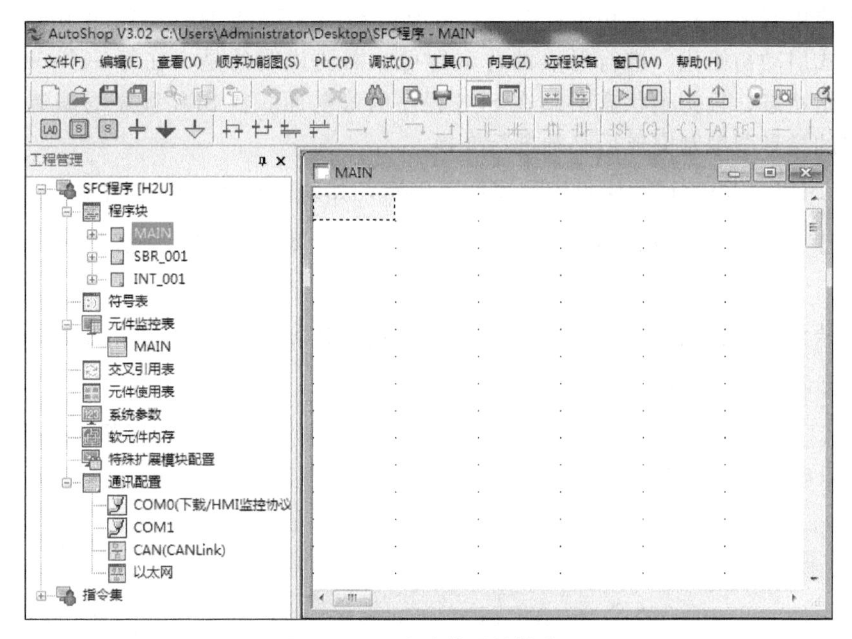

图 3-21 顺序功能图编辑窗口

段梯形图程序，而且这一段梯形图程序必须放在 SFC 程序的开头部分。双击放置的梯形图块 LAD0*，在右边弹出的梯形图编辑窗口中输入启动初始状态的梯形图。

本例中利用 PLC 的一个辅助继电器 M8002 的上电脉冲使初始状态生效。初始化梯形图如图 3-22 所示，输入完成后单击“PLC”菜单，选择“编译”项或按<F7>快捷键，完成梯形图的变换。

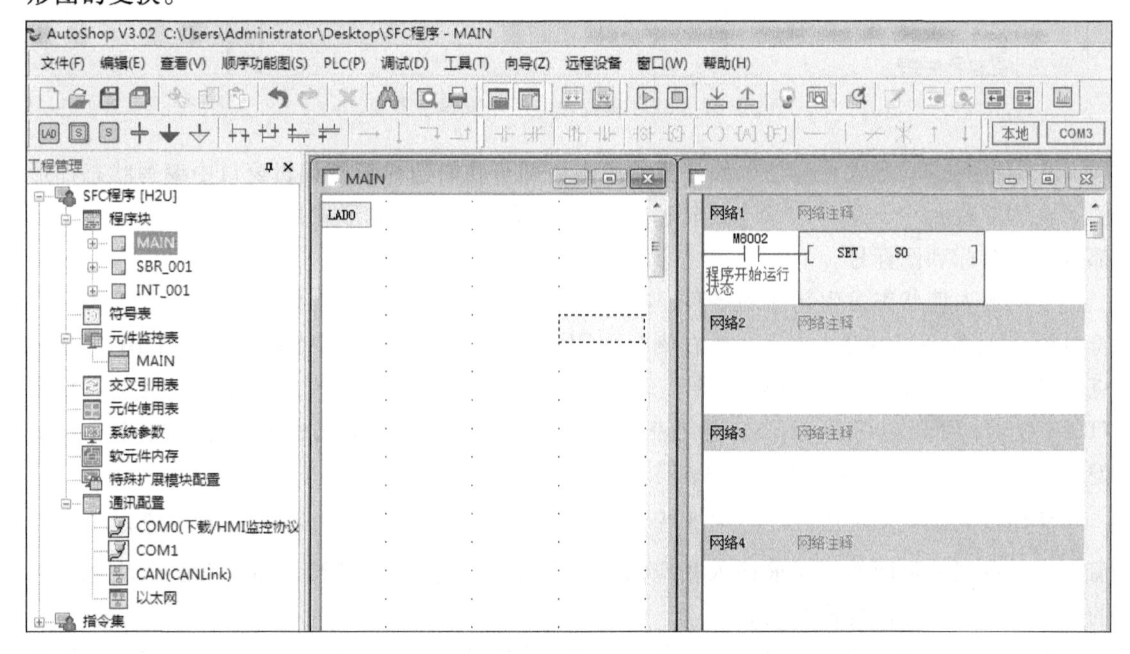

图 3-22 启动初始状态梯形图编程界面

如果想使用其他方式启动初始状态，只需要改动图 3-22 中的启动脉冲 M8002 即可。如果有多种方式启动初始化，进行触点的并联即可。需要说明的是，在每一个 SFC 程序中至少有一个初始状态，且初始状态必须在 SFC 程序的最前面。在 SFC 程序的编制过程中，每一个状态中的梯形图编制完成后必须进行变换。

编辑好 LAD0 号块的初始梯形图程序后，编辑初始块，单击 SFC 程序 [S]，在顺序功能图窗口中放置 [S0*] 块，双击后，在窗口右边弹出程序编辑窗口，一般情况下此处无须输入程序。

下面开始放置转移条件 ┼ 和状态 [S]。单击执行按钮，在顺序功能图窗口中放置相应的内容，双击功能块，改成 S20、S21，如图 3-23 所示。

图 3-23　SFC 编程中编写内部程序界面

光标在对应状态或转移条件处停留并单击，即可在右边梯形图编辑窗口中编写状态梯形图。在 SFC 程序中，每一个状态或转移条件都是以 SFC 符号的形式出现，每一种 SFC 符号都对应有图标和图标号。

下面输入使状态发生转移的条件。在 SFC 程序编辑窗口中将光标移到第一个转移条件符号处（如图 3-23 中的标注）。在右侧梯形图编辑窗口中输入使状态转移的梯形图。T0 触点驱动的不是线圈，而是 TRAN 符号，表示转移（Transfer）。在 SFC 程序中，所有的转移用 TRAN 表示，不可以用 SET + $S_{\square}$ 语句表示，这一点请注意。编辑完一个条件后按<F7>快捷键转换，此时 SFC 程序编辑窗口中转移条件处的星号（*）不见了。

然后输入下一个工步 S20 的内置程序。单击图形符号 [S20*]，在右侧的内置程序编辑窗口中，按照梯形图编写要求输入相应的程序，按<F7>快捷键转换，随后功能图块 S20 上的 * 消失，表示有内置梯形图。

下面对工步进行梯形图编程。将光标移到步符号处（在步符号处单击），此时右边的窗口变成可编辑状态，在右侧的梯形图编辑窗口中输入梯形图。此处的梯形图表示程序运行到此工步时要驱动哪些输出线圈。本例中要求工步 20 驱动输出线圈 Y0 及线圈 T0，如图 3-24 所示。

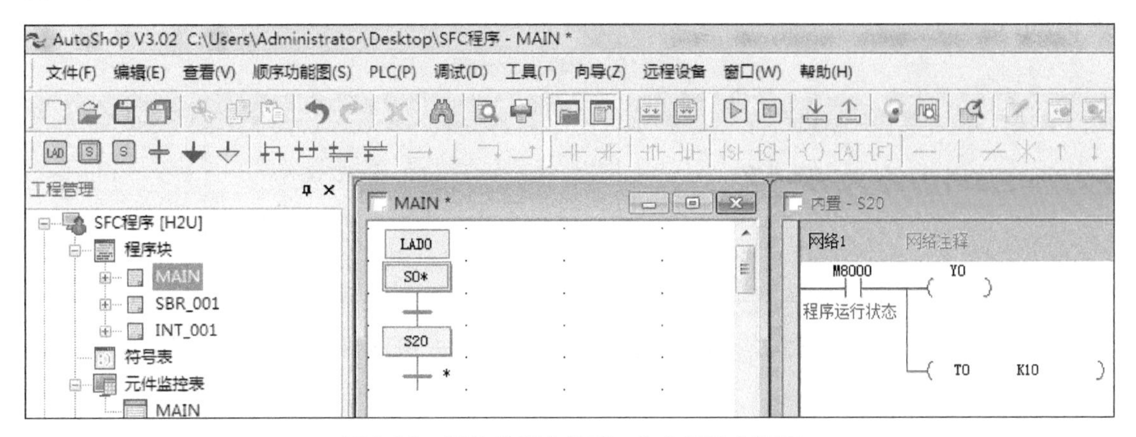

图 3-24　SFC 编程中编写工步内置程序界面

汇川 PLC 程序在内置梯形图中如果有多个线圈输出，则在线圈与左母线之间必须放置其他元件，否则编译时提示“指令不能连接内置梯形图左母线”错误。

用相同的方法把控制系统的一个周期编辑完后，要求系统能周期性地工作，所以在 SFC 程序中要有返回原点的符号。在 SFC 程序中，用跳转符↓如图 3-25 所示，(JUMP) 或者快捷键<Ctrl+5>进行返回操作，在弹出的对话框中填入跳转的目的步号 S0，单击“确定”按钮。

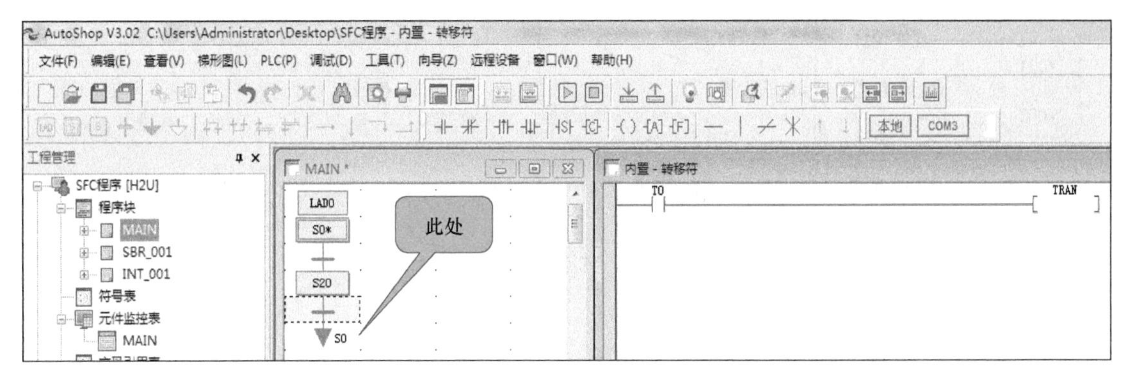

图 3-25　编辑完的 SFC 程序

编好完整的 SFC 程序后要进行全部程序的转换，可以用菜单选择或按快捷键<F7>。只有全部程序转换后才可下载调试程序。

以上介绍了单序列 SFC 程序的编制方法。通过学习，学生基本了解了 SFC 程序中状态符号的输入方法。在 SFC 程序中仍然需要进行梯形图的设计。

6. 步进指令梯形图编程法

PLC 有专门用于编制顺序控制程序的步进指令梯形图编程功能。步进状态转移图与梯形图的转换，需要有步进指令和状态继电器 S。

步进指令梯形图编程法

SFC 程序与梯形图程序的转换

STL 和 RET 是一对步进指令。STL 是步进开始指令，后面

的操作元件只能是状态组件 S，在梯形图中直接与母线相连，表示每一步的开始。RET 是步进结束指令，后面没有操作数，表示状态流程结束，用于返回主程序（母线）。指令说明见表 3-10。

表 3-10　步进指令说明

符　号	功　能	梯形图表示及操作元件	程　序　步
STL	步进开始	STL　状态组件S	1
RET	步进结束	RST	1

STL 只能与状态组件 S 配合时才具有步进功能。步进梯形图与 SFC 程序互换如图 3-26 所示。

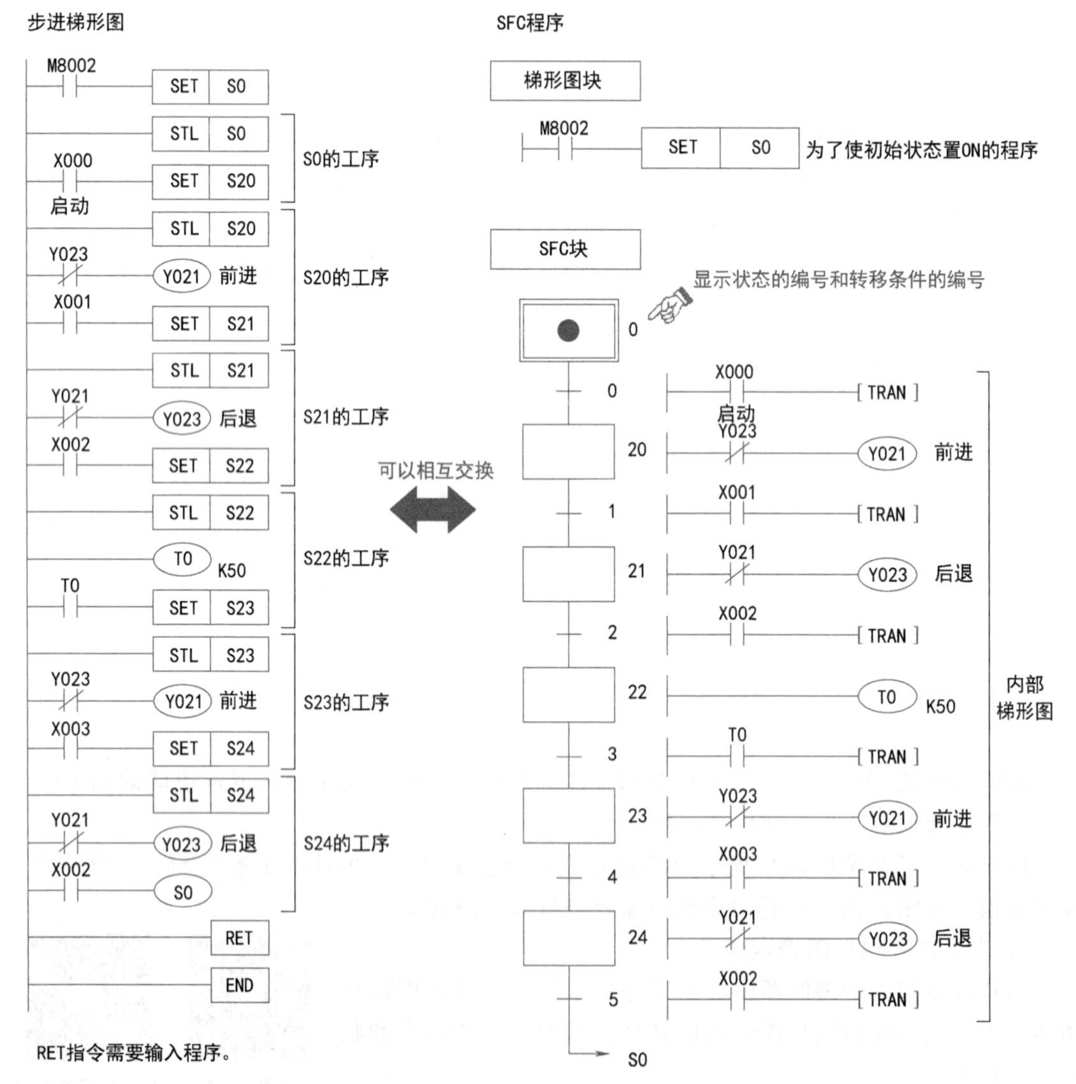

图 3-26　步进梯形图与 SFC 程序互换

从图中可以看出SFC程序与梯形图之间的关系。在梯形图中引入步进触点和步进返回指令后，就可以从SFC程序转换成相应的步进梯形图或指令表。状态组件代表SFC程序各步，每一步都具有三种功能：负载的驱动处理、指定转换条件和指定转换目标。

STL指令的执行过程：当步S20为活动步时，S20的STL触点接通，负载Y021有输出。如果转换条件X001满足，后续步S21被置位变成活动步，同时前级步S20自动断开变成不活动步，输出Y021断开。

STL指令的使用特点如下：

1）使用STL指令使新的状态置位，前一状态自动复位。当STL触点接通后，与此相连的电路被执行；当STL触点断开时，与此相连的电路停止执行。若要保持普通线圈的输出，可使用具有自保持功能的SET和RST指令。

2）STL触点与左母线相连，与STL触点右侧相连的触点要使用LD、LDI指令。也就是说，步进指令STL有建立子母线的功能，当某个状态被激活时，步进梯形图上的母线就移到子母线上，所有操作均在子母线上进行。

3）使用RET指令使LD、LDI点返回左母线。

4）同一状态组件的STL触点只能使用一次（单流程状态转移）。

5）梯形图中同一元件的线圈可以被不同的STL触点驱动，也就是说，使用STL指令时允许双线圈输出。

6）STL触点可以直接驱动或通过别的触点驱动Y、M、S、T等元件的线圈和功能指令。

7）STL指令后不能直接使用入栈（MPS）指令。在STL和RET指令之间不能使用MC、MCR指令。

8）STL指令仅对状态组件有效，当状态组件不作为STL指令的目标元件时，就具有一般辅助继电器的功能。

9）在中断程序与子程序内，不能使用STL指令。

10）在STL指令内不禁止使用跳转指令，但其动作复杂，建议不要使用。

7. AutoShop编程软件中SFC程序与步进梯形图程序的互换

如果在“查看”菜单下，选择“梯形图”命令，可以实现将SFC顺序功能图转换成梯形图。操作如图3-27所示。顺序功能图转换成对应的梯形图如图3-28所示。

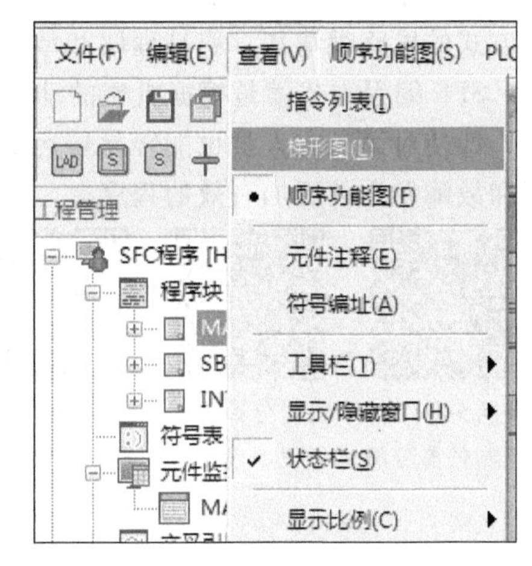

图3-27 顺序功能图与梯形图转换操作

各种编程方式的比较如下。

（1）编程方式通用性的比较　起保停编程方式的电路仅由触点和线圈组成，以转换为中心的编程方式使用置位和复位指令，各种型号PLC的指令系统都有触点和线圈有关的指令。因此，这两种编程方式的通用性最强，可以用于任意一种型号的PLC。

SFC编程方式是专门为顺序控制设计的，只能用于PLC厂家的某些产品。

（2）电路结构及其他方面的比较　在使用起保停电路的编程方式中，以代表步的编程元件为中心，用一个电路来实现对这些编程元件的置位和复位。

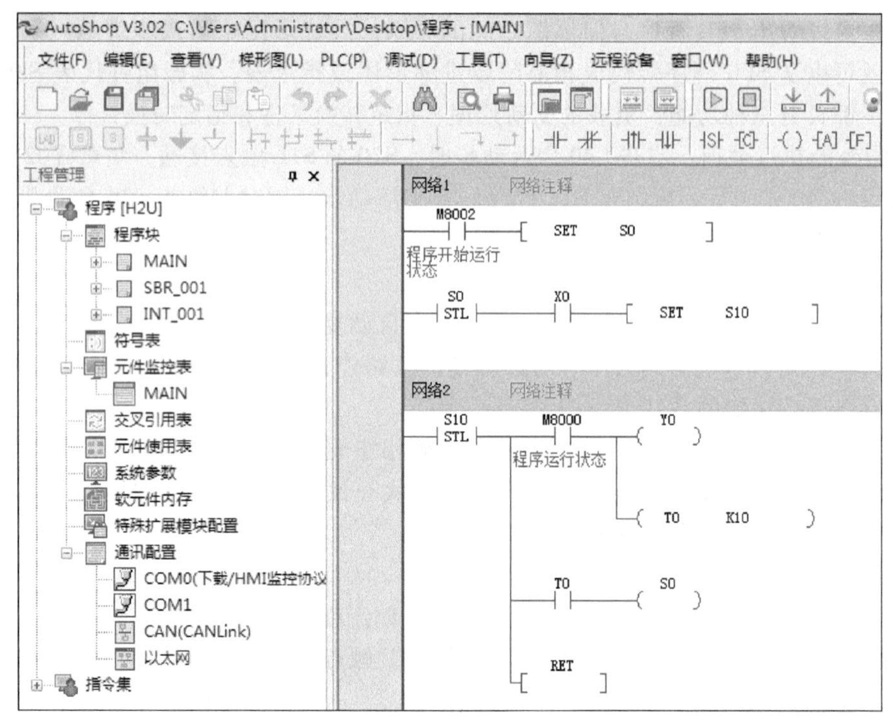

图 3-28 顺序功能图转换成对应的梯形图

以转换为中心的编程方式充分体现了转换实现的基本规则，无论是对单序列、选择序列还是并行序列，控制代表步的辅助继电器的置位、复位电路的设计方法都是相同的。这种编程方式的思路很清楚，容易理解和掌握，用它设计复杂系统的梯形图程序特别方便。

SFC 编程方式就是根据机械的动作流程设计顺控的方式，能够非常直观地了解顺控的流程，即使对第三方人员也能轻易传达机械的动作，所以能够编制出便于维护以及应对规格变更和故障发生的更加有效的程序。

物料分拣系统控制任务分析

物料分拣系统程序设计

物料分拣系统控制总体联调

【任务实施】

1. 分配 I/O

物料分拣系统 I/O 分配见表 3-11。

2. 外部接线与调试

物料分拣系统的接线图如图 3-29 所示。

表 3-11 物料分拣系统 I/O 分配

项目	I/O 地址	地址说明	PLC 端子
输入部分	00	光电传感器	X0
	01	色标传感器	X1
	02	电容传感器	X2
	03	上料缸缩回	X3
	04	上料缸伸出	X4
	05	推料缸 1 缩回	X5
	06	推料缸 2 缩回	X6

（续）

项目	I/O 地址	地址说明	PLC 端子
输出部分	10	上料缸缩回	Y10
	11	上料缸伸出	Y11
	12	推料缸 1 伸出	Y12
	13	推料缸 2 伸出	Y13
	14	直流电动机	Y14
电源部分	24V		
	0V		
按钮面板		复位按钮 SB1	X30
		停止按钮 SB2	X31
		SB3	X32
		开始按钮 SB4	X33

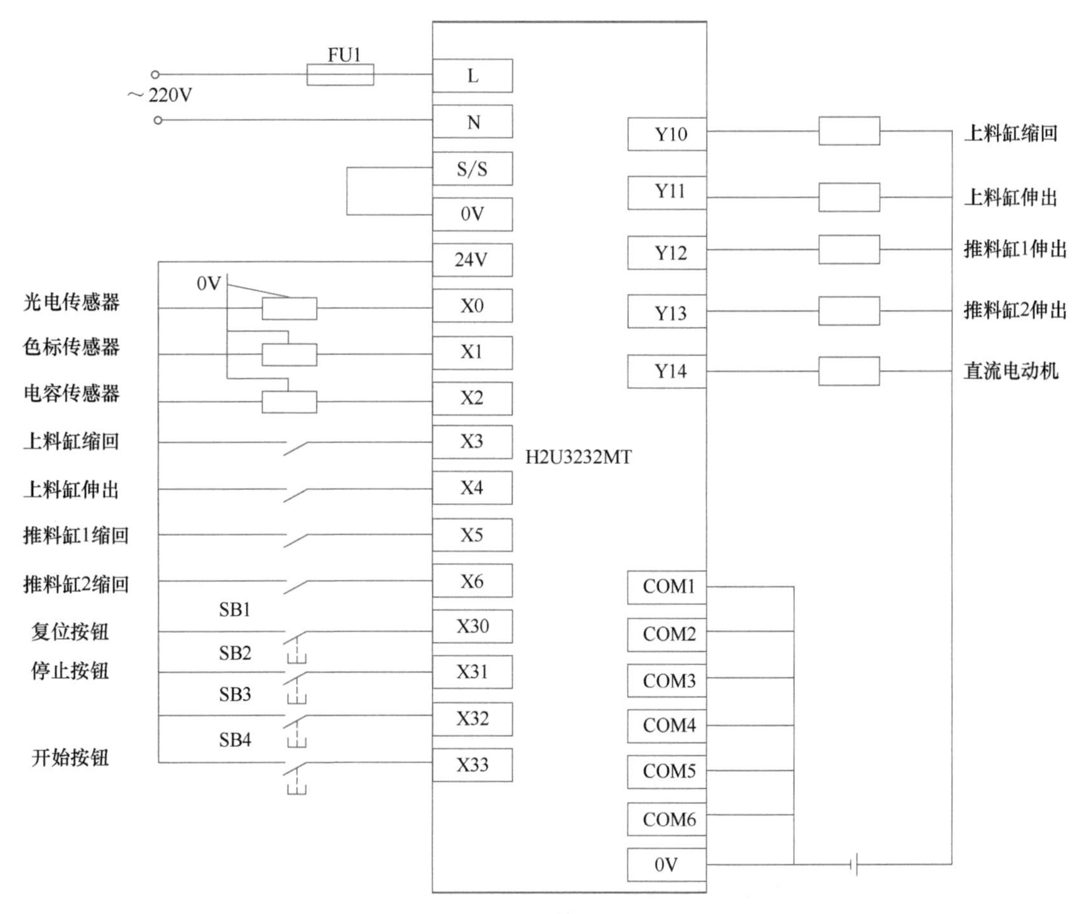

图 3-29　物料分拣系统的接线图

3. 编写控制程序

物料分拣系统控制流程如图 3-30 所示。

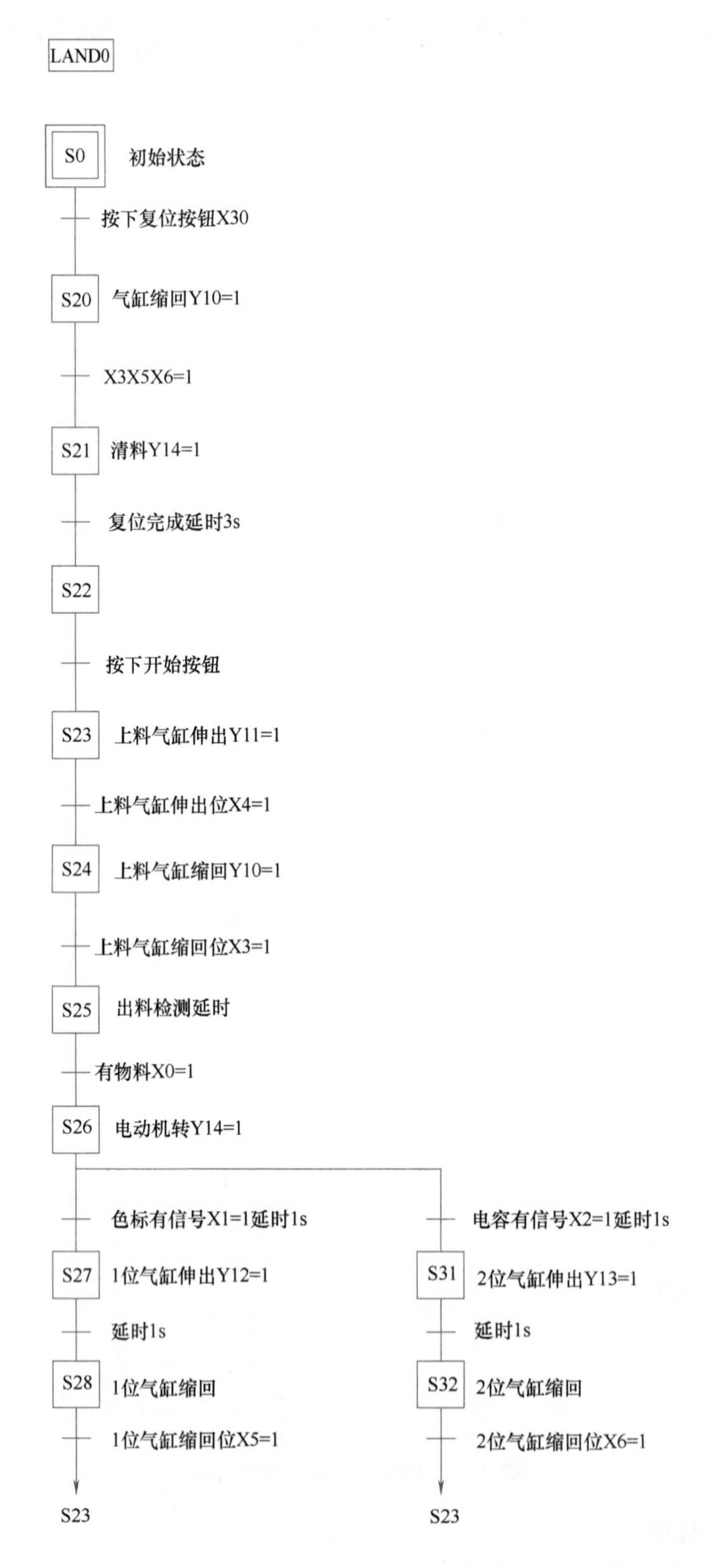

图 3-30　物料分拣系统的控制流程图

系统控制程序如图 3-31 所示（已转换为步进梯形图程序）。

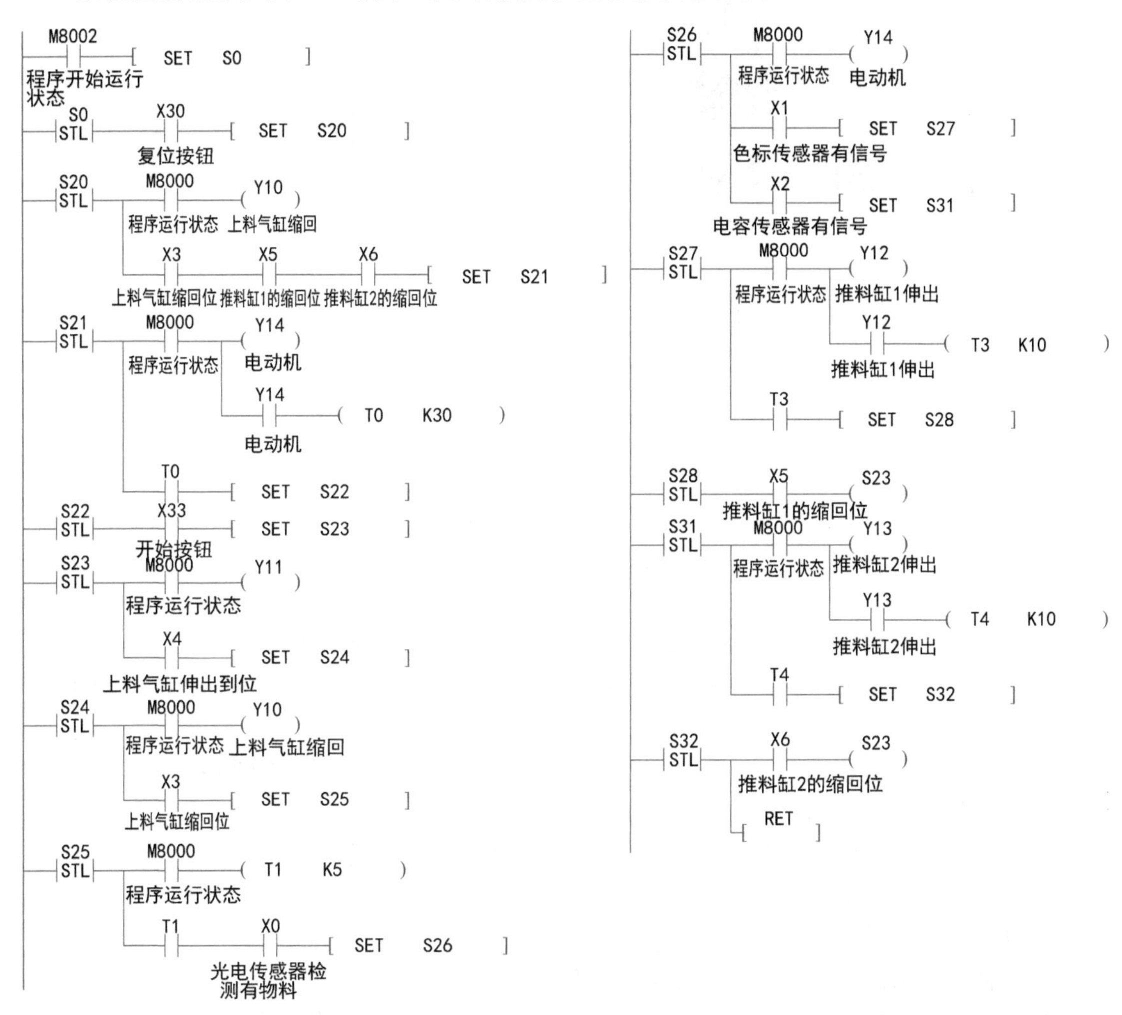

图 3-31 物料分拣系统的程序

【任务拓展】

气源处理装置

气源处理组件及其回路原理图如图 3-32 所示。气源处理组件是气动控制系统中的基本组成器件，它的作用是除去压缩空气中所含的杂质及凝结水，调节并保持恒定的工作压力。在使用时，应注意经常检查过滤器中凝结水的水位，在超过最高标线以前，必须排放，以免被重新吸入。气源处理组件的气路入口处安装一个快速气路开关，用于启/闭气源。当把气路开关向左拔出时，气路接通气源；反之，把气路开关向右推入时气路关闭。

1）单电控两位五通电磁阀：线圈通电后气缸打开，线圈释电后气缸关闭。

2）双电控两位五通电磁阀：线圈 1 通电后气缸打开，线圈 1 释电后气缸维持原状态（此时线圈 2 无电）；线圈 2 通电后气缸关闭，线圈 2 释电后气缸维持原状态（此时线圈 1 无电）。也就是说，线圈 1 控制开，线圈 2 控制关，它们不能同时通电。

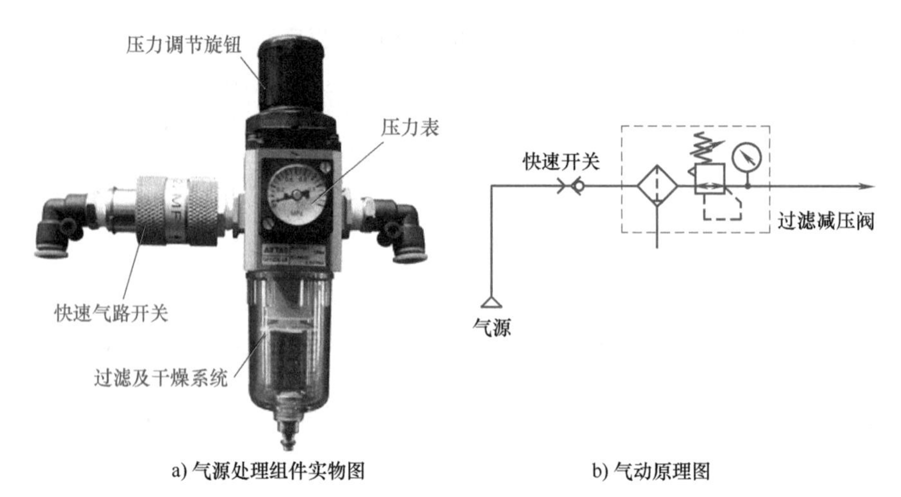

a) 气源处理组件实物图　　b) 气动原理图

图 3-32　气源处理组件及其原理图

【思考与练习】

1. PLC 对用户程序（梯形图）按__________、__________的步序。

2. 串联触点多的电路应尽量放在__________，并联触点多的电路应尽量靠近__________。

3. 功能指令可处理__________位和__________位的数据。分别用__________和__________指令进行数值传送。

4. 变址寄存器元件符号为__________，进行 32 位数据操作时指定__________为低 16 位数据，__________为高 16 位数据。

5. 功能指令执行方式有__________执行和__________执行。

6. 功能指令组成要素有几个？其操作数有几类？

7. 按编程规则比较图 3-33 所示 4 个梯形图，哪些较合理？说明原因。

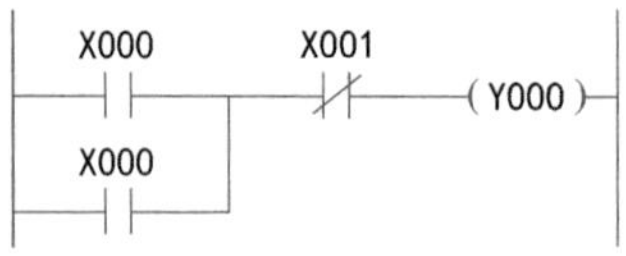

a) 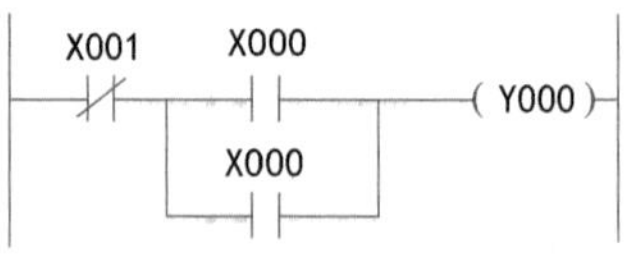　　b)

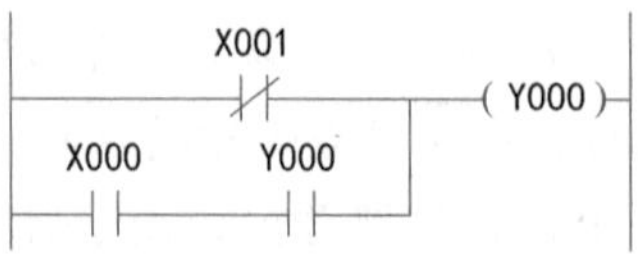

c) 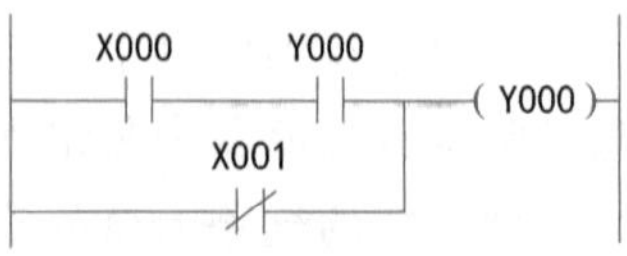　　d)

图 3-33　梯形图

8. 如果有两个选手或多个选手同时抢答会显示哪个组号？根据 PLC 工作原理分析，并调试验证。如果每个抢答组有两个队员，两个队员同时抢答才有效，应如何修改程序？

9. 查阅手册自学 SEGL 指令，与 SEGD 指令比较，有何异同？

10. 如图 3-34 所示，系统由右行启动按钮 SB1（X0）、左行启动按钮 SB2（X1）、右限位开关 ST1（X3）、左限位开关 ST2（X4）、停止按钮 SB3（X2）、右行接触器 KM1（Y0）以及左行接触器 KM2（Y1）构成。送料小车碰到限位开关 X4 后开始右行，行至限位开关 X3 处开始左行，不停地在左右限位开关之间往复运动，直到按下停机按钮。试编写控制程序。

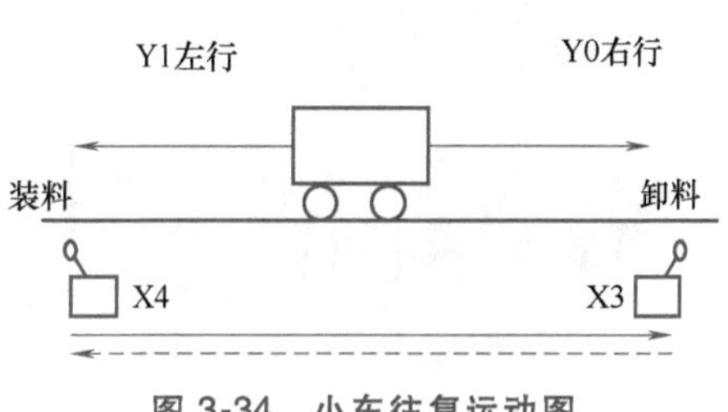

图 3-34 小车往复运动图

11. 用接在 X0 输入端的光电开关检测传送带上通过的产品。有产品通过时 X0 为 ON，如果 10s 内没有产品通过，由 Y0 发出报警信号，用 X1 输入端外接的开关解除报警信号。试编写控制程序。

12. 开关 SB12 闭合时，数码管就循环显示 0~9，每个数字显示 1s。SB12 断开时，无显示或显示 0。试编写控制程序（查阅手册自学 CMP、INC 指令）。

交通灯控制系统编程与控制

城市道路交通自动控制系统的发展是以城市交通信号控制技术为前导，与汽车工业发展并行的。在其各个发展阶段，由于交通的各种矛盾不断出现，人们总是尽可能地把各个历史阶段当时最新的科技成果应用到交通自动控制中，从而促进了交通自动控制技术的不断发展。

本项目以十字路口交通灯为 PLC 控制对象，运用汇川 HMI 设计交通灯控制界面，结合 PLC+HMI 编程，实现十字路口交通灯信号控制。

思维导图

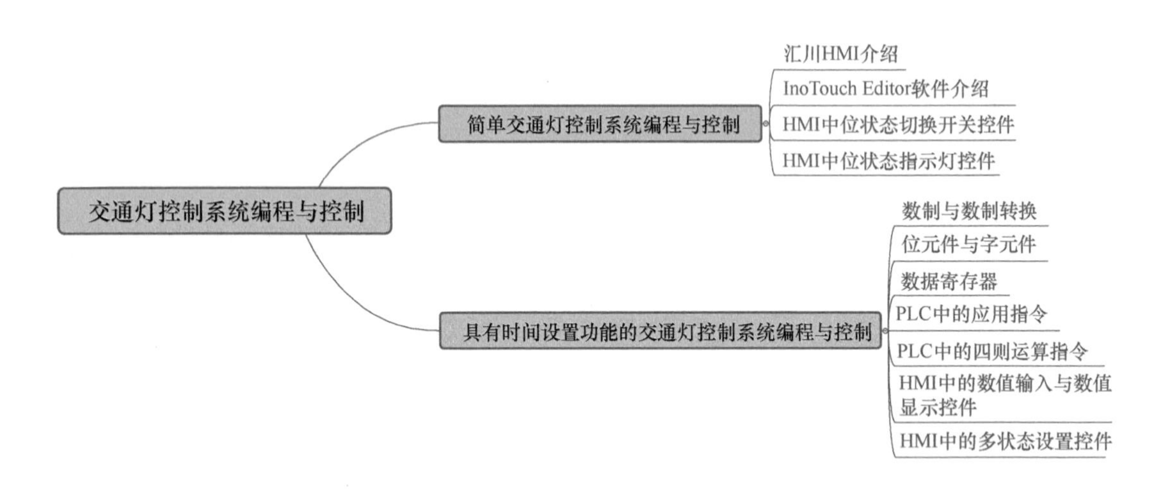

任务 4-1　简单交通灯控制系统编程与控制

本任务将介绍如何编写 PLC 程序、进行硬件接线和调试。学生需完成以下内容。

1. 认识汇川 HMI。
2. 掌握汇川组态软件 InoTouch Editor 的操作。

3. 学会制作一个简单 HMI 工程。
4. 培养安全正确操作设备的习惯、严谨的做事风格和协作意识。

【重点知识】

汇川 HMI 的基本应用。

【关键能力】

会用 PLC+HMI 编程，完成简单交通信号灯的控制。

【素养目标】

通过应用 PLC+HMI 完成简单交通灯的控制，培养安全正确操作设备的习惯、严谨的做事风格和协作意识。

【任务描述】

系统控制要求如下：

1）PLC 上电，按下启动按钮，东西方向绿灯亮，并维持 15s，同时南北方向红灯亮，并维持 20s。等 15s 到时，东西方向绿灯闪亮，闪亮 3s 后熄灭，在东西方向绿灯熄灭时，东西方向黄灯亮，并维持 2s。到 2s 时东西方向黄灯熄灭，东西方向红灯亮，同时，南北方向红灯熄灭，绿灯亮。东西方向红灯亮，维持 15s，南北方向绿灯亮维持 10s，然后闪亮 3s 后熄灭。同时南北方向黄灯亮，维持 2s 后熄灭，这时南北方向红灯亮，东西方向绿灯亮。如此周而复始。

2）按下停止按钮，系统停止。

十字路口交通灯示意图如图 4-1 所示。

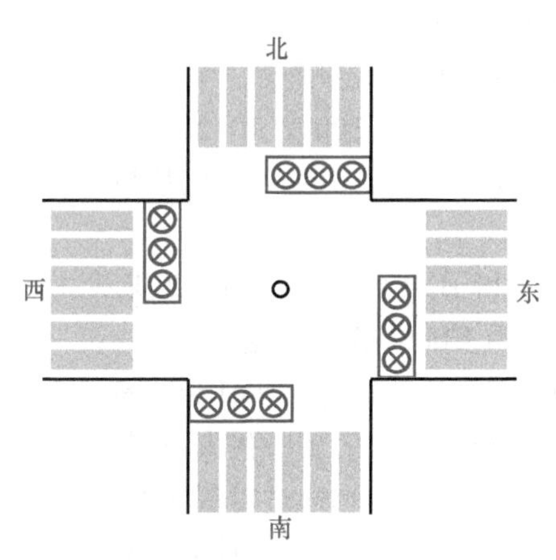

图 4-1 十字路口交通灯示意图

【任务要求】

1. 在 InoTouch Editor 软件中设计交通灯控制界面。
2. 在梯形图编程环境中编写梯形图程序。

3. 应用定时器来完成简单交通灯的控制。
4. 在线监控，软、硬件调试。

【任务环境】

1. 两人一组，根据工作任务进行合理分工。
2. 每组配备汇川 PLC 主机一台。
3. 每组配备十字路口交通灯控制模块。
4. 每组配备工具和导线若干等。

汇川 HMI 介绍

【相关知识】

1. 汇川 HMI 介绍

（1）HMI 概述　HMI（Human Machine Interface）即人机界面，它是基于通信的方式，以图形化语言和声音等形式达成操作者和设备之间的信息交互。通常可以称之为操作和显示终端。从技术上来讲，HMI 是结合了嵌入式系统、组态软件和端口通信等一系列技术的综合高科技产品。

（2）外观结构　HMI 的结构是由触控面板、液晶显示器和主板等组成。触控面板作为 HMI 的输入设备一般有电阻式、电容式、红外线式和表面声波式等类型，工控产品目前均采用电阻式，触控次数一般可达几百万次。液晶显示器可显示各种图形和文本信息，LED 背光灯平均寿命一般在 3 万 h 左右。主板上有 CPU、Flash、DRAM 等主要元器件，电源和显示控制等电路，以及各种接口，如串口、USB 口、以太网口、SD 卡插口等。

（3）汇川 HMI 的命名规则

IT5070TX
① ② ③ ④⑤

① 汇川 HMI 产品系列，InoTouch 的缩写。
② 产品系列号，5 为 5000 系列。
③ 产品显示界面尺寸，070 为 7in，100 为 10.2in。
④ 类型：T 为标准型，E 为网络型，内置以太网接口。
⑤ 衍生版本号。

（4）汇川 HMI 的端口　汇川 HMI 的端口如图 4-2 所示。

InoTouch Editor 软件介绍

2. InoTouch Editor 软件介绍

（1）汇川 HMI 软件概述　HMI 组态软件 InoTouch Editor 是深圳市汇川控制技术股份有限公司开发的新一代人机界面软件，是一种用于快速构造和生成监控系统的组态软件。它通过对现场数据的采集处理，以动画显示、报警处理、流程控制和配方管理等多种方式向用户提供解决实际工程问题的方案，在自动化领域有着广泛的应用。它是基于实时多任务系统的组态软件，用户只需要通过简单的模块化组态就可构造自己的应用系统。

（2）如何制作一个简单工程

1）工程项目系统分析：分析工程项目的系统构成、技术要求和工艺流程，弄清系统的控制流程和测控对象的特征，明确监控要求和动画显示方式，分析工程中的设备采集及输出

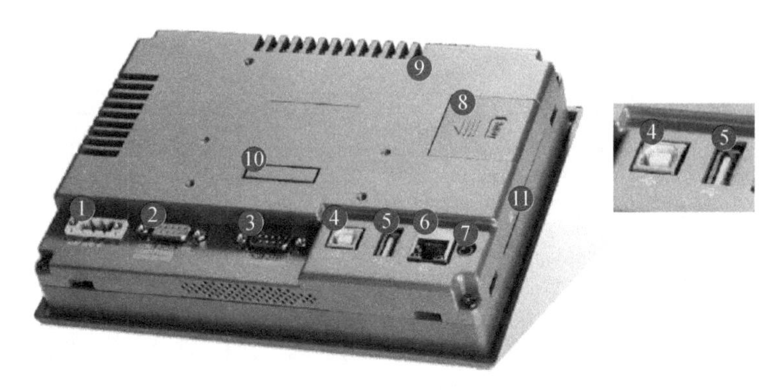

❶ 电源端口：接DC 24V电源
❷❸ 通信串口：用于连接各种串口设备，提供RS232/RS422/RS485三种结构
❹ USB Client接口：用于使用USB线上下载HMI画面程序和资料
❺ USB Host接口：连接U盘、USB鼠标、键盘等USB设备
❻ 以太网口：除了用于上下载HMI画面程序和资料，还可以实现一机多屏时，HMI之间互相组网、与以太网接口的设备通信、远程维护等功能
❼ 音频接口：接扬声器等设备
❽ PLC板卡接口(预留)：接PLC板卡，为后续HMI+PLC一体机做预留接口
❾ VESA安装孔：提供标准的VESA安装方式(75mm×75mm)
❿ 电池盖：固定电池，方便电池更换
⓫ SD卡插口：连接标准SD卡，可用于系统更新、程序上下载、历史资料备份、存储等

图 4-2　汇川 HMI 的端口指示

通道与软件中实时数据库变量的对应关系，分清哪些变量是要求与设备连接的，哪些变量是软件内部用来传递数据及显示动画的。

2）工程立项搭建框架：建立新工程。主要内容包括：定义工程名称、用户窗口名称和启动窗口名称，指定数据记录文件的名称，设定动画刷新的周期。

3）连接设备驱动程序：选定与设备相匹配的构件，连接设备通道，确定变量的数据处理方式，完成设备属性的设置。此项操作在设备窗口内进行。

4）制作显示界面：用户通过 InoTouch Editor 组态软件中提供的基本图形元素及控件，在用户窗口内“组合”成各种复杂的界面。

5）模拟调试工程：利用调试程序产生的模拟数据，检查动画显示和控制流程是否正确。

6）下载工程：将组态好的程序通过 USB 连接线或者以太网、U 盘下载到 HMI。

（3）一个简单工程的制作与调试过程　打开 InoTouch Editor 软件后的结构布局如图 4-3 所示。

1）首先单击工具栏中的“新建工程”按钮，系统弹出“新建工程”对话框，如图 4-4 所示。

编写工程名称，选择保存工程的路径，选择 HMI 型号及屏幕类型等。设置完之后，单击“确定”按钮后，系统弹出如图 4-5 所示的对话框。

2）连接汇川的 PLC H2U，如果通信参数设置与 PLC 里的通信参数不一致，则单击“设置”按钮，即可进入修改通信参数的界面，如图 4-6 所示。从图中可以看出，通信参数是 9600 波特率、7bit 数据位、1bit 停止位、偶检验，使用人机界面 COM1“RS-485_4w”的方式连接到汇川 PLC。

3）要增加一个位状态切换开关控件，可单击图 4-7 所示的控件按钮。在窗口中单击鼠标左键，就建立了位状态切换开关控件。

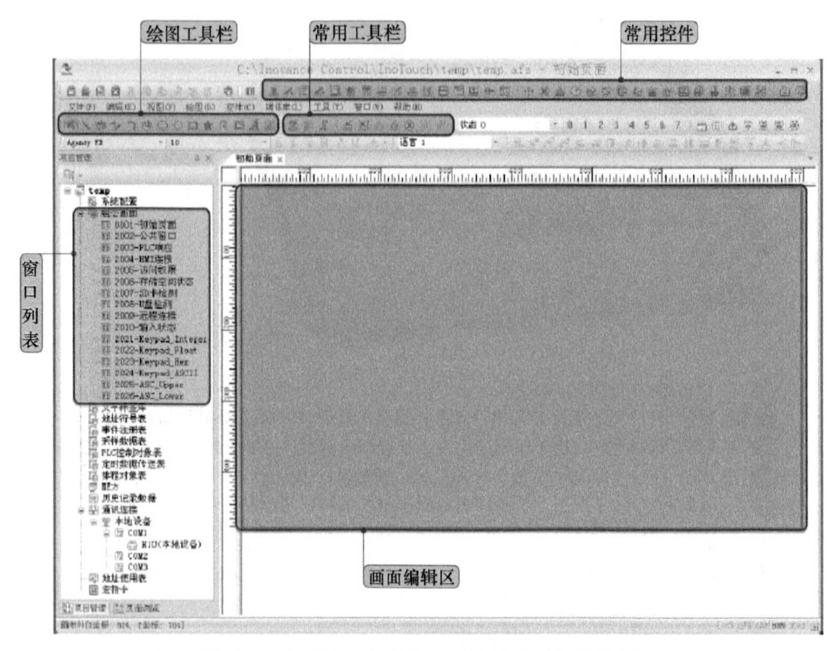

图 4-3　InoTouch Editor 编程界面结构布局

图 4-4　“新建工程”对话框

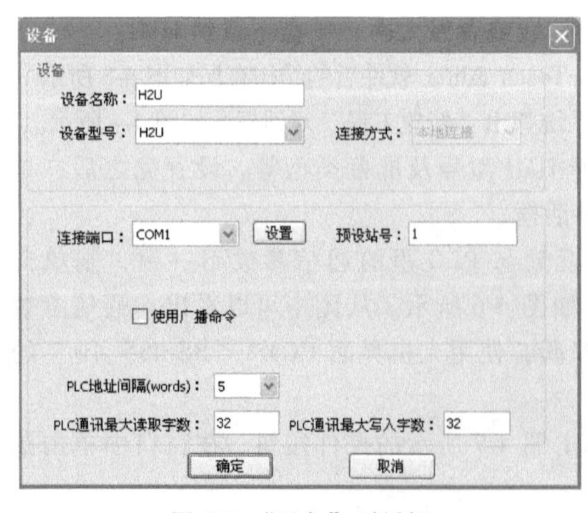

图 4-5　“设备”对话框

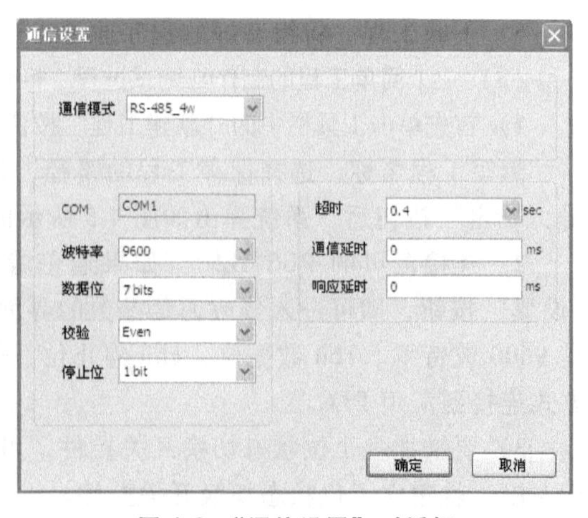

图 4-6　“通信设置”对话框

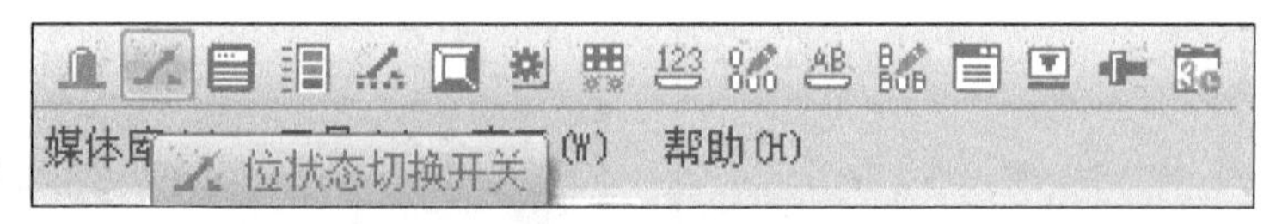

图 4-7　选择“位状态切换开关”

选择“位状态切换开关”，双击或单击鼠标右键，选择“属性”进行编辑，如图 4-8 所示。

4）再增加一个位状态指示灯控件，可单击图 4-9 所示的控件按钮。在窗口中单击鼠标左键，就建立了位状态指示灯控件。选择“位状态指示灯”，双击或单击鼠标右键，选择“属性”进行编辑，如图 4-10 所示。

图 4-9　选择“位状态指示灯”

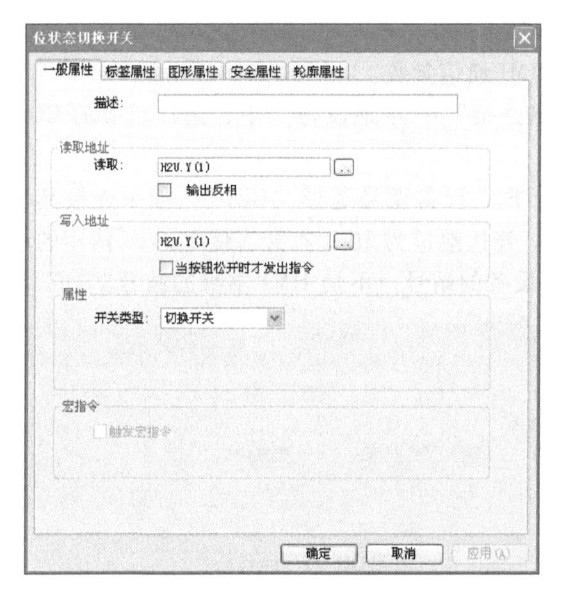

图 4-8　位状态切换开关控件属性设置

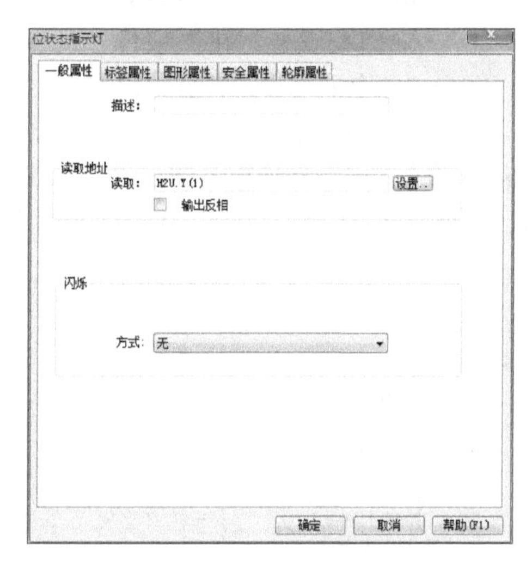

图 4-10　位状态指示灯控件属性设置

5）使用编译功能，检查界面规划是否正确。编译功能的执行按钮为 。编译结果如图 4-11 所示，不存在任何错误，即可执行离线仿真功能。也可以将程序下载到 HMI 中，进行在线调试。

6）单击工具栏上离线仿真按钮 ，执行后界面如图 4-12 所示。

7）把界面程序下载到 HMI 中。采用 USB 下载方案。将标准 USB 2.0 打印机线的扁平接口插到计算机的 USB 接口，将微型接口插到汇川 HMI 的 USB 2.0 接口，将 HMI 与计算机相连。在 InoTouch Editor 软件的工具栏中单击下载按钮 。

（4）PLC 与 HMI 通信参数设置过程

1）编写 PLC 控制程序，下载到 PLC。

2）将 HMI 与计算机连接，将组态程序下载到 HMI 中。

3）用汇川提供的 IT-H2U-CAB 线缆将 HMI 的 COM1 口的 RS422 接口与汇川 PLC 的 COM0

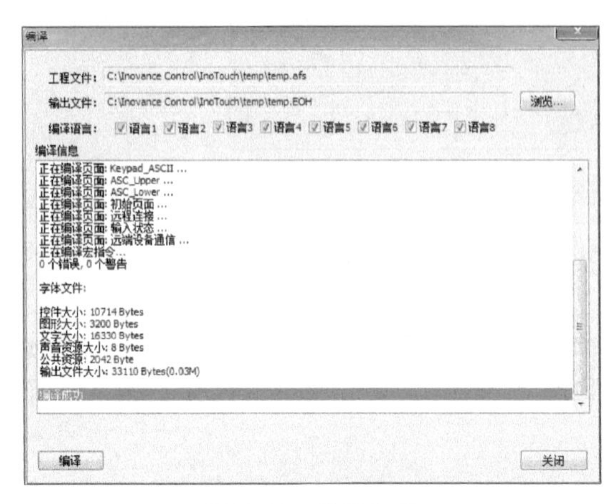

图 4-11　编译结果

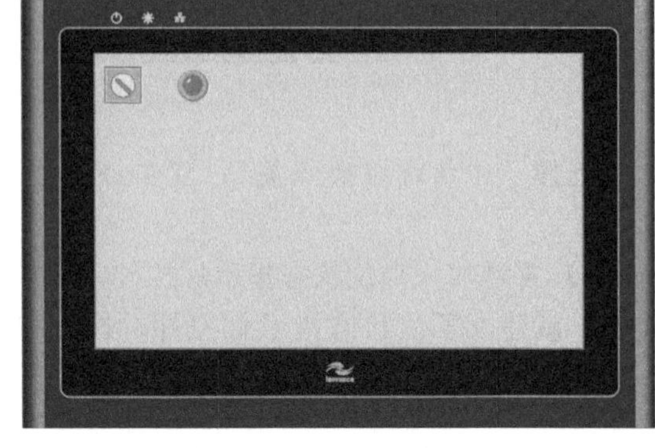

图 4-12　离线仿真界面

口相连。

4）HMI 与 PLC 通信参数设置。首先设置 HMI 通信参数。

① 添加 PLC 设备。在“项目管理”→“通讯连接”→“本地设备”中，选择相应的 COM 口，右击“添加设备”，如图 4-13 所示。

② 系统弹出如图 4-14 所示的“设备”对话框，设备型号选择“H2U”，如果连接其他厂家的 PLC，则选择相应品牌的 PLC 型号即可。连接端口为 HMI 本身连接 PLC 所使用的端口，此处是 HMI 的端口号。预设站号为所连接设备的站号，不是 HMI 本身的站号。

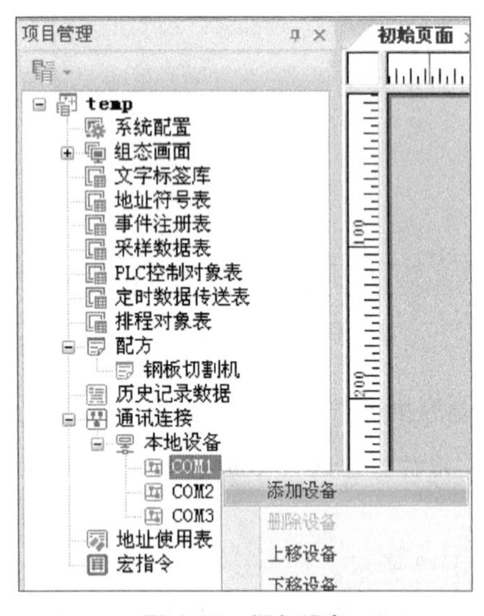

图 4-13　添加设备

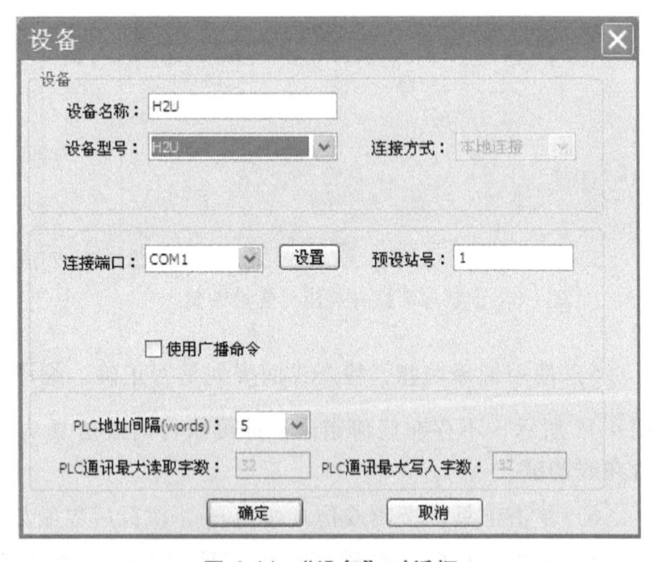

图 4-14　“设备”对话框

③ 单击图 4-14 所示的“设置”按钮，系统弹出如图 4-15 所示的对话框。如果使用 HMI 的 COM1 口的 RS422 接口与 PLC COM0 口通信，则通信模式为“RS-485_4w”；如果使用 HMI 的 COM1 口的 RS232 接口与汇川 PLC 通信，则通信模式为“RS-232”；如果使用 HMI 的 COM1 口的 RS485 接口与汇川 PLC 通信，则通信模式为“RS-485_2w”。通信格式固定为 9600 波特率、7bit 数据位、Even 校验、1bit 停止位。

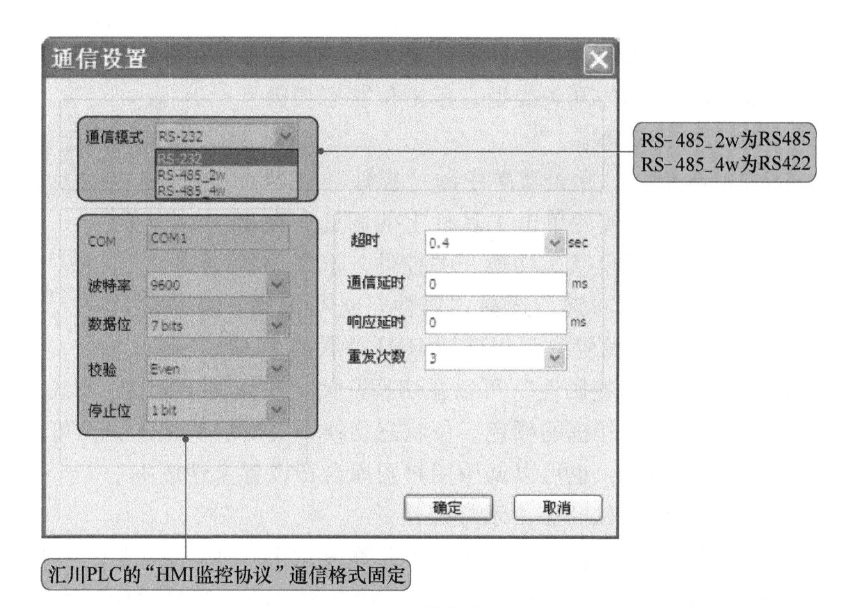

图 4-15 HMI 通信参数设置对话框

然后设置 PLC 通信参数。COM0 口设置如下：打开 PLC 编程软件，在“工程管理”下双击“系统参数”，系统弹出“系统参数”对话框，选择“COM0 设置”标签页，协议选择为“HMI 监控协议”，协议配置固定，如图 4-16 所示（默认不需要设置）。

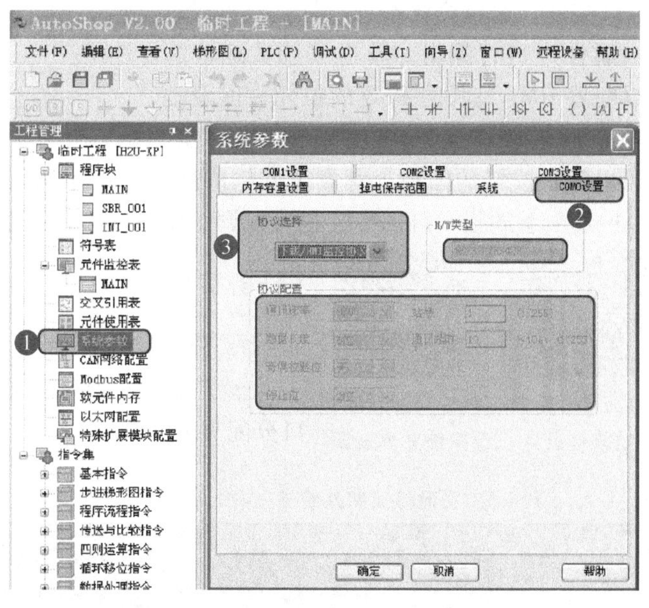

图 4-16 PLC 通信参数设置对话框

3. HMI 中位状态切换开关控件

位状态切换开关可以用来显示指定位地址的状态。指定位地址的状态为 ON 或 OFF 时对应不同的状态界面。在屏幕上定义一个触摸控件，当 PLC 中的某一个位改变时，它的图形就会改变；当触摸时，会变为另外一个位的状态。系统默认图形如图 4-17 所示。

HMI 中位状态切换开关控件

位状态切换开关的开关类型有设为 ON、设为 OFF、切换开关和复归型四种。选择不同的开关类型，单击位状态切换开关控件后的图形显示对应的状态。

图 4-17 位状态切换开关 ON/OFF 对应的状态图

打开 InoTouch Editor 软件，单击菜单中的“控件”→“状态开关”→“位状态切换开关”，或者单击工具栏上的图标，在窗口中单击鼠标左键，就建立了位状态切换开关控件。选择位状态切换开关，双击或单击鼠标右键，选择“属性”进行编辑。单击“读取地址”，再单击“设置”可以配置 HMI 关联的 PLC 的位元件变量地址。单击“标签属性”可以在切换开关上添加文字标签。单击“图形属性”可以配置按钮的图像、背景及外框的颜色。位状态切换开关对应的组态界面可以从软件图库中挑选中意的按钮或开关图标，也可以调用用户图库自行设置个性图标。

HMI 中位状态指示灯控体

4. HMI 中位状态指示灯控件

位状态指示灯用图形或者文字等显示 PLC 中某一个位的状态。状态为 ON，则显示所使用图形的状态 1；状态为 OFF，则显示所使用图形的状态 0，如图 4-18 所示。

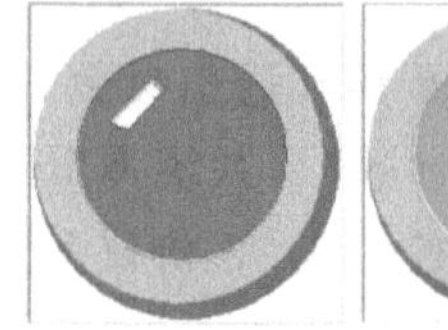
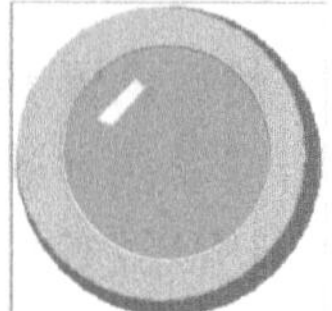

图 4-18 位状态指示灯 ON/OFF 对应的状态图

打开 InoTouch Editor 软件，单击菜单中的“控件”→“状态指示灯”→“位状态指示灯”，或者单击工具栏上的图标，在窗口中单击鼠标左键，就建立了位状态指示灯控件。选择位状态指示灯，双击或单击鼠标右键，选择“属性”进行编辑。单击“读取地址”，再单击“设置”可以配置 HMI 关联的 PLC 的位元件变量地址。单击“标签属性”可以在切换开关上添加文字标签。单击“图形属性”可以配置按钮的图像、背景及外框的颜色。位状态指示灯对应的组态界面可以从软件图库中挑选中意的指示灯图标，也可以调用用户图库自行设置个性图标。

简单交通灯控制系统任务分析

简单交通灯控制系统软件设计

简单交通灯控制系统总体联调

【任务实施】

1. 分配 I/O

十字路口交通灯控制系统输入/输出端口分配见表 4-1。

表 4-1 交通灯控制系统输入/输出端口分配

输入			输出		
名称		输入点	名称		输出点
启动按钮	SB1	X0	东西向绿灯	HL1	Y0
停止按钮	SB2	X1	东西向黄灯	HL2	Y1
			东西向红灯	HL3	Y2
			南北向绿灯	HL4	Y3
			南北向黄灯	HL5	Y4
			南北向红灯	HL6	Y5

2. PLC 与 HMI 数据链接

十字路口交通灯控制系统 PLC 与 HMI 数据链接见表 4-2。

表 4-2 交通灯控制系统 PLC 与 HMI 数据链接

HMI		PLC	HMI		PLC
启动按钮	SB1	M1	东西向红灯	HL3	Y2
停止按钮	SB2	M2	南北向绿灯	HL4	Y3
东西向绿灯	HL1	Y0	南北向黄灯	HL5	Y4
东西向黄灯	HL2	Y1	南北向红灯	HL6	Y5

3. HMI 界面设计

用位状态指示灯制作 12 个交通灯，用位状态切换开关制作一个启动按钮和一个停止按钮。设计界面如图 4-19 所示。

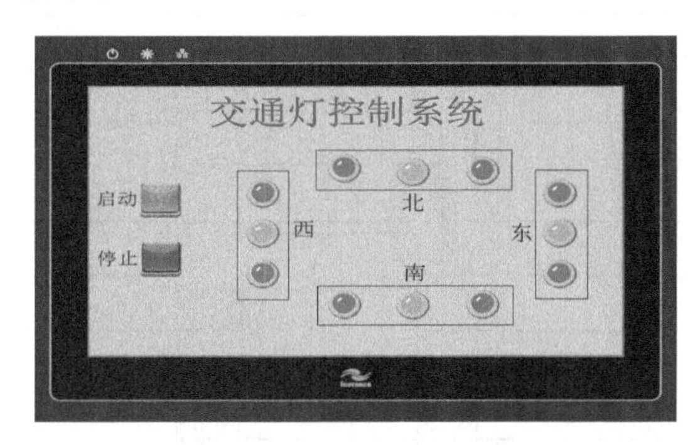

图 4-19 简单交通灯 HMI 界面

4. PLC 外部接线

交通灯控制系统 PLC 外部接线如图 4-20 所示。

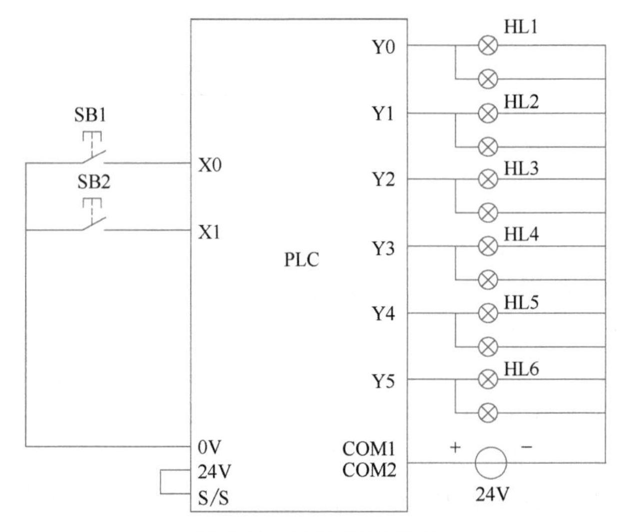

图 4-20 交通灯接线图

5. 十字路口交通灯程序设计

交通灯信号控制是以时间为基准的控制系统。可以运用时序流程图法，应用定时器进行梯形图程序编写。

根据控制要求分析，十字路口交通灯变化规律见表 4-3。

表 4-3　十字路口交通灯变化规律

东西方向	交通灯	绿灯 Y0 亮	绿灯 Y0 闪	黄灯 Y1 亮	红灯 Y2 亮		
	时间	15s	3s	2s	15s		
南北方向	交通灯	红灯 Y5 亮			绿灯 Y3 亮	绿灯 Y3 闪	黄灯 Y4 亮
	时间	20s			10s	3s	2s

系统启动后用 6 个定时器分段计时。图 4-21 所示为系统分析时序图。定时器的应用见表 4-4。

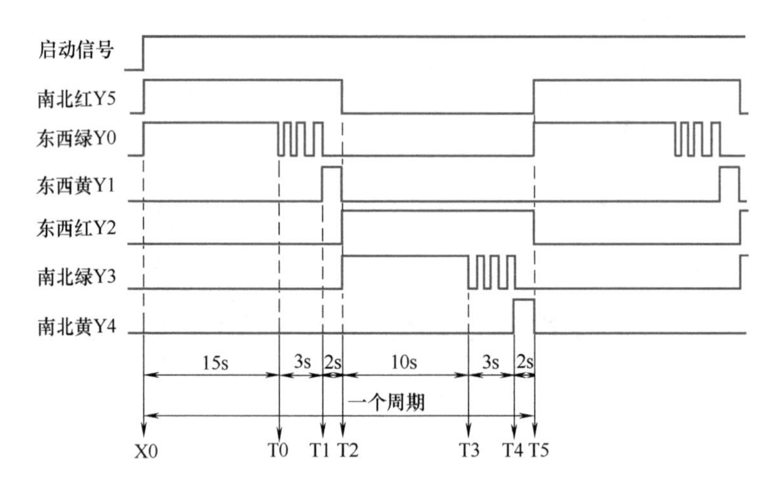

图 4-21　十字路口交通灯系统分析时序图

表 4-4　十字路口交通灯系统中定时器的应用

定时器	T0	T1	T2	T3	T4	T5
时间/s	15	3	2	10	3	2

对应的梯形图程序如图 4-22 所示。

1）系统启动、停止控制程序段：M100 为系统启动辅助继电器，在按下启动按钮后到按下停止按钮前，M100 为 ON 状态。

2）交通灯时间设置程序段：系统启动后 T0 定时器开始计时，当 T0 定时器计时到 15s 时，T1 定时器开始计时；当 T1 定时器计时到 3s 时，T2 定时器开始计时；当 T2 定时器计时到 2s 时，T3 定时器开始计时；当 T3 定时器计时到 10s 时，T4 定时器开始计时；当 T4 定时器计时到 3s 时，T5 定时器开始计时；当 T5 定时器计时到 2s 时，T0～T5 开始循环计时。

3）交通灯输出程序段：根据时间段分析输出交通灯输出。对照时序图编写控制交通灯的程序。

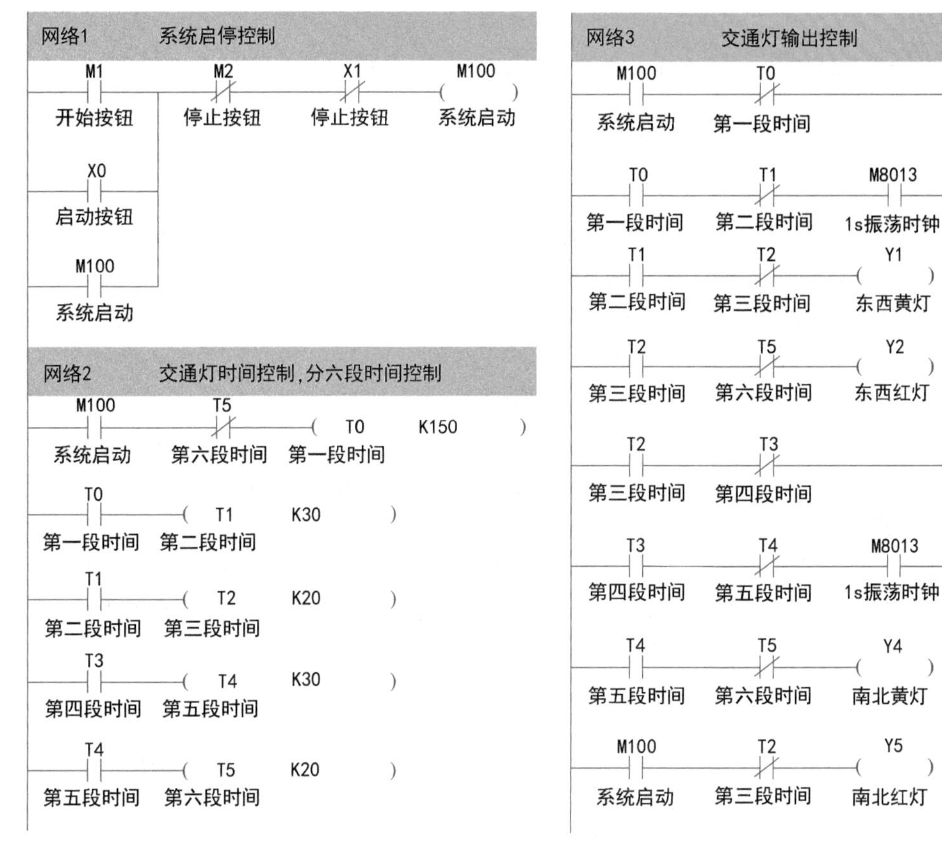

图 4-22 交通灯梯形图程序

【任务拓展】

现提出一种按钮控制式交通灯控制方案。按钮控制式交通灯控制及路口示意图如图 4-23 所示。平时，车道方向始终亮绿灯，人行道方向始终亮红灯。当有行人要通过时，先按下“通过按钮”，经 30s 延时，车道方向亮黄灯，再延时 10s 后，车道方向亮红灯，再延时 5s，人行道方向亮绿灯。控制时序如图 4-24 所示。

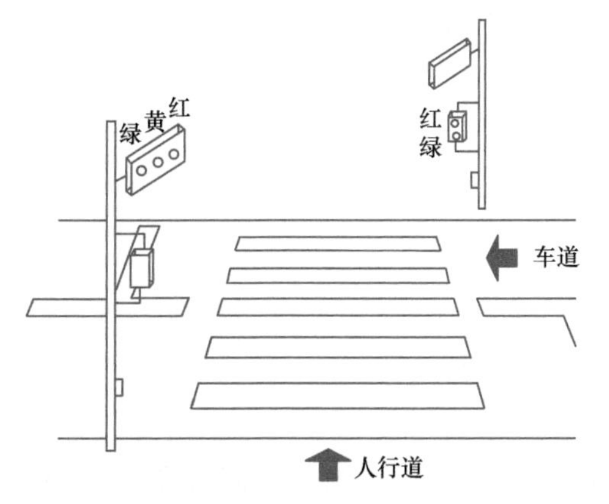

图 4-23 按钮控制式交通灯控制及路口示意图

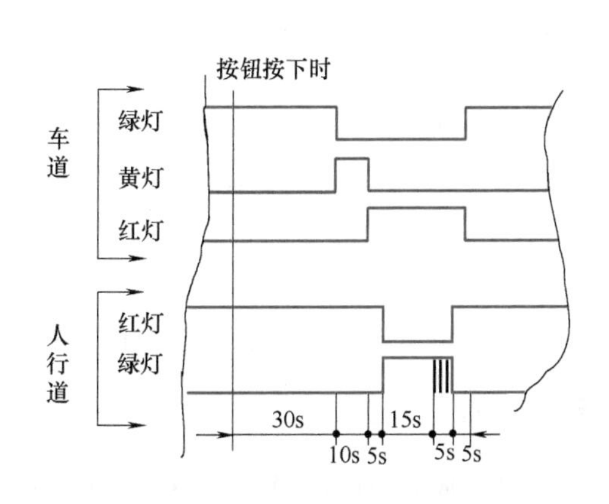

图 4-24 按钮控制式交通灯控制时序

根据上述方案，系统所需车道方向（东西方向）红、绿、黄各2路交通灯，人行道方向（南北方向）红、绿各2路交通灯，人行道两侧各需1个按钮。

【思考与练习】

1. 设计一个彩灯控制系统，要求接上电源后，按下开关SB2，红、绿、黄三种彩灯依次循环点亮，每种彩灯点亮和熄灭的时间间隔为0.5s。

2. 设计喷泉电路。要求：喷泉有A、B、C三组喷头，启动后，A组先喷5s，然后B、C同时喷，5s后B停，再过5s C停，而A、B又喷，再过2s，C也喷，持续5s后全部停，再过3s重复上述过程。说明：A（Y0），B（Y1），C（Y2），启动信号X0。

3. 试用PLC控制发射型天塔。发射型天塔有L1~L9九个指示灯，按下启动按钮后，九个指示灯从L1开始每隔2s依次点亮，并不断循环下去。试编写PLC程序。

4. 某一生产线的末端有一台三级传送带运输机，分别由M1、M2、M3三台电动机拖动。传送带运输机的起动和停止分别由起动按钮（SB1）和停止按钮（SB2）来控制。起动时要求按5s的时间间隔，并按M1→M2→M3的顺序起动；停止时按6s的时间间隔，并按M1→M2→M3的顺序停止。试编写PLC程序。

任务4-2　具有时间设置功能的交通灯控制系统编程与控制

在本任务中，交通灯控制系统中添加了时间设置功能。本任务将介绍如何运用HMI的数值输入、数值输出及多状态设置等控件与PLC的数据进行链接，完成系统编程与控制。学生需完成以下内容。

1. 掌握数制与数制转换。
2. 掌握位元件与字元件。
3. 掌握HMI的数值输入与数值显示控件。
4. 掌握HMI的多状态设置控件。
5. 培养安全正确操作设备的习惯、严谨的做事风格和协作意识。

【重点知识】

掌握PLC与HMI的数据链接。

【关键能力】

会用PLC+HMI系统完成交通灯的控制。

【素养目标】

通过完成具有时间设置功能的交通灯控制系统，培养获取信息并利用信息的能力、科学严谨的精神和求真务实的作风。

【任务描述】

1. 系统控制要求

1）PLC 上电，按下 SB1，东西方向绿灯亮，并维持 15s（D0），同时南北方向红灯亮，并维持 20s。15s 后，东西方向绿灯闪亮，闪亮 3s（D1）后熄灭，在东西方向绿灯熄灭时，东西方向黄灯亮，并维持 2s（D2）。到 2s 时，东西方向黄灯熄灭，东西方向红灯亮，同时，南北方向红灯熄灭，绿灯亮。东西方向红灯亮，维持 15s，南北方向绿灯亮并维持 10s（D3），然后闪亮 3s（D4）后熄灭。同时南北方向黄灯亮，维持 2s（D5）后熄灭，这时南北方向红灯亮，东西方向绿灯亮。如此周而复始。

2）按下停止按钮 SB2，所有灯全灭。

3）增加功能：交通灯的时间由触摸屏设置，可以在触摸屏上任意修改交通灯时间。

2. 触摸屏程序设计要求

1）在初始界面上，制作 12 个交通灯、1 个启动按钮和 1 个停止按钮。

2）增加交通灯的时间设置 D0~D5。

【任务要求】

1. 在 InoTouch Editor 软件中设计交通灯控制界面。
2. 在梯形图编程环境中编写梯形图程序。
3. 应用定时器来完成简单交通灯的控制。
4. 在线监控，软、硬件调试。

【任务环境】

1. 两人一组，根据工作任务进行合理分工。
2. 每组配备汇川 PLC 主机一台。
3. 每组配备十字路口交通灯控制模块。
4. 每组配备工具和导线若干等。

【相关知识】

数制与数制转换

1. 数制与数制转换

（1）数制　数制也称为计数制，是用一组固定的符号和统一的规则来表示数值的方法。按进位的原则进行计数，称为进位计数制，简称数制或进制。数制的进位遵循逢 N 进一的规则，其中 N 是指数字中所需要的数字字符的总个数，称为基数。例如：十进制数用 0~9 共 10 个不同的数字来表示数值，10 就是数字字符的总个数，也是十进制数的基数，表示逢十进一。计算机能极快地进行运算，但其内部并不像在实际生活中使用十进制，而是使用只包含 0 和 1 两个数值的二进制。在计算机指令代码和数据的书写中经常使用十六进制。在十六进制中，数用 0，1，…，9 和 A，B，…，F（或 a，b，…，f）16 个符号来描述，计数规则是逢十六进一。

（2）数制转换　将一种数制转换成另一种数制，称为数制转换。由于计算机采用二进制，但用计算机解决实际问题时，对于数字的输入输出通常使用十进制，这就有一个十进制向二进制转换或二进制向十进制转换的过程。这两个转换过程完全由计算机系统自动完成，不需要人工参与。

（3）常数 K、H　H1U/H2U 系列 PLC 根据不同的用途和目的，使用 5 种类型的数值。其作用和功能见表 4-5。

表 4-5　常数的作用和功能

类　型	编程中应用说明
十进制数，DEC	定时器和计数器的设定值（K 常数） 辅助继电器（M）、定时器（T）、计数器（C）、状态 S 等的编号（软元件编号） 指定应用指令操作数中的数值与指令动作（K 常数）
十六进制数，HEX	同十进制数一样，用于指定应用指令中的操作数与指定动作（H 常数）
二进制，BIN	以十进制数或十六进制数对定时器、计数器或数据寄存器进行数值指定，但在 PLC 内部，这些数字都用二进制数处理。而且，在外围设备上进行监控时，这些软元件将自动变换为十进制数（也可切换为十六进制）
八进制，OCT	输入继电器、输出继电器的软元件编号以八进制数值进行分配。因此，可进行[0～7，10～17，…，70～77，…，100～107]的进位，在八进制数中，不存在[8，9]
BCD	BCD 是以 4 位二进制表示十进制数各位 0～9 数值的方法。各位的处理很容易，因此，可用于 BCD 输出型的数字式开关或七段码的显示器控制等方面
二进制浮点数	PLC 具有高精度的浮点运算功能，内部用二进制（BIN）浮点数进行浮点运算
十进制浮点数	十进制浮点值只用于监视，便于阅读

位元件与字元件

2. 位元件与字元件

（1）位元件　只处理 ON/OFF 两种状态，用一个二进制位表达的元件被称为位元件，如 X、Y、M、S 等。位元件可以组合起来进行数字处理。其方法是将多个位元件按 4 位一组的原则来组合，即用 4 位 BCD 码来表示 1 位十进制数，这样就能在程序中使用十进制数据了。组合方法的助记符是：Kn+最低位位组件号。如 KnX、KnY、KnM 即是位组件组合，其中 K 表示后面跟的是十进制数，n 表示 4 位一组的组数。16 位数据用 K1～K4，32 位数据用 K1～K8。数据中的最高位是符号位。如 K2M0 表示由 M0～M3 和 M4～M7 两组组成一个 8 位数据，其中 M7 是最高位，M0 是最低位。

（2）字元件　处理数据的元件称为字元件，如 T、C 和 D 等。字元件是 PLC 数据类组件的基本结构，1 个字元件是由 16 位的存储单元构成，其最高位（第 15 位）为符号位，第 0～14 位为数值位。符号位的判别：0 表示正数，1 表示负数。图 4-25 所示为 16 位数据寄存器 D0。

高位							D0								低位
15	14	13	12	11	10	9	8	7	6	5	4	3	2	1	0

图 4-25　字元件

（3）双字元件　可以使用两个字元件组成双字元件，以组成 32 位数据的操作数。双字元件由相邻的两个寄存器组成，如图 4-26 中的双字元件由 D11 和 D10 组成。

由图 4-26 可见，低位组件 D10 中存储了 32 位数据的低 16 位，高位组件 D11 中存储了

高位								D11																D10							低位
31	30	29	28	27	26	25	24	23	22	21	20	19	18	17	16	15	14	13	12	11	10	9	8	7	6	5	4	3	2	1	0

图 4-26 双字元件

32 位数据的高 16 位，存放原则是“低对低，高对高”。双字元件中第 31 位为符号位，第 0~30 位为数值位。注意：在指令中使用双字元件时，一般只用其低位地址表示这个组件，但高位组件也将同时被指令使用。虽然取奇数或偶数地址作为双字元件的低位是任意的，但为了减少组件安排上的错误，建议用偶数作为双字元件的地址。功能指令中的操作数是指操作数本身或操作数的地址。

3. 数据寄存器（D）

数据寄存器

数据寄存器用于数据的运算和存储，如对定时器、计数器、模拟量参数的运算和存储等，每个寄存器的宽度为 16 位。若采用 32 位指令，则自动将相邻的两个寄存器组成为 32 位寄存器使用，地址较低的为低字节，地址较高的为高字节。H2U 系列 PLC 多数指令中参与运算的数据是按有符号数进行处理的，对于 16 位的寄存器，第 15 位为符号位，0 表示正数，1 表示负数（对于 32 位的寄存器，高字节的第 15 位为符号位）。数据寄存器是计算机必不可少的元件，当需要处理 32 位数据时，可将相邻的两个 D 寄存器组成为 32 位双字，例如以 32 位格式访问 D100 时，此时将高地址 D101 寄存器作为高字，同时将高字节的第 15 位作为双字的符号位。

（1）通用数据寄存器　通道分配：D0~D199，共 200 点。只要不写入其他数据，已写入的数据就不会变化。但是，由 RUN→STOP 时，全部数据均清零（若特殊辅助继电器 M8033 已被驱动，则数据不被清零）。

（2）停电保持用寄存器　通道分配：D200~D511，共 312 点。其功能基本与通用数据寄存器相同。除非改写，否则原有数据不会丢失，不论电源接通与否，PLC 运行与否，其内容也不变化。然而在两台 PLC 进行点对点的通信时，D490~D509 被用于通信操作。

（3）停电保持专用寄存器　通道分配：D512~D7999，共 7488 点。关于停电保持的特性不能通过参数进行变更。根据设定的参数，可以将 D1000 以后的数据寄存器以 500 点为单位作为文件寄存器。

（4）特殊用寄存器　通道分配：D8000~D8255，共 256 点。特殊用寄存器是指写入特定的数据，或已事先写入特定内容的数据寄存器，其内容在电源接通时被置于初始值（一般先清零，然后由系统 ROM 来写入）。特殊用寄存器用于实现控制器的一些特殊功能，可理解为用户程序与 PLC 系统程序进行数据交互的特殊单元。另外还有一些特殊 D 寄存器，用于系统工作状态参数缓存，查询这些寄存器，可判断运行参数。

4. PLC 中的应用指令

PLC 中的
应用指令

PLC 的基本指令是基于继电器、定时器和计数器等软元件，主要用于逻辑处理的指令。作为工业控制计算机，PLC 仅有基本指令是远远不够的。现代工业控制在许多场合需要进行数据处理，因而 PLC 制造商在 PLC 中引入应用指令，也称功能指令。应用指令具有综合性功能，以往需要大段程序完成的任务，由一条应用指令就能实现，大大提高了 PLC 的实用性。

PLC 中的四则运算指令

应用指令是指除逻辑处理指令之外的编程指令，指令功能涉及程序流程控制、数值计算、高速信号处理、通信与扩展和特殊控制等多个方面。这些指令除具有指令名之外，往往还有指令代码的编号，便于使用手持编程器设备进行编程。在简易编程器中，输入应用指令时以指令代码输入；在编程软件中，输入应用指令时以指令助记符输入。

5. PLC 中的四则运算指令

（1）BIN 加法运算指令 ADD　ADD 指令是将 2 个值进行加法运算（A+B=C）后得出结果的指令。加法运算的助记符、指令代码、操作数及程序步见表 4-6。

表 4-6　加法运算

指令名称	助记符	指令代码	操作数		程序步
			S(可变址)	D(可变址)	
加法指令	ADD	FNC20	K、H、KnX、KnY、KnS、KnM、T、C、D、V、Z	KnY、KnS、KnM、T、C、D、V、Z	ADD、ADD(P):7 步 (D) ADD、(D) ADD (P):13 步

说明如下：

1）每一条应用指令有一个指令代码和一个助记符，两者严格对应。由表 4-6 可见，助记符 ADD 对应的指令代码为 FNC20。

2）操作数（或称操作元件）。有些应用指令只有助记符而无操作数，但大多数应用指令在助记符之后还必须有 1~5 个操作数。组成部分如下：

①［S］表示源操作数，若使用变址寄存器，表示为［S·］，多个源操作数用［S1］［S2］…或者［S1·］［S2·］…表示。

②［D］表示目标操作数，若使用变址寄存器，表示为［D·］，多个目标操作数用［D1］［D2］…或者［D1·］［D2·］…表示。

3）程序步。在程序中，每条应用指令占用一定的程序步数，指令代码和助记符占一步，每个操作数占 2 步或 4 步（16 位操作数是 2 步，32 位操作数是 4 步）。

4）应用指令助记符前加（D），表示处理 32 位数据；指令前不加（D），表示处理 16 位数据。

5）脉冲/连续执行指令标志（P）。应用指令中若带（P），为脉冲执行指令，即当条件满足时仅执行一个扫描周期；应用指令中没有（P），为连续执行指令，即当条件满足时，它在每一个扫描周期输出的结果均发生着变化。由此可见，在不需要每个扫描周期都执行指令时，可以采用脉冲执行方式的指令，这样能缩短程序的执行时间。

ADD（16 位）指令梯形图如图 4-27 所示。当 X0 为 ON 时，各扫描周期都执行源操作数［S1］中的数据 K100 加上源操作数［S2］中的数据 K50 后，传送到目标操作数 D10 中。当 X0 为 OFF 时，指令不执行，数据保持不变。

ADD 指令有 32 位操作方式，使用前缀“D”。ADD 指令也可以有脉冲操作方式，使用后缀“P”，只有在驱动条件由 OFF→ON 时进行一次运算。

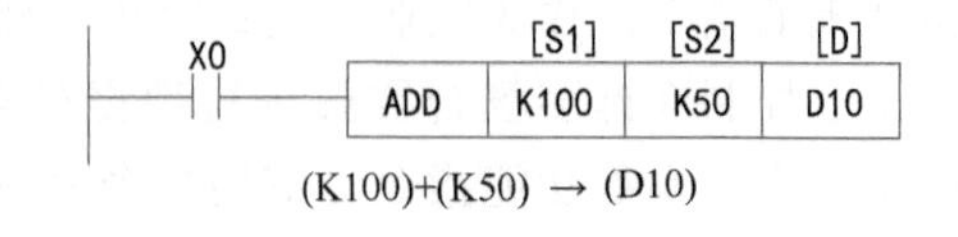

图 4-27　ADD（16 位）指令梯形图

（2）BIN 减法运算指令 SUB　SUB 指令是将 2

个值进行减法运算（A-B=C）后得出结果的指令。减法运算的助记符、指令代码、操作数及程序步见表4-7。

表4-7 减法运算

指令名称	助记符	指令代码	操作数		程序步
			S(可变址)	D(可变址)	
减法指令	SUB	FNC21	K、H、KnX、KnY、KnS、KnM、T、C、D、V、Z	KnY、KnS、KnM、T、C、D、V、Z	SUB、SUB(P):7步 (D)SUB、(D)SUB(P):13步

SUB（16位）指令梯形图如图4-28所示。当X0为ON时，源操作数［S1］中的数据K100减去源操作数［S2］中的数据K50后，传送到目标操作数D10中，并自动转换为二进制数。当X0为OFF时，指令不执行，数据保持不变。

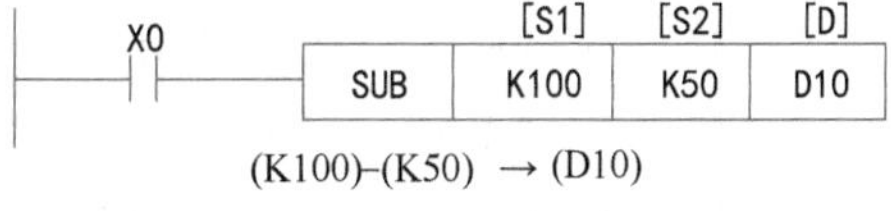

图4-28 SUB（16位）指令梯形图

SUB指令有32位操作方式，使用前缀“D”。SUB指令也可以有脉冲操作方式，使用后缀“P”，只有在驱动条件由OFF→ON时进行一次运算。

（3）BIN乘法运算指令MUL　MUL指令是将2个值进行乘法运算（A×B=C）后得出结果的指令。乘法运算的助记符、指令代码、操作数及程序步见表4-8。

表4-8 乘法运算

指令名称	助记符	指令代码	操作数		程序步
			S(可变址)	D(可变址)	
乘法指令	MUL	FNC22	K、H、KnX、KnY、KnS、KnM、T、C、D、V、Z	KnY、KnS、KnM、T、C、D、V、Z	MUL、MUL(P):7步 (D)MUL、(D)MUL(P):13步

MUL（16位）指令梯形图如图4-29所示。当X0为ON时，源操作数［S1］中的数据K8乘以源操作数［S2］中的数据K15后，传送到目标操作数D10（32位双字，占用D11、D10）中。当X0为OFF时，指令不执行，数据保持不变。

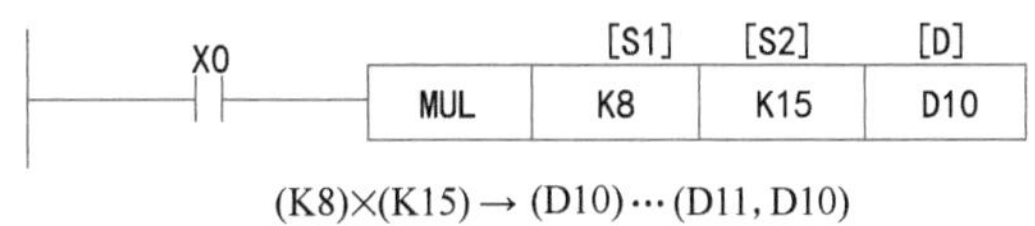

图4-29 MUL（16位）指令梯形图

MUL指令有32位操作方式，使用前缀“D”。MUL指令也可以有脉冲操作方式，使用后缀“P”，只有在驱动条件由OFF→ON时进行一次运算。

（4）BIN除法运算指令DIV　DIV指令是将2个值进行除法运算［A÷B=C···（余数）］后得出结果的指令。除法运算的助记符、指令代码、操作数及程序步见表4-9。

表4-9 除法运算

指令名称	助记符	指令代码	操作数		程序步
			S(可变址)	D(可变址)	
除法指令	DIV	FNC23	K、H、KnX、KnY、KnS、KnM、T、C、D、V、Z	KnY、KnS、KnM、T、C、D、V、Z	DIV、DIV(P):7步 (D)DIV、(D)DIV(P):13步

DIV（16 位）指令梯形图如图 4-30 所示。当 X0 为 ON 时，源操作数［S1］中的数据 K20 除以源操作数［S2］中的数据 K6 后，把商传送到目标操作数 D10（16 位）中，把余数传送到目标操作数+1 号即 D11（16 位）中。当 X0 为 OFF 时，指令不执行，数据保持不变。

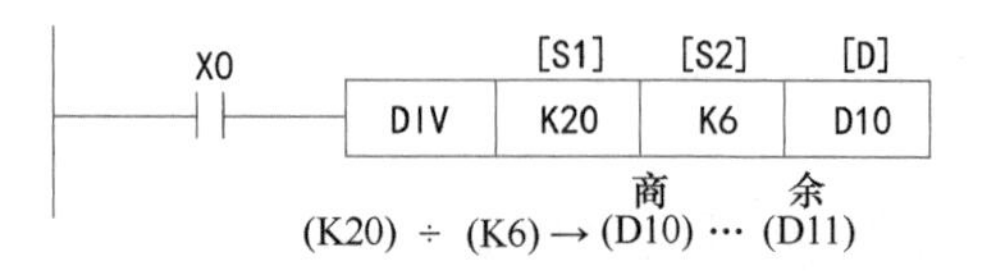

图 4-30　DIV（16 位）指令梯形图

DIV 指令有 32 位操作方式，使用前缀“D”。DIV 指令也可以有脉冲操作方式，使用后缀“P”，只有在驱动条件由 OFF→ON 时进行一次运算。

6. HMI 中的数值输入控件与数值显示控件

HMI 中数值输入与数值显示控件

数值输入控件用来显示所指定寄存器内的数值，可以使用键盘的输入值更改寄存器内的数据。数值显示控件用来显示 PLC 中数据寄存器的数值。

（1）建立数值输入与数值显示控件　打开 InoTouch Editor 软件，单击菜单中的“控件”→“数值”→“字符”，选择“数值输入”或“数值显示”，或者单击工具栏上的图标　　，在窗口中单击鼠标左键，即可建立数值输入或数值显示控件。

（2）属性编辑　选择“数值输入”或“数值显示”，双击或单击鼠标右键，选择“属性”进行编辑。数值输入控件属性对话框与数值显示控件属性对话框的差别在于数值输入控件增加了“通知”与“键盘输入的设定”项目。

图 4-31 所示为数值输入与数值显示控件皆包含的“数字格式”选项卡，用来设定数值显示的方式。

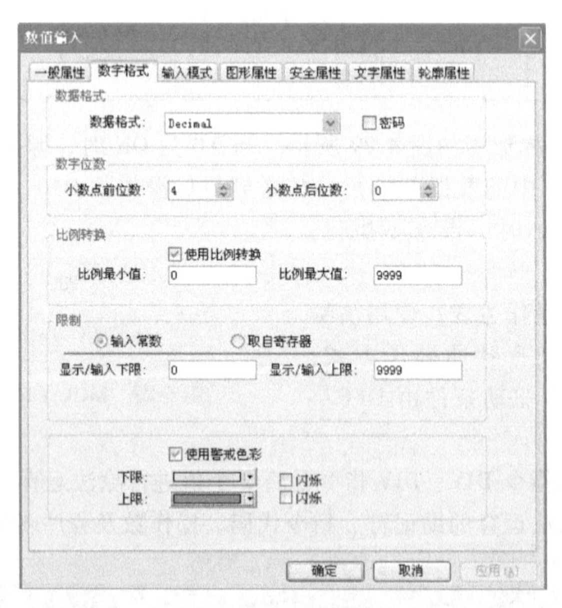

图 4-31　字元件数值输入“数字格式”选项卡

1）数据格式：选择寄存器内数据的形式。数据格式的说明见表 4-10。

2）密码：勾选时则显示数值时将使用“＊”号代替所有数字，并取消范围颜色警示功能。

表 4-10　寄存器内数据格式说明

数据格式	格式说明
Decimal	十进制数据类型
16-bit Binary	16 位二进制数据类型
32-bit Binary	32 位二进制数据类型
16-bit Hex	16 位十六进制数据类型
32-bit Hex	32 位十六进制数据类型

3）小数点前位数：小数点前的显示位数。

4）小数点后位数：小数点后的显示位数。

5）比例转换：所显示的数据是利用寄存器中的原始数据经过公式换算后所获得。选择此项功能必须设定“比例最小值”“比例最大值”以及“限制”项目中的“显示/输入下限”“显示/输入上限”。假设原始数据使用 A 来表示，所显示的数据使用 B 来表示，则数据 B 可以使用下列换算公式获得：B=比例最小值+(A-显示/输入下限)×比例系数，其中比例系数=(比例最大值-比例最小值)/(显示/输入上限-显示/输入下限)

以图 4-32 所示的设定为例，当原始数据是 15 时，则经过换算得到的数值为 10+(15-0)×(50-10)/(20-0)= 40，数值元件上将显示 40。

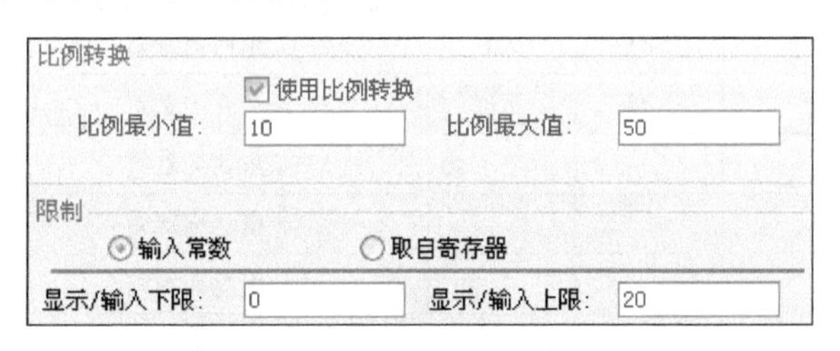

图 4-32　数字格式比例转换设定

6）限制：用来设定输入数值上、下限的来源，另外就是设定警示颜色与警示效果。

7）输入常数：选择输入数值的上、下限分别来自“显示/输入下限”与“显示/输入上限”中的设定值。若输入值不在上下限定义的范围内，将无法更改该寄存器中的数值。

7. HMI 中的多状态设置控件

多状态设置控件提供“手动操作”与“自动执行”两种操作模式。使用“手动操作”模式，用户可以利用“多状态设置”控件在窗口上定义一个触控区域，按压此区域可以设定 PLC 或者触摸屏的数据寄存器中的数值。在屏幕上定义了一个触摸控件，触摸时可以对 PLC 中的寄存器设定一个常数或者递加、递减等功能。

HMI 中多状态设置控件

（1）建立多状态设置控件　打开 InoTouch Editor 软件，单击菜单中的“控件”→“状态设置”→“多状态设置”，或者单击工具栏上的图标，在窗口中单击鼠标左键，即可建立多状态设置控件。

（2）属性编辑　选择“多状态设置”，双击或单击鼠标右键，选择“属性”进行编辑。属性设置方式可查阅用户手册。

1）“写入常数”设置常数功能。每按压一次控件，“设定常数”中的设定值将被写入指定的寄存器中。常数的型态可为 16-bit BCD、32-bit BCD、…、32-bit float 等，数据格式在“写入地址”项目中设定。

2）“递加（JOG+）”加值功能。每按压一次控件，所指定寄存器内的数据将加上“递加值”中设定的增量值，但增值的结果将不超过“上限值”中的设定值。

3）“递减（JOG-）”减值功能。每按压一次控件，所指定寄存器内的数据将减去“递减值”中设定的减量值，但是减值的结果不会低于“下限值”中的设定值。

具有时间设置功能的交通灯控制系统任务分析

具有时间设置功能的交通灯控制系统软件设计

具有时间设置功能的交通灯控制系统总体联调

【任务实施】

1. 分配 I/O

交通灯控制 PLC 输入/输出端口分配见表 4-11。

2. PLC 与 HMI 数据链接

交通灯控制 PLC 与 HMI 数据链接见表 4-12。

表 4-11　交通灯控制 PLC 输入/输出端口分配

输入			输出		
名称		输入点	名称		输出点
启动按钮	SB1	X0	东西向绿灯	HL1	Y0
停止按钮	SB2	X1	东西向黄灯	HL2	Y1
			东西向红灯	HL3	Y2
			南北向绿灯	HL4	Y3
			南北向黄灯	HL5	Y4
			南北向红灯	HL6	Y5

表 4-12　交通灯控制 PLC 与 HMI 数据链接

HMI		PLC	HMI	PLC
启动按钮	SB1	M1	第一段时间设置(s)	D0
停止按钮	SB2	M2	第二段时间设置(s)	D1
东西向绿灯	HL1	Y0	第三段时间设置(s)	D2
东西向黄灯	HL2	Y1	第四段时间设置(s)	D3
东西向红灯	HL3	Y2	第五段时间设置(s)	D4
南北向绿灯	HL4	Y3	第六段时间设置(s)	D5
南北向黄灯	HL5	Y4		
南北向红灯	HL6	Y5		

3. HMI 界面设计

用位状态指示灯制作 12 个交通灯，用位状态切换开关制作 1 个启动按钮和 1 个停止按钮，用数值输入控件和多状态设置控件进行 D0~D5 数值输入。界面如图 4-33 所示。

4. PLC 外部接线

交通灯控制的 PLC 外部接线图如图 4-34 所示。

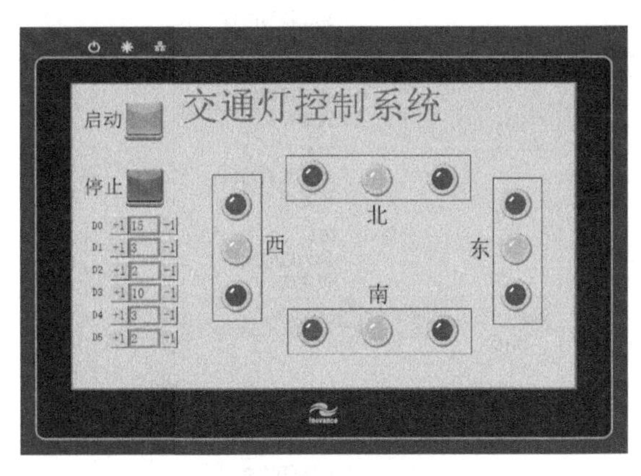

图 4-33 交通灯 HMI 界面设计

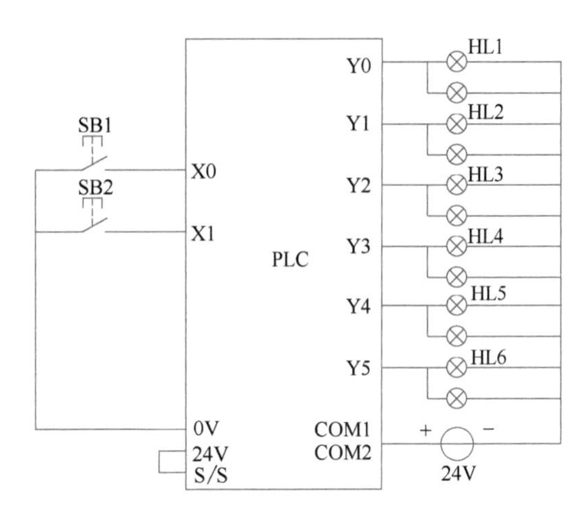

图 4-34 交通灯 PLC 接线图

5. 程序设计

（1）经验法梯形图编程　交通灯信号控制是以时间为基准的控制系统。可以运用时序流程图法，应用定时器进行梯形图程序编写。根据控制要求分析，十字路口交通灯变化规律见表 4-13。

表 4-13　交通灯控制时序分析（1）

状态		初始状态	T0	T1	T2	T3	T4	T5
东西方向	交通灯	所有灯全灭	绿灯 Y0 亮	绿灯 Y0 闪	黄灯 Y1 亮	红灯 Y2 亮		
	时间		15s(D0)	3s(D1)	2s(D2)	15s		
南北方向	交通灯		红灯 Y5 亮			绿灯 Y3 亮	绿灯 Y3 闪	黄灯 Y4 亮
	时间		20s			10s(D3)	3s(D4)	2s(D5)

在 HMI 界面设置 D0～D5 数值输入，定时器设定时间＝定时精度×设定值。数值需要转换运算，一种方法是在 PLC 中加入一段程序来进行数值换算，另一种方法是在 HMI 的设置数值输入属性的“数字格式”选项卡中，用“比例转换”的方式来实现。这里选用了设计 PLC 程序段来实现。交通灯控制 PLC 梯形图程序如图 4-35 所示。

（2）SFC 编程分析　根据任务分析控制系统的状态图，将系统分成不同的工步，见表 4-14。SFC 编程初始程序块内置梯形图如图 4-36 所示。SFC 图块及内置梯形图如图 4-37 所示。

表 4-14　交通灯控制工序分析（2）

状态		初始状态 S0	S20	S21	S22	S23	S24	S25
东西方向	交通灯	所有灯全灭	绿灯 Y0 亮	绿灯 Y0 闪	黄灯 Y1 亮	红灯 Y2 亮		
	时间		15s(D0)	3s(D1)	2s(D2)	15s		
南北方向	交通灯		红灯 Y5 亮			绿灯 Y3 亮	绿灯 Y3 闪	黄灯 Y4 亮
	时间		20s			10s(D3)	3s(D4)	2s(D5)

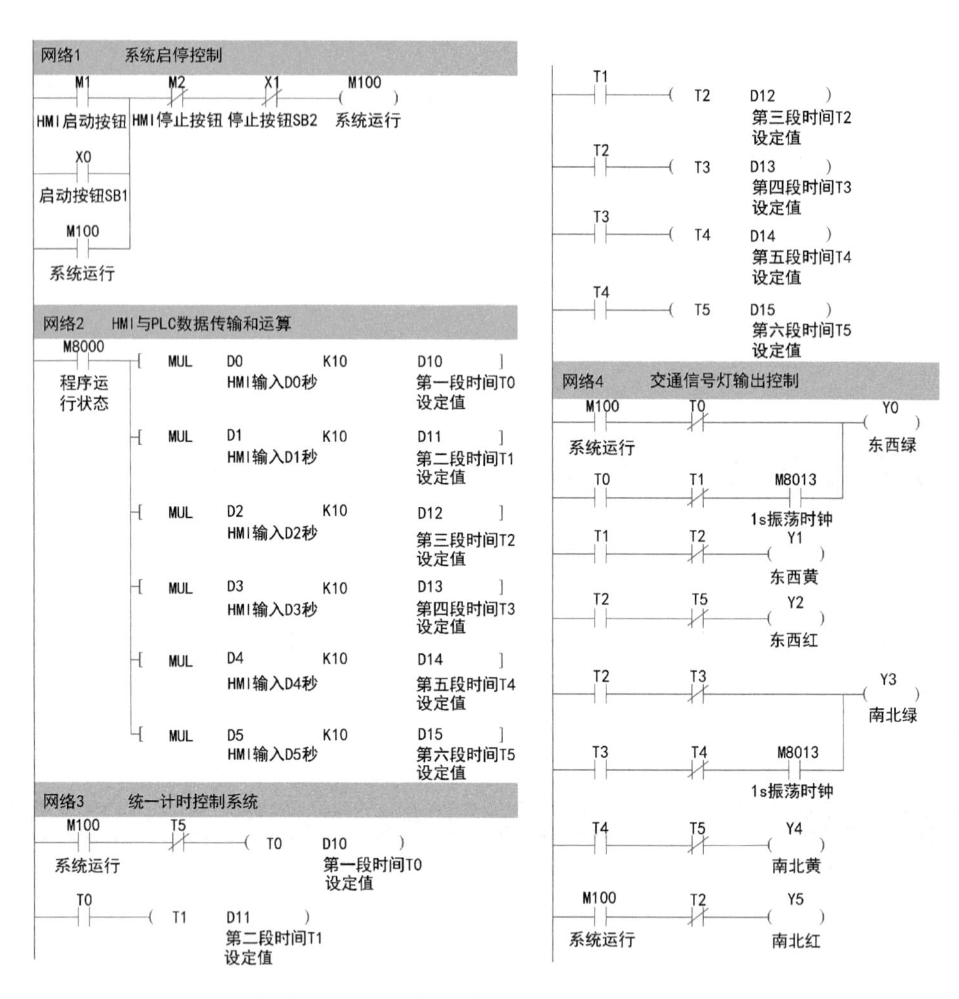

图 4-35 交通灯控制 PLC 梯形图程序

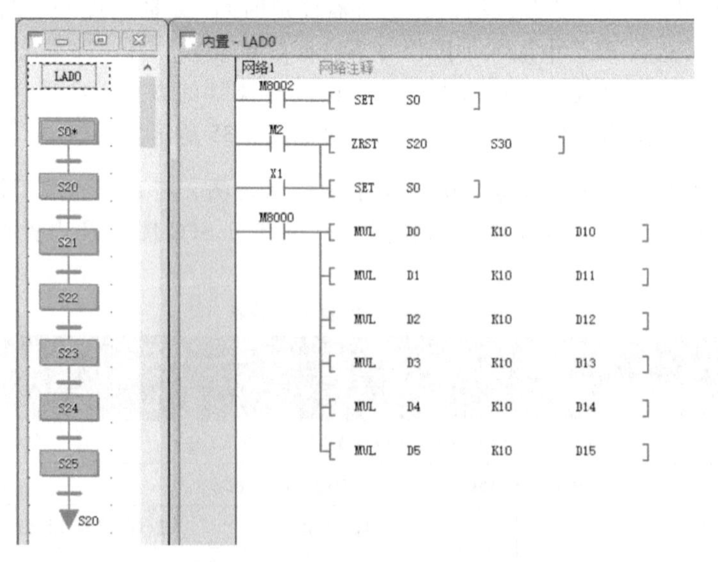

图 4-36 初始程序块内置梯形图

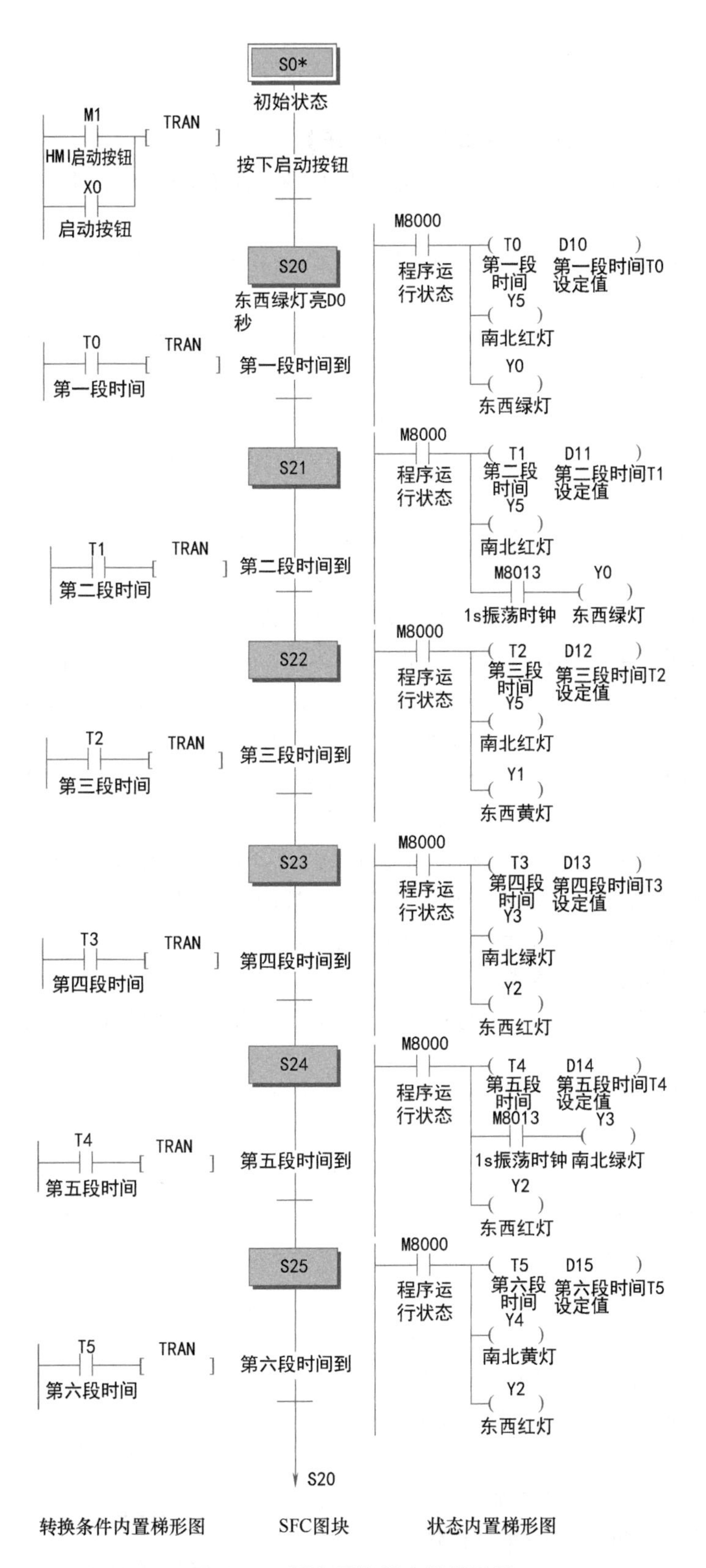

图 4-37 SFC 图块及内置梯形图

【任务拓展】

1. 结合任务4-1和任务4-2完成下列控制任务

1）按下启动按钮后，当拨码器的设定为1时，代表路口切换时间为1个基本周期（16s）。

① 十字路口的东西向红绿黄灯的控制如下：东西向的红灯亮8s，接着绿灯亮4s后闪烁2s灭（闪烁周期为1s），黄灯亮2s，以此循环。

对应南北向的红绿黄灯的控制如下：南北向绿灯亮4s后闪2s灭（闪烁周期为1s），黄灯亮2s灭，红灯亮8s，以此循环。

② 当十字路口南北向车辆检测传感器SQ1在单位时间（32s）内检测该路口的通行车辆数量是东西路口通行车辆数量的2倍以上（包括2倍）时，在下一个执行周期，该路口的绿信比将会调整如下：

南北向的红灯亮4s，接着绿灯亮8s后闪烁2s灭（闪烁周期为1s），黄灯亮2s，以此循环。

东西绿灯亮2s后闪烁1s灭（闪烁周期为1s），黄灯亮2s灭，红灯亮12s，以此循环。

同理，当东西向路口的通行车辆数量是南北向路口通行车辆数量的2倍以上（包括2倍）时，路口的绿信比将会颠倒，即东西向通行时间为12s，南北向通行时间为4s。

③ 当通过拨码器手动改变信号周期时，路口的通行时间都同比例变化，即假设拨码器调整信号切换时间为2个基本周期时，十字路口南北向的红灯亮16s，接着绿灯亮12s后闪烁2s灭（闪烁周期为1s），黄灯亮2s，以此循环。

调整后的周期将在再次按下启动按钮SB1并完成当前信号周期后执行。

2）按下夜间运行按钮SB2时，所有路口仅黄灯闪烁（周期为1s）。

3）按下停止按钮SB3时，路口所有的交通灯均不亮。

2. 自动送料装车系统的控制

1）初始状态，红灯L2灭，绿灯L1亮，表示允许汽车进来装料。料斗K2，电动机M1、M2、M3皆为OFF。

2）当汽车到来时（用S2开关接通表示），L2亮，L1灭，M3运行，电动机M2在M3接通2s后运行，电动机M1在M2起动2s后运行，延时2s后，料斗K2打开出料。当汽车装满后（用S2断开表示），料斗K2关闭，电动机M1延时2s后停止，M2在M1停2s后停止，M3在M2停2s后停止。L1亮，L2灭，表示汽车可以开走。S1是料斗中料位检测开关，其闭合表示料满，K2可以打开；S1分断时，表示料斗内未满，K1打开，K2不打开。

自动送料装车系统模拟图如图4-38所示。自动送料装车系统输入/输出端口分配见表4-15。

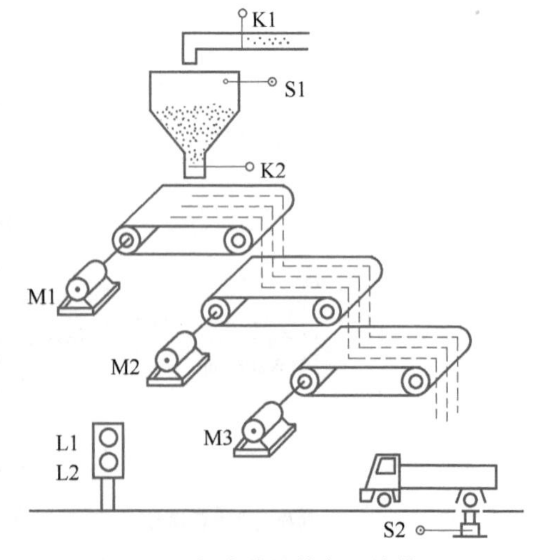

图4-38 自动送料装车系统模拟图

表 4-15 自动送料装车系统输入/输出端口分配

输入		输出	
名称	输入点	名称	输出点
料位检测 S1	X0	料斗进料 K1	Y0
汽车到/装满 S2	X1	料斗放料 K2	Y1
		电动机 M1	Y2
		电动机 M2	Y3
		电动机 M3	Y4
		绿灯 L1	Y5
		红灯 L2	Y6

【思考与练习】

1. 小车在初始位置时，中间的限位开关 X0 为“1”状态，按下起动按钮 X3。小车按图 4-39 所示的顺序运动，最后返回并停在初始位置，试画出 SFC 流程图，进行编程。

2. 设计一个长延时定时电路，在 X2 的常开触点接通 48h 后将 Y6 的线圈接通。

3. 初始状态时，图 4-40 中的压钳和剪刀在上限位置；X0 和 X1 为“1”状态。按下起动按钮 X10，工作过程如下：首先板料右行（Y0 为“1”状态）至限位开关，X3 为“1”状态，然后压钳下行（Y1 为“1”状态并保持）。压紧板料后，压力继电器 X4 为“1”状态，压钳保持压紧。剪刀开始下行（Y2 为“1”状态）。剪断板料后，X2 变为“1”状态，压钳和剪刀同时上行（Y3 和 Y4 为“1”状态，Y1 和 Y2 为“0”状态）。它们碰到限位开关 X0 和 X1 后，分别停止上行。之后，又开始下一周期工作。剪完 5 块板料后停止工作并停在初始状态。试画出顺序功能图，设计出梯形图。

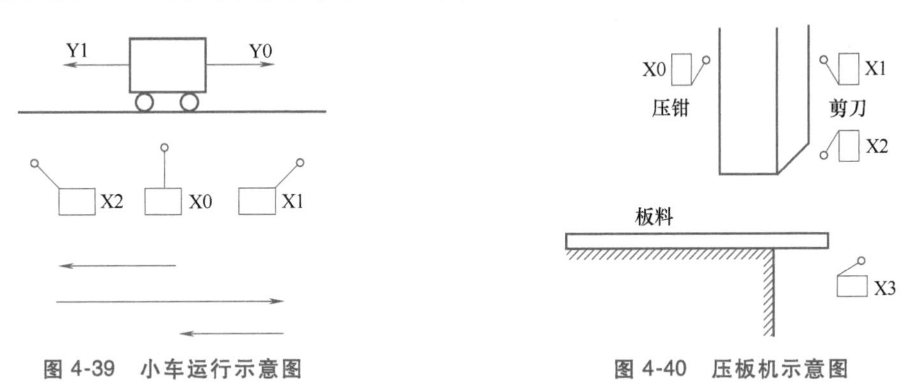

图 4-39 小车运行示意图　　图 4-40 压板机示意图

4. 某钻床控制系统的控制过程如下：用钻床加工盘状零件上的孔，放好工件后，按下起动按钮 X000，Y000 为 ON，工件被夹紧，夹紧后压力继电器 X001 为 ON；甲、乙两个钻头同时向下给进，Y001、Y003 为 ON；甲钻头到限位开关 X002 设定的深度时，Y002 为 ON，甲钻头上升；乙钻头钻到限位开关 X004 设定的深度时，Y004 为 ON，乙钻头上升；X003、X005 为甲、乙两个钻头的上限位开关，两个都到位后，Y000 为 OFF，使工件松开；松开到位后，限位开关 X006 为 ON，系统返回初始状态。钻床甲、乙两个钻头的工作示意图如图 4-41 所示，试画出该控制系统的状态流程图。

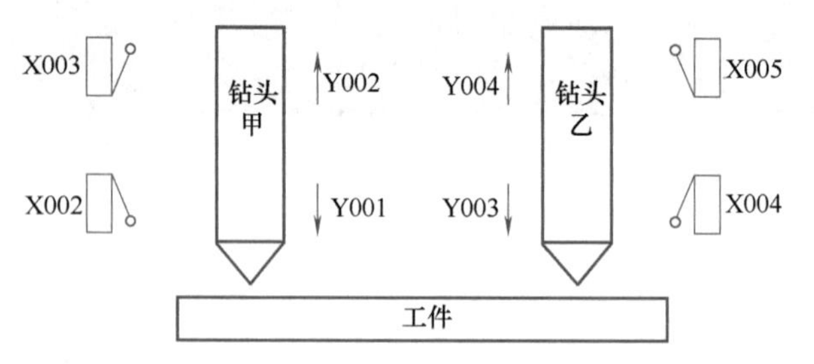

图 4-41　钻床钻头的工作示意图

项目5 PROJECT 5

四路抢答器控制系统编程与控制

抢答器是指在竞赛、文体娱乐活动（抢答活动）中，能准确、公正、直观地判断出抢答者的机器。抢答器应用广泛，在一些知识竞赛活动中可以考察选手的快速反应能力，需要选手在规定的时间内解答问题，并赶在其他选手之前抢答。抢答器一定要稳定、准确，正确显示第一个抢答的选手编号，同时屏蔽后续的抢答信号。

本项目通过汇川触摸屏与PLC链接数据展示四路抢答控制系统的控制过程，通过HMI界面监控抢答控制过程，实现抢答器的指示灯显示、抢答组号显示和弹出对应窗口的控制。学生应通过实践熟悉PLC功能指令MOV、ZRST、SFTL、SFTR、ROR、ROL等的含义，能完成七段译码SEGD程序的编写及调试，同时掌握HMI中直接窗口、间接窗口、公共窗口控件的应用。

思维导图

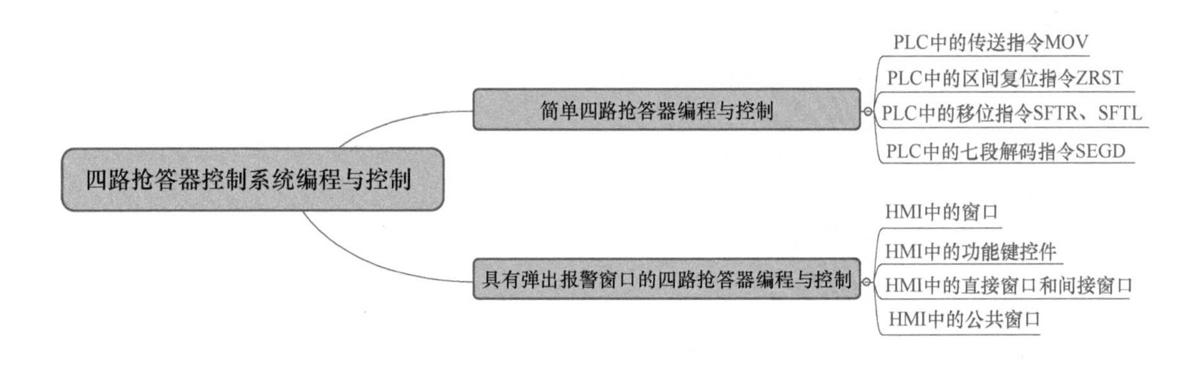

任务5-1　简单四路抢答器编程与控制

在本任务中，将学习如何分析项目控制要求、如何编写PLC和HMI程序并进行数据链接、完成硬件接线和调试。通过本任务，需完成以下内容：

1. 理解 MOV、SEGD 等指令的含义。
2. 掌握七段译码程序的编写。
3. 掌握 HMI 中数值显示的应用。
4. 培养安全正确操作设备的习惯、严谨的做事风格和协作意识。

【重点知识】

PLC 功能指令 MOV、SFTL、SFTR、ROR、ROL、SEGD 等的特点。

【关键能力】

会在编程环境中编写 PLC 和 HMI 程序，会在线监控、调试。

【素养目标】

通过应用 HMI+PLC 完成简单四路抢答器的控制，认真调试每种抢答状态；培养学生严谨踏实、一丝不苟的职业精神。

【任务描述】

系统控制要求如下：

现有一个四路抢答器，配有四个选手抢答按钮 SB1～SB4、一个主持人答题按钮 SB5、一个主持人复位按钮 SB6、一个工作指示灯 HL1、一个数码管显示器等。按下主持人答题按钮 SB5 之后，如果其中一个选手按下抢答按钮，工作指示灯 HL1 亮，同时数码管上显示该选手的编号，之后其他选手按下抢答按钮不再显示相应编号；主持人按下复位按钮 SB6，系统进行复位，重新开始抢答。设计 HMI 监控界面，完成 PLC 和 HMI 程序的编写，以及系统硬件的接线与调试。

【任务要求】

1. 在梯形图编程环境下编写功能指令程序。
2. 正确连接编程电缆，下载程序到 PLC。
3. 正确连接输入按钮和外部负载（指示灯和数码管）。
4. 正确连接编程电缆，下载程序到 HMI。
5. 在线监控，软、硬件调试。

【任务环境】

1. 两人一组，根据工作任务进行合理分工。
2. 每组配备汇川 PLC 主机一台，汇川触摸屏一台。
3. 每组配备按钮六个，指示灯一个，数码管一个。
4. 每组配备工具和导线若干等。

传送指令 MOV

【相关知识】

1. PLC 中的传送指令 MOV

传送指令的助记符、指令代码、操作数及程序步见表 5-1。

表 5-1　传送指令

指令名称	助记符	指令代码	操作数		程序步
			S(可变址)	D(可变址)	
传送指令	MOV	FNC12	K、H、KnX、KnY、KnS、KnM、T、C、D、V、Z	KnY、KnS、KnM、T、C、D、V、Z	MOV、MOV(P):5 步 (D)MOV、(D)MOV(P):9 步

传送指令是将数据按原样传送的指令，指令说明如图 5-1 所示。当 X0 为 ON 时，源操作数［S］中的数据 K100 被传送到目标操作数［D］中，并自动转换为二进制数，D10 存放 K100 的二进制数。当 X0 为 OFF 时，指令不执行，［D］的数据保持不变。

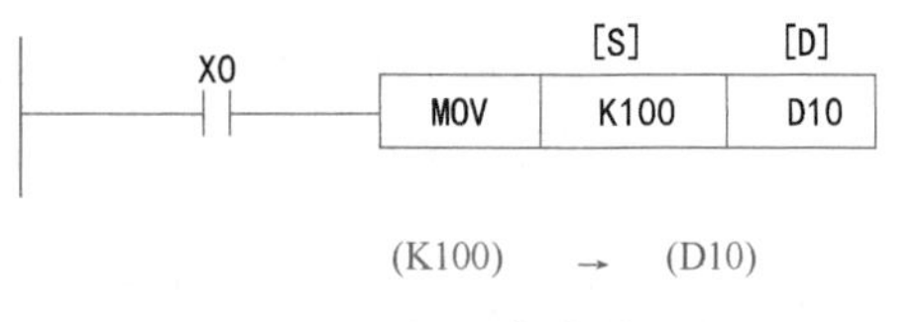

图 5-1　MOV 指令说明

MOV 指令有 32 位操作方式，使用前缀（D）。MOV 指令也可以有脉冲操作方式，使用后缀（P），只有在驱动条件由 OFF→ON 时进行一次。

区间复位指令 ZRST

2. PLC 中的区间复位指令 ZRST

区间复位指令的助记符、指令代码、操作数及程序步见表 5-2。

表 5-2　区间复位指令

指令名称	助记符	指令代码	操作数		程序步
			D1(可变址)	D2(可变址)	
区间复位指令	ZRST	FNC40	Y、S、M、T、C、D D1 元件号≤D2 元件号		ZRST、ZRST(P):5 步

区间复位指令 ZRST 是将 D1 和 D2 指定的元件号范围内的同类元件成批复位，目标操作数可以取字元件（T、C、D）或位元件（Y、M、S）。D1 和 D2 指定的应为同一类元件。D1 的元件号应小于或等于 D2 的元件号，如果 D1 的元件号大于 D2 的元件号，则只有 D1 指定的元件被复位。单个位元件和字元件可以用 RST 指令复位。ZRST 指令一般只进行 16 位处理，但可以对 32 位的计数器复位，此时两个操作数必须都是 32 位的计数器。指令说明如图 5-2 所示，如果 M8002 接通，则将执行区间复位操作，即将 M0～M499 辅助继电器全部复位为零状态。

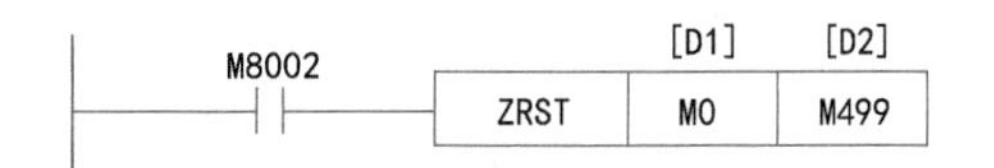

图 5-2　ZRST 指令说明

指令应用如图 5-3 所示。

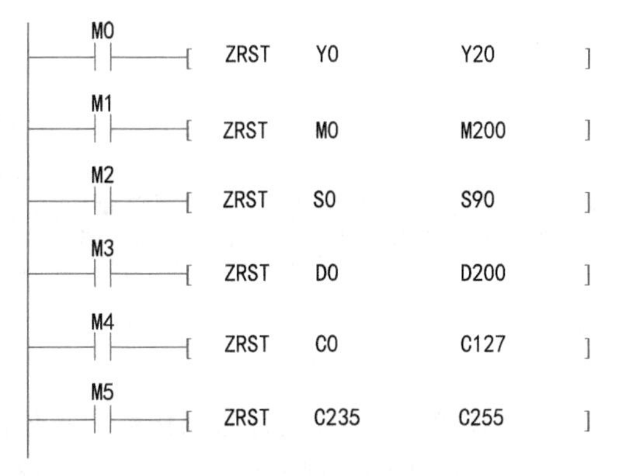

图 5-3　ZRST 指令应用

上述程序的作用是在 M0～M5 得电时，分别对 Y0～Y20、M0～M200、S0～S90、D0～D200、C0～C127、C235～C255 进行复位操作。可以看出，其中包含了位元件和字元件。

移位指令 SFTR 和 SFTL 指令

3. PLC 中的移位指令 SFTR、SFTL

(1) 位右移指令 SFTR　位右移指令 SFTR 的助记符、指令代码、操作数及程序步见表 5-3。

位右移指令 SFTR 是将源操作数的低位向目标操作数的高位移入，目标操作数向右移 n_2 位，源操作数中的数据保持不变。源操作数和目标操作数都是位组件，n_1 是目标位组件个数。也就是说，位右移指令执行后 n_2 个源位组件的数被传送到了目标位组件的高 n_2 位中，目标位组件的低 n_2 位数从其低端溢出。

表 5-3　位右移指令

指令名称	助记符	指令代码	操作数				程序步
			S	D	n_1	n_2	
位右移指令	SFTR	FNC34	X、Y、S、M	Y、S、M	K、H $n_2 \leqslant n_1 \leqslant 1024$		SFTR、SFTR (P):9 步

SFTR 指令说明如图 5-4 所示。程序中的 K16 表示有 16 个位元件，即 M0～M15；K4 表示每次移动 4 位。当 X10 接通，X0～X3 的 4 个位组件的状态移入 M0～M15 的高端，低端自动溢出，M3～M0→溢出；M7～M4→M3～M0；M11～M8→M7～M4；M15～M12→M11～M8；X3～X0→M15～M12。如果采用连续执行，在 X10 接通期间，每个扫描周期都要移位，因此一般采用脉冲执行方式，即 SFTR (P)。

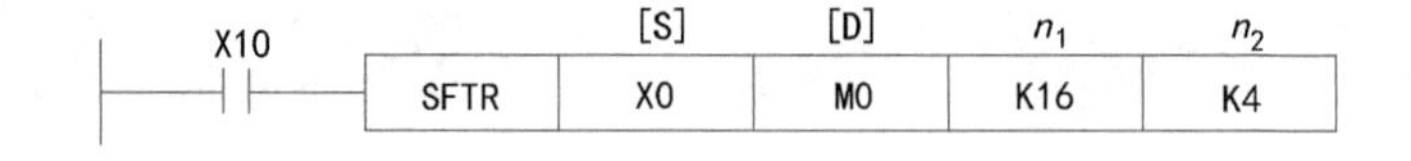

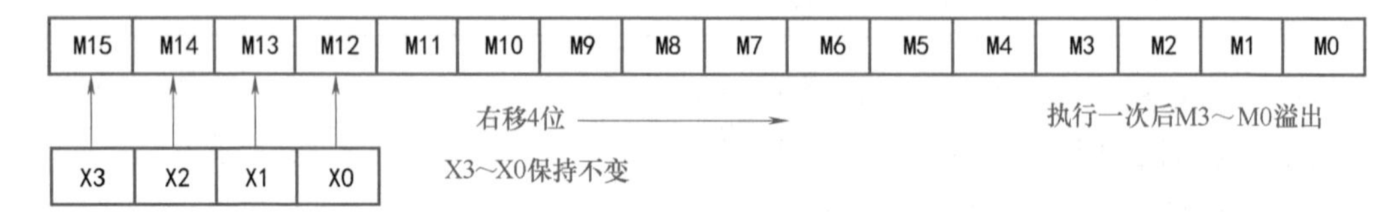

图 5-4　SFTR 指令说明

(2) 位左移指令 SFTL　位左移指令 SFTL 的助记符、指令代码、操作数及程序步见表 5-4。

表 5-4　位左移指令

指令名称	助记符	指令代码	操作数				程序步
			S	D	n_1	n_2	
位左移指令	SFTL	FNC35	X、Y、S、M	Y、S、M	K、H $n_2 \leqslant n_1 \leqslant 1024$		SFTL、SFTRL(P):9 步

位左移指令 SFTL 是将源操作数的高位向目标操作数的低位移入，目标操作数向左移 n_2 位，源操作数中的数据保持不变。源操作数和目标操作数都是位组件，n_1 是目标位组件个数。也就是说，位左移指令执行后 n_2 个源位组件的数被传送到了目标位组件的低 n_2 位中，目标位组件的高 n_2 位数从其高端溢出。

SFTL 指令说明如图 5-5 所示。程序中的 K16 表示有 16 个位元件，即 M0～M15；K4 表示每次移动 4 位。当 X10 接通，X0～X3 的 4 个位组件的状态移入 M0～M15 的低端，高端自动溢出，M15～M12→溢出；M11～M8→M15～M12；M7～M4→M11～M8；M3～M0→M7～M4；X3～X0→M3～M0。如果采用连续执行，在 X10 接通期间，每个扫描周期都要移位，因此一般采用脉冲执行方式，即 SFTL（P）。

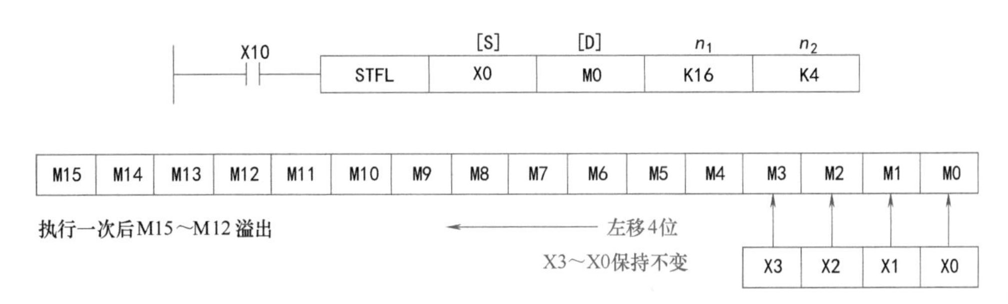

图 5-5 SFTL 指令说明

4. PLC 中的七段解码指令 SEGD

七段解码指令
SEGD

七段解码指令的助记符、指令代码、操作数及程序步见表 5-5。

七段解码指令 SEGD 是将源操作数［S］的低 4 位指定的十六进制数（0～F）经解码译成七段显示的数据格式存于［D］中，驱动七段显示器。［D］中的高 8 位不变。七段解码表见表 5-6。B0 表示位元件的首位或字元件的最低位。

表 5-5 七段解码指令

指令名称	助记符	指令代码	操作数		程序步
			S	D	
七段解码指令	SEGD	FNC73	K、H、KnX、KnY、KnS、KnM、T、C、D、V、Z	KnY、KnS、KnM、T、C、D、V、Z	SEGD、SEGD(P)：5 步

表 5-6 七段解码表

[S]（源操作数）		七段码构成	[D]（内部译码表值）								译码后显示数据
十六进制（HEX）	二进制（BIN）		B7	B6	B5	B4	B3	B2	B1	B0	
0	0000	B0 B5 B6 B1 B4 B2 B3 每位对应一段 1 表示亮 0 表示灭	0	0	1	1	1	1	1	1	0
1	0001		0	0	0	0	0	1	1	0	1
2	0010		0	1	0	1	1	0	1	1	2
3	0011		0	1	0	0	1	1	1	1	3
4	0100		0	1	1	0	0	1	1	0	4
5	0101		0	1	1	0	1	1	0	1	5
6	0110		0	1	1	1	1	1	0	1	6

（续）

[S]（源操作数）		七段码构成	[D]（内部译码表值）								译码后显示数据
十六进制（HEX）	二进制（BIN）		B7	B6	B5	B4	B3	B2	B1	B0	
7	0111	B0 B5 B6 B1 B4 B2 B3 每位对应一段 1 表示亮 0 表示灭	0	0	1	0	0	1	1	1	
8	1000		0	1	1	1	1	1	1	1	
9	1001		0	1	1	0	1	1	1	1	
A	1010		0	1	1	1	0	1	1	1	
B	1011		0	1	1	1	1	1	0	0	
C	1100		0	0	1	1	1	0	0	1	
D	1101		0	1	0	1	1	1	1	0	
E	1110		0	1	1	1	1	0	0	1	
F	1111		0	1	1	1	0	0	0	1	

SEGD 指令说明如图 5-6 所示。当 X20 为 ON 时，将 D0 内数据低 4 位译码后，输出到 Y10~Y17 端口。

X20 [SEGD [S] D0 [D] K2Y10]

图 5-6 SEGD 指令说明

【任务实施】

具有抢答组号显示的四路抢答器任务分析

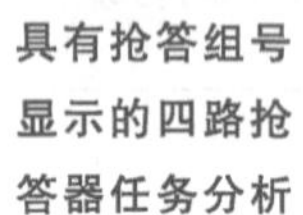

具有抢答组号显示的四路抢答器软件设计

具有抢答组号显示的四路抢答器控制总体联调

1. 分配 I/O

四路抢答器互锁控制输入/输出端口分配见表 5-7。

2. PLC 与 HMI 数据链接

四路抢答器互锁控制 PLC 与 HMI 数据链接见表 5-8。

表 5-7 抢答器互锁控制输入/输出端口分配

输入		输出		
名称	输入点	名称		输出点
1 号选手抢答按钮 SB1	X0	工作指示灯	HL1	Y0
2 号选手抢答按钮 SB2	X1	数码管	A 段	Y10
3 号选手抢答按钮 SB3	X2		B 段	Y11
4 号选手抢答按钮 SB4	X3		C 段	Y12
主持人答题按钮 SB5	X4		D 段	Y13
主持人复位按钮 SB6	X5		E 段	Y14
			F 段	Y15
			G 段	Y16

表 5-8　四路抢答互锁控制 PLC 与 HMI 数据链接

HMI	PLC	HMI	PLC
1 号选手抢答按钮 SB1	M1	工作指示灯	Y0
2 号选手抢答按钮 SB2	M2	抢答组号显示数据寄存器	D100
3 号选手抢答按钮 SB3	M3	1 号选手抢答指示灯	M41
4 号选手抢答按钮 SB4	M4	2 号选手抢答指示灯	M42
主持人答题按钮 SB5	M5	3 号选手抢答指示灯	M43
主持人复位按钮 SB6	M6	4 号选手抢答指示灯	M44

3. HMI 界面设计

用位状态切换开关控件制作 6 个按钮，用位状态指示灯控件制作 5 个指示灯，用数值显示控件进行 D100 抢答组号显示。抢答器 HMI 界面如图 5-7 所示

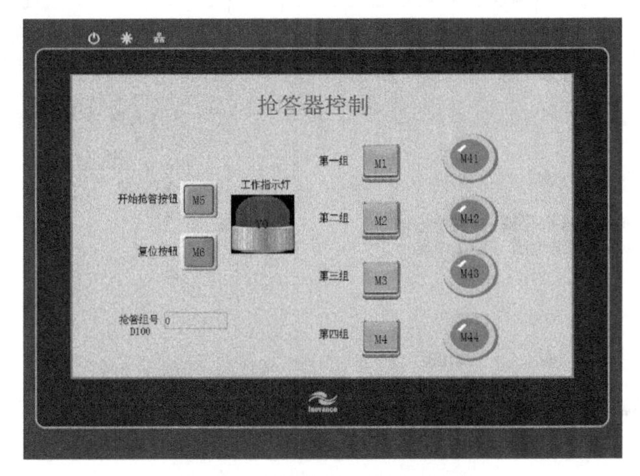

图 5-7　抢答器 HMI 界面设计

4. PLC 外部接线

抢答器数码显示控制接线图如图 5-8 所示。

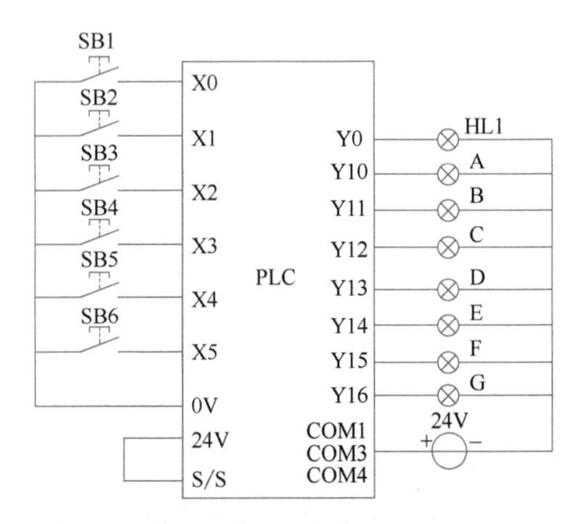

图 5-8　抢答器数码显示控制接线图

5. 编写控制程序

整个程序包括系统启停控制、四路抢答自锁与互锁程序、抢答组号控制、抢答组号数码管显示控制以及系统复位控制等部分。抢答器数码显示控制程序梯形图如图 5-9 所示。

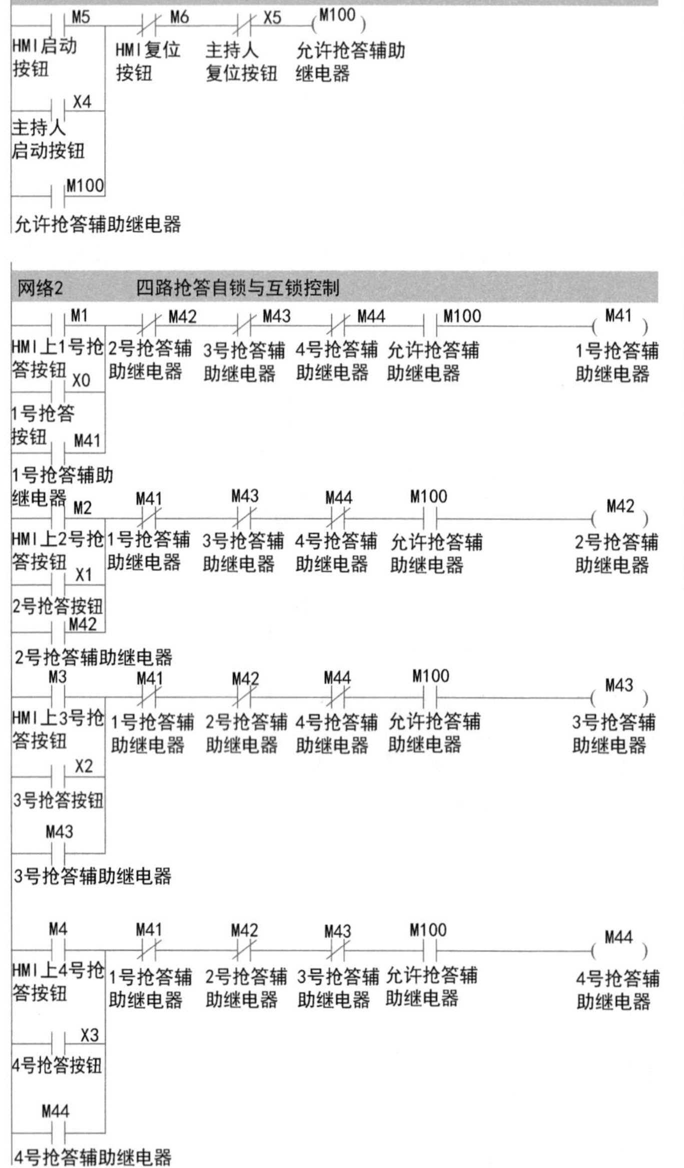

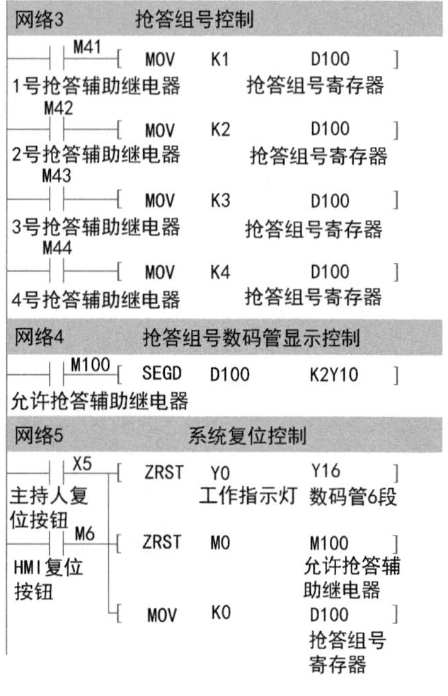

图 5-9 抢答器数码显示控制程序梯形图

循环移位指令 ROR 和 ROL

【任务拓展】

1. 循环右移指令 ROR

ROR 指令为循环右移指令，执行这条指令时，将［D］的数据向右循环移动 n 位。ROR 指令的助记符、指令代码、操作数及程序步见表 5-9。

表 5-9 循环右移指令

指令名称	助记符	指令代码	操作数		程序步
			D	n	
循环右移指令	ROR	FNC30	K、H、KnY、KnM、KnS、T、C、D、V、Z	常数 n=1~16(16bit) n=1~32(32bit)	ROR、ROR(P):5 步 (D) ROR、(D) ROR(P):7 步

对于 ROR 指令，16 位指令和 32 位指令中 n 应分别小于 16 和 32，最后一次移出来的那一位同时进入进位标志 M8022 中。指令的使用说明如图 5-10 所示。在具体执行时采用脉冲执行方式，否则每个扫描周期都要循环一次。若在目标元件中指定元件组的组数（如 KnY、KnM、KnS）时，只有 K4（16 位指令）和 K8（32 位指令）有效，如 K4Y0、K8M0。

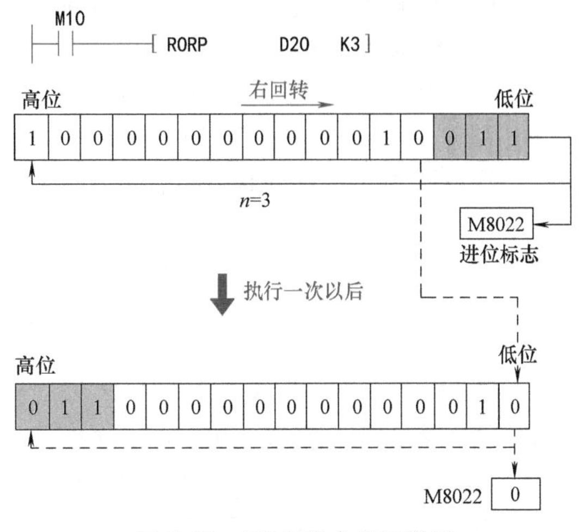

图 5-10 ROR 指令使用说明

2. 循环左移指令 ROL

ROL 指令为循环左移指令，与 ROR 指令类似。执行该指令时，将［D］的数据向左循环移动 n 位。ROL 指令的助记符、指令代码、操作数及程序步见表 5-10。

表 5-10 循环左移指令

指令名称	助记符	指令代码	操作数		程序步
			D	n	
循环左移指令	ROL	FNC31	K、H、KnY、KnM、KnS、T、C、D、V、Z	常数 n=1~16(16bit) n=1~32(32bit)	ROR、ROR(P):5 步 (D) ROR、(D) ROR(P):7 步

对于 ROL 指令，16 位指令和 32 位指令中 n 应分别小于 16 和 32，最后一次移出来的那一位同时进入进位标志 M8022 中。指令的使用说明如图 5-11 所示。与 ROR 指令一样，若在目标元件中指定元件组的组数（如 KnY、KnM、KnS）时，只有 K4（16 位指令）和 K8（32 位指令）有效，如 K4Y0、K8M0。

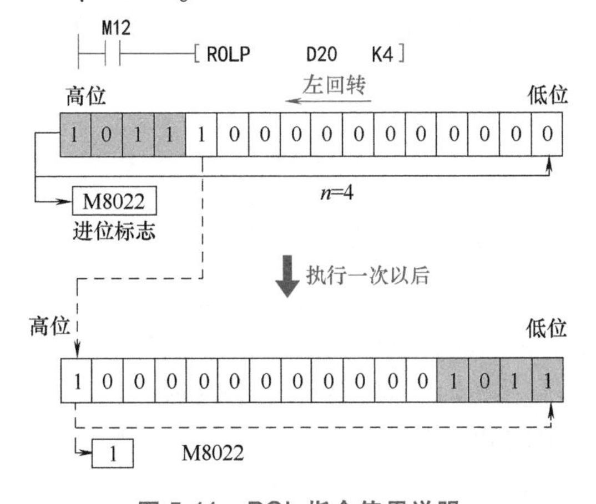

图 5-11 ROL 指令使用说明

【思考与练习】

1. 执行指令“MOV　K5　K1Y0”后，Y0~Y3 的位状态是什么？
2. 执行指令“DMOV　H5AA55　D0”后，D0、D1 中存储的数据各是多少？
3. 操作数 K2Y10 表示________组位元件，即由______到______组成的位数据。
4. 操作数 K4M0 表示________组位元件，即由______到______组成的位数据。
5. 功能指令 SFTL 的含义是什么？
6. 在编写 PLC 程序使用 SFTL 指令时，什么时候需要加后缀 P，即 SFTL（P）？
7. 图 5-12 所示程序的含义是什么？

图 5-12　题 7 图

8. 设 M8~M0 的初始状态为 111110000，X2~X0 的位状态为 000，执行一次“SFTLP X0 M0 K9 K3”指令后，求 M8~M0 的各位状态变化。

9. 设 Y17~Y0 的初始状态都为 0，X3~X0 的位状态为 1001，则执行两次“SFTLP X0 Y0 K16 K4”指令后，求 Y17~Y0 的各位状态变化。

10. 按图 5-13 所示的梯形图输入程序并接线，拨动 X0（ON、OFF 变换）一次，然后拨动 X1 八次，可观察到什么现象？

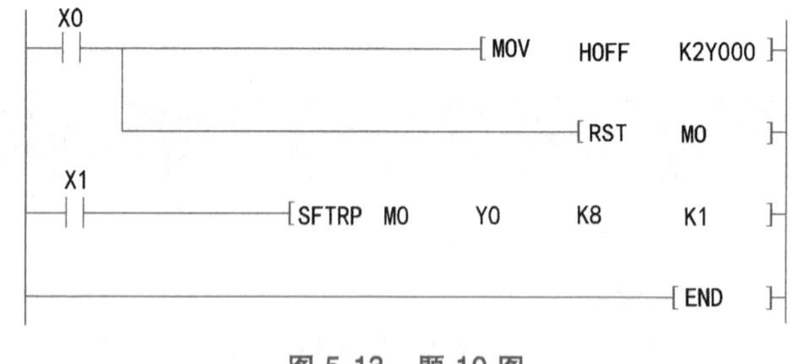

图 5-13　题 10 图

11. 用接在 X0 输入端的光电开关检测传送带上通过的产品。有产品通过时，X0 为 ON，如果 10s 内没有产品通过，由 Y0 发出报警信号，用 X1 输入端外接的开关解除报警信号。试编写控制程序。

12. 开关 SB12 闭合时，数码管就循环显示 0~9，每个数字显示 1s。SB12 断开时，无显示或显示 0。试编写控制程序（查阅手册自学 CMP、INC 指令）。

任务 5-2　具有弹出报警窗口的四路抢答器编程与控制

本任务将通过汇川 HMI 与 PLC 链接数据介绍四路抢答控制系统控制过程，以及如何制作弹出窗口、进行硬件接线和调试。学生需完成以下内容。

1. 灵活应用 HMI 中的直接窗口、间接窗口和公共窗口。
2. 理解控制数码管数值闪烁的方法。
3. 锻炼逻辑思维能力。
4. 培养安全正确操作设备的习惯、严谨的做事风格和协作意识。

【重点知识】

掌握 HMI 中直接窗口、间接窗口、公共窗口的应用。

【关键能力】

会在编程环境中编写 PLC 和 HMI 程序，会在线监控、调试。

【素养目标】

通过 HMI 和 PLC 应用完成复杂四路抢答器的控制，调试时遇到问题能够分析和解决问题，培养敢于求索、力争上游的职业素养，提高自身核心竞争力。

【任务描述】

1. 系统控制要求

1）现有一个四路抢答器，配有四个选手抢答按钮 SB1～SB4、一个主持人答题按钮 SB5、一个主持人复位按钮 SB6、一个工作指示灯 HL1、一个违规指示灯 HL2、一个抢答超时指示灯 HL3 及数码管显示器等。

2）在答题过程中，当主持人按下答题按钮 SB5 后，四位选手开始抢答，抢先按下按钮的选手号码应该在显示屏上显示出来，同时工作指示灯 HL1 亮，其他选手抢答按钮不起作用。

3）如果主持人未按下抢答按钮 SB5 就有选手抢先答题，则认为犯规，犯规选手的号码应该闪烁显示（闪烁周期为 1s），同时违规指示灯 HL2 闪烁（周期与显示屏相同）。触摸屏弹出报警界面显示违规组号。

4）当主持人按下答题按钮 SB5，超过 10s 仍无选手抢答，触摸屏弹出超时界面，则抢答超时指示灯 HL3 亮，此后不允许选手抢答该题。

5）当主持人按下复位按钮 SB6，系统进行复位，重新开始抢答。

完成 PLC 程序的编写与调试，以及硬件的接线与调试。

2. 触摸屏程序设计要求

1）抢答界面：制作四个抢答按钮，制作一个主持人答题按钮，一个复位按钮，以及弹出界面显示区。

2）正常抢答指示界面：显示抢答组号，以及正常抢答指示灯亮。

3）违规报警界面：显示抢答组号，以及违规指示灯闪烁。

4）超时报警界面：显示“答题超时”信息。

【任务要求】

1. 在梯形图编程环境下编写犯规报警程序。
2. 正确连接编程电缆，下载程序到 PLC。
3. 正确连接输入按钮和外部负载（指示灯）。
4. 在线监控，软、硬件调试。

【任务环境】

1. 两人一组，根据工作任务进行合理分工。
2. 每组配备 H2U PLC 主机一台。

3. 每组配备按钮六个、指示灯四个。
4. 每组配备工具和导线若干等。

【相关知识】

HMI 中的窗口

1. HMI 中的窗口

在 InoTouch Editor 软件中，依照功能与使用方式的不同，可将窗口分为下列三种类型：基本窗口、公共窗口和系统信息窗口。图 5-14 所示为组态界面的组成。

图 5-14　组态界面的组成

（1）基本窗口　这是最常见的窗口，系统默认的是初始页面，用户可以根据需要新建多个基本窗口。基本窗口一般可当作主界面、底层界面、背景界面、键盘窗口、功能键控件所使用的弹出窗口、间接窗口与直接窗口控件所使用的弹出窗口。

InoTouch Editor 可更改窗口的属性。在各窗口中，在未选择任何控件时按下鼠标的右键，并在窗体出现后选择“属性”，或者在项目管理列表中选择要修改的窗口，单击右键，选择“属性”。

（2）公共窗口　2002 窗口为预设的公共窗口，此窗口中的控件也会出现在其他基本窗口中。因此，通常会将各窗口共享的控件或者相同的控件放置在公共窗口中，例如产品的 logo 图标，或者某一个共用的按键等。

（3）系统信息窗口　2003~2006 窗口为系统预设的系统提示信息窗口。其中 2003 窗口为“PLC 响应”窗口，当人机界面与 PLC 或者控制器通信中断时，系统将自动弹出此窗口。2004 窗口为“HMI 连接”窗口，当人机界面无法连接到远程的人机界面时，系统将自动弹出此窗口。2005 窗口为“访问权限”窗口，当使用者的操作权限不足以操作当前控件时，会根据组件的设定内容决定是否弹出此窗口作为警示。2006 窗口为“存储空间状态”窗口，当 HMI 内存或 U 盘上的可用空间不足以储存新的数据时，系统将自动弹出此窗口。用户也可以使用系统保留暂存器检视 HMI 内存、U 盘上目前可用的储存空间。

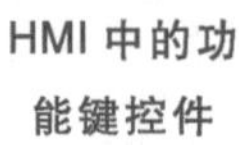

HMI 中的功能键控件

2. HMI 中的功能键控件

功能键控件提供窗口切换、弹出窗口、关闭窗口等功能，也可用来设计键盘的按键。打开 InoTouch Editor 软件，单击菜单中的“控件”→“功能键”，或者工具栏上的图标，在窗口中单击鼠标左键，就建立了功能键控件。选择功能键，双击或单击鼠标右键选择“属性”进行编辑，如图 5-15 所示。通过功能键的编辑可以实现多界面切换。

HMI 中的直接窗口

HMI 中的间接窗口

3. HMI 中的直接窗口和间接窗口

（1）直接窗口和间接窗口的功能　如果想使用 PLC 来弹出小的窗口到一个基本窗口上，有两个控件可以实现这个功能，即直接窗口控件和间接窗口控件。

直接窗口控件是在屏幕上定义了一个区域，利用 HMI

或 PLC 中某一个位的状态来控制窗口是否显示。当 HMI 检测到这个位的状态为 ON 时，则事先定义好的窗口就会在该直接窗口控件放置的位置弹出来，指定编号的窗口会显示在该区域，并且窗口显示的大小与该控件的轮廓一致。

间接窗口控件是定义 PLC 中的某一个寄存器，由这个寄存器中的数据来弹出一个窗口。当这个寄存器中的数据与某一个窗口的编号相同时，该窗口将会显示在这个间接窗口控件放置的位置，且显示的窗口大小与该控件的轮廓一致。

作为直接窗口和间接窗口控件来显示的窗口，一般要设定其尺寸小于满屏的基本窗口。

（2）显示直接窗口的步骤

1）打开 InoTouch Editor 软件，单击菜单中的“控件”→“直接窗口”，或者单击工具栏上的图标，在窗口中单击鼠标左键，即可建立直接窗口控件。

2）选择此控件，双击左键或者单击右键，选择“属性”，就可以设置属性了。在“一般属性”选项卡中可设置一个变量控制对应弹出窗口的序号。选择“读取地址”，PLC 中需要控制直接窗口弹出的“设备类型”和“地址”，如图 5-16 所示。

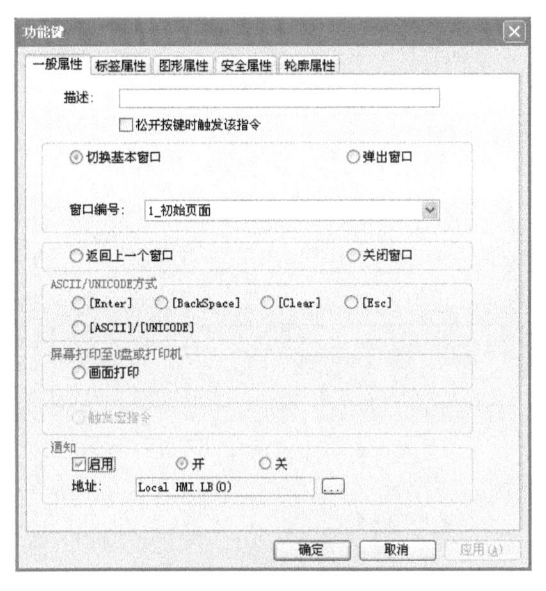

图 5-15 功能键属性编辑

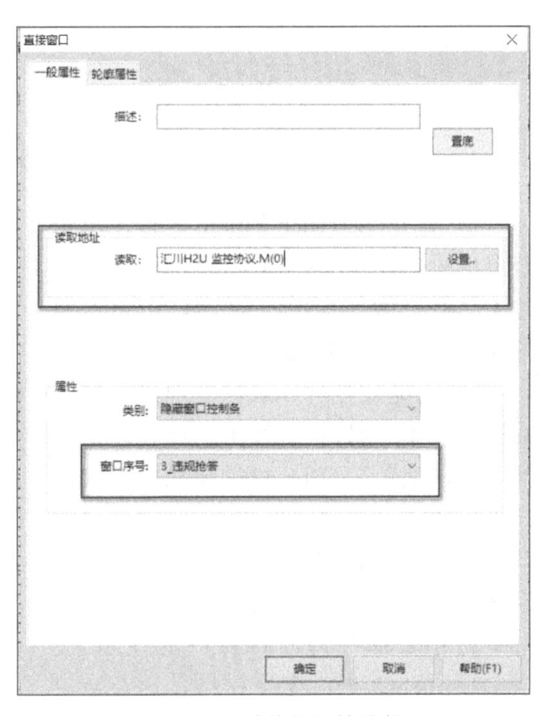

图 5-16 功能键属性编辑

3）在“窗口序号”中选择需要弹出的窗口序号。若需要弹出窗口可以随意在基本窗口中移动，在“类别”中就选择“显示窗口控制条”，否则选择“隐藏窗口控制条”。

4）单击“确定”按钮，结束设定，并单击鼠标左键，可以将该控件放置到编辑的窗口中。

5）使用鼠标左键可以拖动该控件，并可以改变其轮廓至合适的大小。

按照上述步骤在主界面添加一个直接窗口，根据需要设置直接窗口的大小及位置。调整直接窗口大小与基本窗口控件的大小一致，如图 5-17 所示。

（3）显示间接窗口的步骤

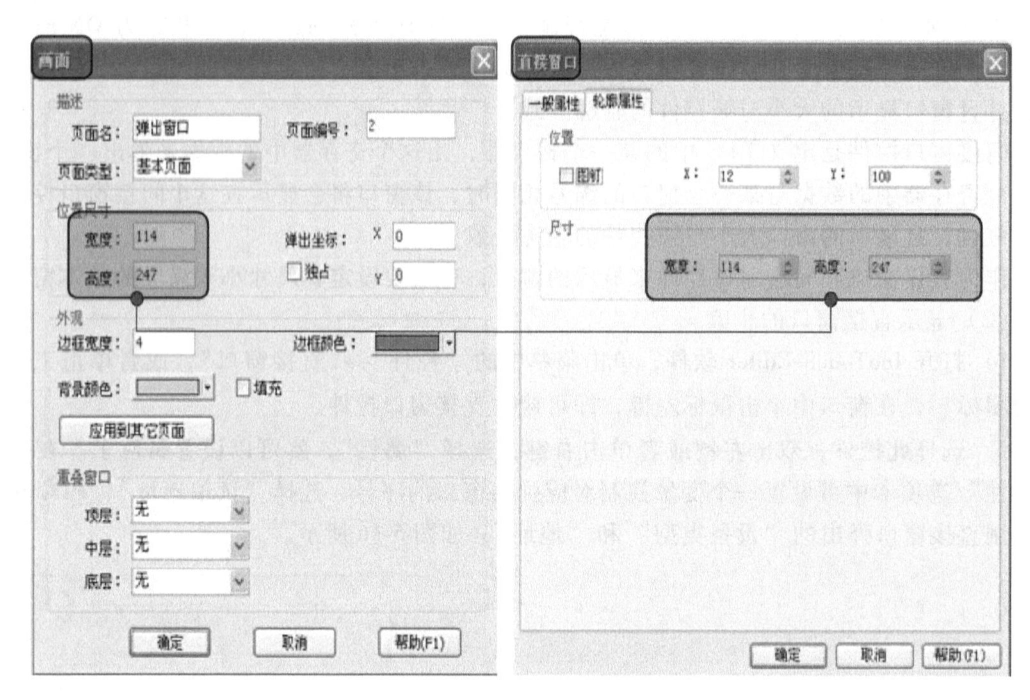

图 5-17　直接窗口的大小设置

1）打开 InoTouch Editor 软件，单击菜单中的“控件”→“间接窗口”，或者单击工具栏上的图标，在窗口中单击鼠标左键，即可建立间接窗口控件。

2）选择此控件，双击左键或者单击右键，选择“属性”，如图 5-18 所示。选择“读取地址”，PLC 中需要控制间接窗口弹出的“设备类型”和“地址”。这样就建立了一个间接窗口显示控件。由图 5-18 中的设定可以看出，是由 PLC 中 D0 这个寄存器来控制间接窗口的显示的。当 D0 的值＝3 时，窗口 3 将显示在该控件放置的窗口位置上；当 D0 的值＝4 时，窗口 4 将显示在该控件放置的窗口位置上，依次类推。当然，这个数值编号的窗口必须存在，才会正常显示。例如 D0 的值＝20，如果窗口 20 不存在，则该窗口不会显示出来。

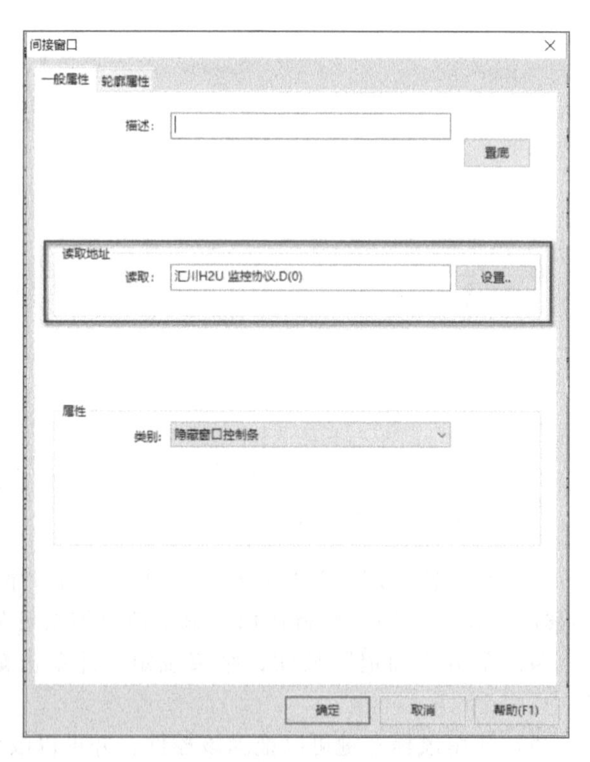

图 5-18　间接窗口属性编辑

3）如果需要弹出的窗口可以在基本窗口中移动到任意位置，则在“属性”→“类别”中选择“显示窗口控制条”，否则选择“隐藏窗口控制条”。

4）单击“确定”按钮，结束设定，并单击鼠标左键，可以将该控件放置到编辑的窗口中。

5）使用鼠标左键可以拖动该控件，并可以改变其轮廓至合适的大小。设置方法与直接窗口的大小设置一样。

4. HMI 中的公共窗口

HMI 中的公共窗口

在工程界面中，有时需要显示某条信息，且不论当前打开的是哪个基本窗口，都需要显示这条信息。可以将这些要共同显示的控件放置在公共窗口中。

当新建任意一个 InoTouch Editor 工程时，公共窗口（即窗口 2002）会自动建立在工程中。由于放置在公共窗口的控件在任何满屏的基本窗口中均会显示出来，为了避免遮挡，一般这些控件放置在公共窗口的顶部或者底部等位置。若是位置重合，则根据“HMI 系统配置”→“HMI 设置”→“公共窗口显示” 设定来决定。

InoTouch Editor 工程界面就是由各种窗口组成的。常用的是基本窗口，而弹出窗口、直接窗口和间接窗口等是由 InoTouch Editor 软件提供的控件，而非软件本身的窗口。通过这些控件，可以将需要的窗口显示在基本窗口上，且这些窗口一般要小于基本窗口。而使用公共窗口可以编辑出类似 Windows 操作方格的界面结构。使用多种系统信息窗口，且信息可以自己定义，提高了系统维护的便捷性。

【任务实施】

具有弹出报警窗口的四路抢答器任务分析　具有弹出报警窗口的四路抢答器软件设计　具有报警窗口的四路抢答器总体联调

1. 分配 I/O

具有弹出报警窗口的四路抢答器控制输入/输出端口分配见表 5-11。

表 5-11　抢答器控制输入/输出端口分配

输入		输出		
名　称	输入点	名　称		输出点
1 号选手抢答按钮 SB1	X0	工作指示灯	HL1	Y0
2 号选手抢答按钮 SB2	X1	违规指示灯	HL2	Y1
3 号选手抢答按钮 SB3	X2	抢答超时指示灯	HL3	Y2
4 号选手抢答按钮 SB4	X3	数码管	A 段	Y10
主持人答题按钮 SB5	X4		B 段	Y11
主持人复位按钮 SB6	X5		C 段	Y12
			D 段	Y13
			E 段	Y14
			F 段	Y15
			G 段	Y16

2. PLC 与 HMI 数据链接

具有弹出报警窗口的四路抢答器控制 PLC 与 HMI 数据链接见表 5-12。

表 5-12　抢答器控制 PLC 与 HMI 数据链接

HMI	PLC	HMI	PLC
1 号选手抢答按钮 SB1	M1	违规指示灯	Y1
2 号选手抢答按钮 SB2	M2	抢答超时指示灯	Y2
3 号选手抢答按钮 SB3	M3	抢答组号显示数据寄存器	D100
4 号选手抢答按钮 SB4	M4	直接窗口 1(正常抢答)	Y0
主持人答题按钮 SB5	M5	直接窗口 2(违规抢答)	M30
主持人复位按钮 SB6	M6	直接窗口 3(超时抢答)	Y2
工作指示灯	Y0		

3. HMI 界面设计

1）抢答界面如图 5-19 所示；制作四个抢答按钮、一个主持人答题按钮、一个复位按钮，以及弹出界面显示区。

2）弹出正常抢答界面如图 5-20 所示：显示抢答组号，以及正常抢答指示灯亮。

3）弹出违规抢答界面如图 5-21 所示：显示抢答组号，以及违规指示灯闪烁。

4）弹出超时抢答界面如图 5-22 所示：显示“抢答超时”信息。

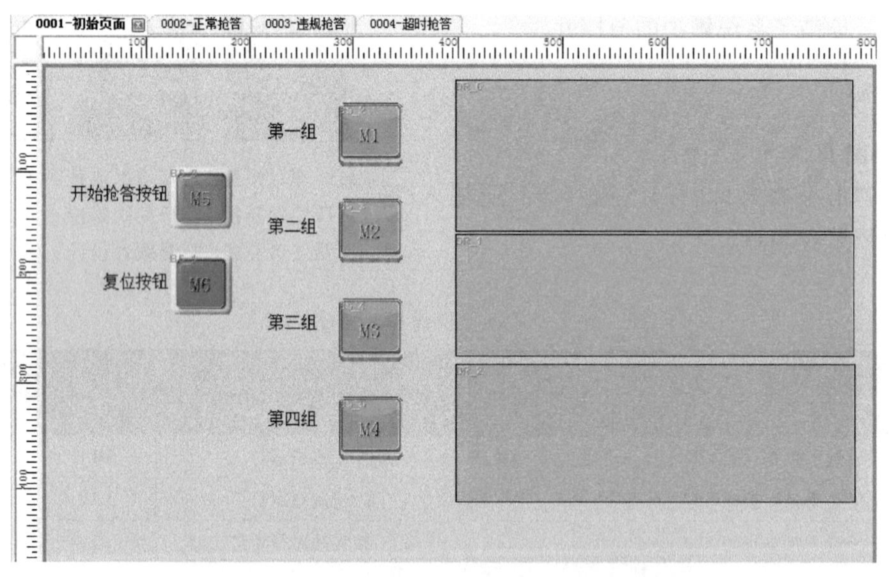

图 5-19　具有弹出报警窗口的四路抢答器控制界面

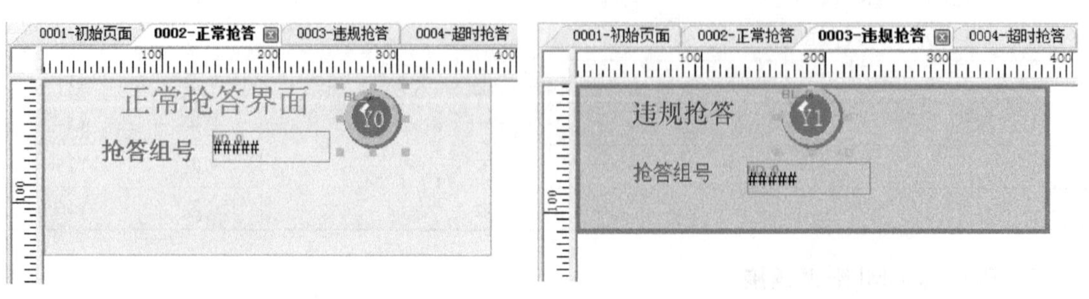

图 5-20　正常抢答界面

图 5-21　违规抢答界面

4. PLC 外部接线

抢答器控制的外部接线图如图 5-23 所示。

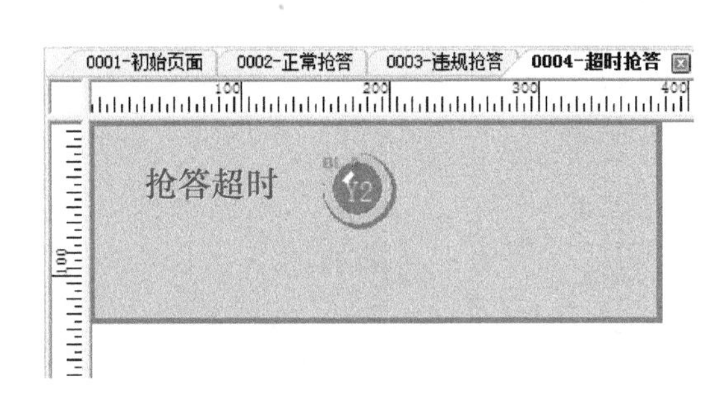

图 5-22　超时抢答界面

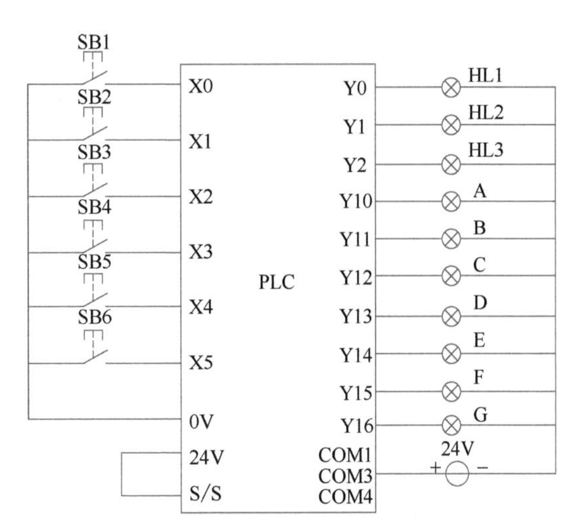

图 5-23　抢答器控制的外部接线图

5. 程序设计

具有弹出报警窗口功能的抢答器控制程序梯形图如图 5-24 所示。程序整体分为：抢答系统启停控制、无人抢答超时控制、正常抢答互锁控制、违规抢答互锁控制、抢答组号存储控制、正常抢答和违规抢答显示控制、抢答组号数码管显示控制以及系统复位控制。

编写程序注意事项如下：

1）违规抢答要显示闪烁编号；编写程序时一定要将 SEGD 程序段放在前面，控制数码管七段熄灭的要放在后面，不能颠倒位置，否则调试不成功。

2）弹出正常抢答窗口是由 Y0 的状态决定的。Y0 为 ON，弹出“002 正常抢答”窗口。

3）弹出违规抢答窗口是由 M30 的状态决定的。M30 为 ON，弹出“003 违规抢答”窗口。

4）弹出超时抢答窗口是由 Y2 的状态决定的。Y2 为 ON，弹出“004 超时抢答”窗口。

【任务拓展】

1）在触摸屏上设计一个抢答界面，包括系统的复位按钮、开始抢答按钮、开始计时按钮、回答正确确认按钮、回答错误确认按钮以及显示参赛组的组号。

比赛开始之前，主持人先要按一次触摸屏上的复位按钮，使所有参赛组的指示灯熄灭。参赛选手可分别通过抢答按钮（SB1～SB4）进行抢答。

2）选手进行抢答之前，主持人在抢答界面上按下开始抢答按钮 SB5，当开始抢答指示灯 HL5（绿灯）亮之后，才允许参赛选手进行抢答。

3）如果参赛选手在开始抢答指示灯（绿灯）亮之前按下按钮进行抢答，则视为抢答违规。此时，蜂鸣器开始鸣叫 2s，数字显示器显示该参赛组的组号，同时，触摸屏弹出报警界面显示违规组号。此时，主持人按下复位按钮 SB6，此题作废，开始下一轮抢答。

4）如果各参赛组在开始抢答指示灯（绿灯）亮之后按下抢答按钮，数字显示器显示第一个抢到的参赛组的组号。同时，触摸屏弹出界面显示答题组号以及开始计时按钮。主持人

图 5-24 抢答器控制程序梯形图

按下开始计时按钮，同时参赛选手回答问题。当选手答题时，该组的指示灯（HL1～HL4）点亮。

5）为了控制比赛时间，回答问题控制在20s内完成。若选手答题超时，该题按错误计算。

① 当答题时间进行到10s时，红灯（HL6）开始以2Hz的频率闪烁，提示答题选手抓紧时间。

② 当答题选手在20s时间内完成答题后，主持人判断答案是否正确，然后按下回答正确确认按钮或回答错误确认按钮，弹出对应显示“回答正确”或“回答错误”的窗口。按下复位按钮完成此轮抢答，系统恢复到初始状态。

③ 当答题时间进行到20s时，答题选手仍未完成答题任务，此时红灯（HL6）点亮，同时蜂鸣器不间断地鸣叫，提示答题选手答题超时，同时，触摸屏弹出报警界面显示“答题超时”信息以及该选手的组号。

【思考与练习】

1. 如果违规指示灯闪烁周期不是1s，而是任意时间，该如何实现？

2. 抢答结束，主持人按下复位按钮后，数码管显示“8”和数码管不显示内容分别如何实现？

3. 如何应用间接窗口实现弹出报警窗口？试编程实现。

4. 某包装机，当光电开关检测到空包装箱放在指定位置时，按一下启动按钮，包装机按下面的动作顺序开始运行：

1）料斗开关打开，物料落进包装箱。当箱中物料达到规定重量时，重量检测开关动作，使料斗开关关闭，并起动封箱机对包装箱进行5s的封箱处理。封箱机用单线圈的电磁阀控制。

2）当搬走处理好的包装箱，再搬上一个空箱时（均为人工搬），又重复上述过程1）。

3）当成品包装箱满50个时，包装机自动停止运行。

试给出I/O分配表，画出接线图，编写程序。

项目6 PROJECT 6

自动配药系统控制

如今，随着信息技术发展及自动化水平的不断提高。在部分医院的药房已经可以见到自动配药系统。医生在对门诊病人进行诊断后，通过医院信息系统选择需要给病人配发的药品及对应数量。该信息系统会自动把数据传送给自动配药执行单元。自动配药执行单元通过机械手、传送带等装置对药品进行抓取、打包及输送。而病人只需要在付款后，到药房指定窗口即可拿到所需的药物。

本项目将以一款模拟自动配药系统的执行单元为载体，介绍指定任务的程序设计。该装置设有 4 个固定的供药仓位和一个固定在滑块上的取药料斗。取药料斗在小型直流电动机传动丝杠运动的作用下，可在药品收集盒和 4 个供药仓位之间往复运动。每个供药仓位处均配备一个供药推杆，每当供药推杆推出一次，即代表推出一份对应药品。同时，取药料斗由旋转气缸带动实现盛药、倒药两个位置的翻转。在丝杠末端配有旋转编码器，可对取药料斗的位置及运行速度进行反馈。

思维导图

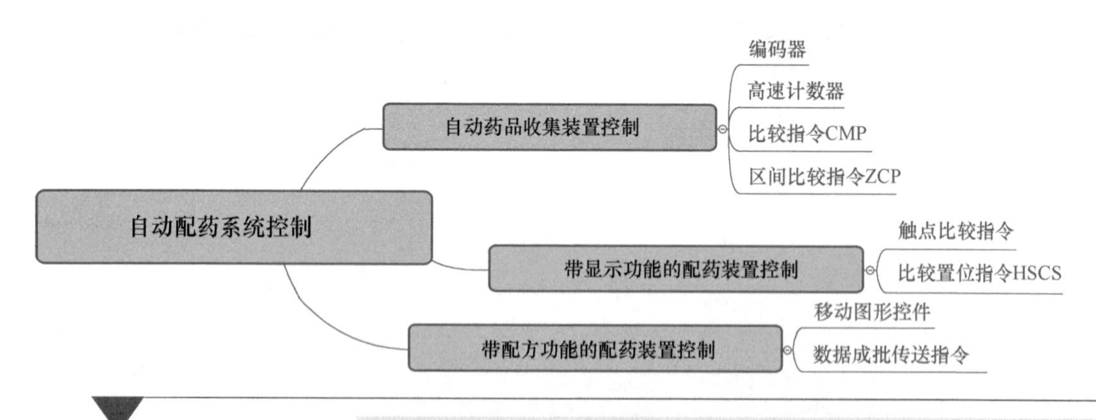

任务 6-1　自动药品收集装置控制

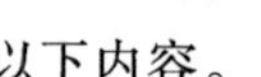

本任务将介绍如何编写汇川 PLC 程序、进行硬件接线和调试。学生需完成以下内容。

1. 掌握旋转编码器的使用方法。
2. 掌握高速计数器的使用方法。
3. 掌握比较指令、区间比较指令的使用方法。
4. 培养安全正确操作设备的习惯、严谨的做事风格和协作意识。

【重点知识】

1. 旋转编码器与 PLC 的连接。
2. H2U 系列 PLC 高速计数器的使用。

【关键能力】

1. 会在编程环境中输入梯形图程序，会上传、下载程序，会在线监控。
2. 会进行输入输出接线。

【素养目标】

通过查阅《旋转编码器使用说明》和网络资料，锻炼学生在遇到新问题时能够正确、快速获取相关技术资料，并实现新器件的应用。

【任务描述】

要求设计一款自动药品收集装置。有 SB1~SB4 共 4 个呼叫按钮，分别对应 A~D 共 4 个供药仓位，每个仓位有一个推杆，一个取药小车由可正、反转的电动机控制。当取药员需要取某种药品时，只需要按下对应的呼叫按钮，取药小车即自动由初始位置出发，行至对应供药仓位。到达后，对应供药仓位的推杆自动将所在位置的药品推出一份至取药小车料斗。取药完成后，取药小车自动返回初始位置。

【任务要求】

1. 按要求设计控制电路，并安装接线。
2. 在梯形图编程环境下完成程序设计编写，并下载至 PLC。
3. 使用 InoTouch 软件设计 HMI 界面，并下载至触摸屏。
4. 在线监控，软、硬件调试。

【任务环境】

1. 两人一组，根据工作任务进行合理分工。
2. 每组配备 H2U PLC 主机一台、IT5070E 触摸屏一块及相关通信电缆。
3. 每组配备按钮四个、自动配药执行机构一套。
4. 每组配备工具和导线若干等。

【相关知识】

旋转编码器

1. 编码器

(1) 编码器的概念　编码器（encoder）是一种测量装置，它可以将被测的角位移或直线位移转换成数字信号（一定频率的高速脉冲信号）进行输出。前者称为旋转编码器，后者称为码尺。

（2）编码器的分类　编码器按检测原理可以分为光学式、磁式、感应式和电容式。其中，光学式编码器就是通常所说的光电式旋转编码器和光栅尺。

编码器按工作原理可以分为增量式和绝对式两类。

（3）增量式编码器　增量式编码器（图 6-1）是将位移转换成周期性的电信号，再把这个电信号转变成脉冲输出的检测元件。

图 6-1　增量式旋转编码器实物

1）增量式编码器的工作原理。图 6-2 所示是典型的光电式增量式旋转编码器的工作原理。它由光栅盘（码盘）和光电检测装置组成。光栅盘是在一定直径并等分地开通若干个长方形狭缝的圆板，其固定在编码器转轴上。当转轴转动时，光栅盘与转轴同速旋转。此时，位于光栅盘一侧的发光装置发出光线，经不断旋转的光栅盘，在检测装置上产生不断变化的明暗光照，根据明暗光照再产生对应的脉冲信号并输出。然后，通过计数设备（这里使用 PLC）记录输出脉冲的个数，从而可以获得转轴转动的角度，也就是角位移的大小，再结合收到这些脉冲所用的时间就可以计算输出脉冲的频率，从而获得转动的速度。

2）增量式编码器的使用方法。具体使用时，增量式编码器会输出三组方波脉冲 A 相、B 相和 Z 相，如图 6-3 所示。A、B 两组脉冲相位差为 90°，用于判断方向，即当 A 相脉冲超前 B 相时，为正转方向；而当 B 相脉冲超前 A 相时，为反转方向。Z 相为基准点定位信号，每转一周发一个脉冲。

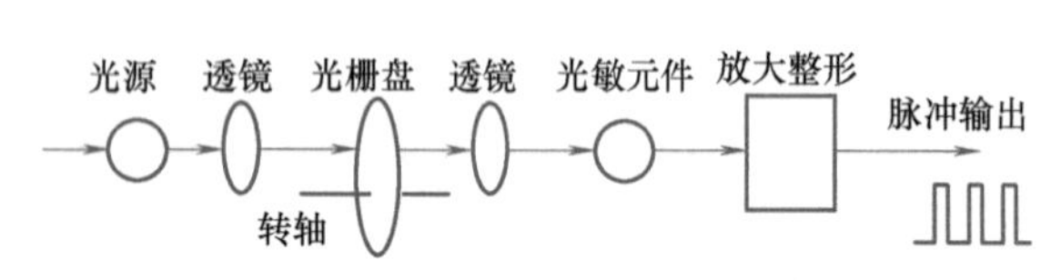

图 6-2　光电式增量式旋转编码器的工作原理

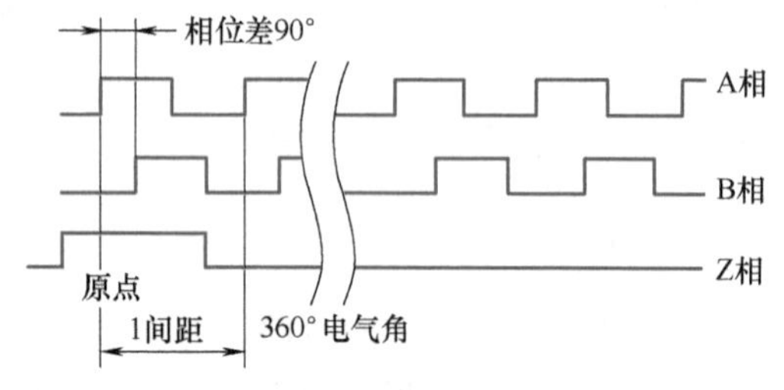

图 6-3　增量式编码器输出脉冲

所以，通过增量式编码器获得的永远是角/直线位移的相对值，且这个相对值理论上可以无限累加。这也决定了增量式编码器更适合测速度。如果要使用增量式编码器进行位置信号采集，一方面，需要借助额外的信号进行找零（通常会借用一个传感器作为原点信号）；另一方面，在设备停止运行时，还需要通过计数设备的内部记忆单元来记住编码器所表达的当前的位置。

3）增量式编码器的找零。由于增量式编码器在停电后的运动无法被计数设备感知（无电脉冲信号被计数设备检测到），所以停电后的编码器不能有任何移动，否则设备记忆的零点就会发生偏移。针对这种情况，工业控制中通常的解决方法是在程序中设计当设备每次操作前都进行找零。

例如，打印机扫描仪的定位就是应用增量式编码器原理。每次开机，人们都能听到“咯吱咯吱”一阵响，就是它在找参考零点，然后才能工作。

在增量式编码器运转过程中，如果发生强电磁干扰致使部分电脉冲信号丢失，即无法被计数设备检测到，也会导致获取的位置信号发生偏差。针对这种情况，解决方法也是定时或定点通过外部信号进行修正，在修正之前发生的偏差无法被系统获取。

（4）绝对式编码器

1）绝对式编码器的工作原理。绝对式编码器（图 6-4）与增量式编码器的不同之处是：绝对式编码器的码盘上会有多圈狭缝，如图 6-5 所示。每圈狭缝由内到外依次以 2 线、4 线、8 线、16 线……进行编排，在编码器的每一个位置，通过读取每道狭缝的通、暗，可以获得一组从 2 的零次方到 2 的 $n-1$ 次方的唯一的二进制编码。控制器可在任意时刻通过读取该编码获取设备的当前位置信息。

图 6-4　绝对式旋转编码器实物

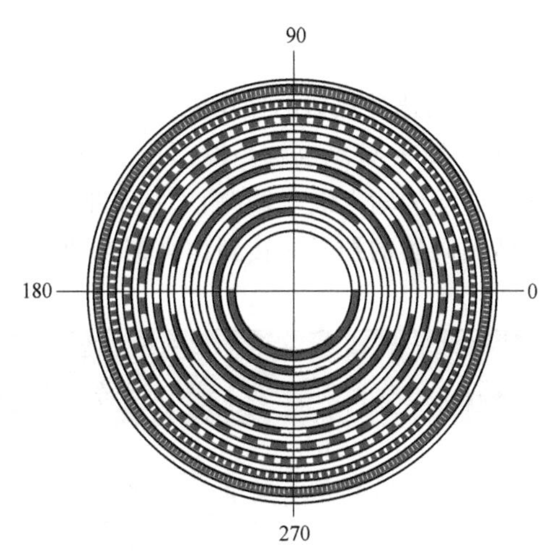

图 6-5　绝对式编码器码盘

2）绝对式编码器的使用方法。正因为绝对式编码器的每一个位置对应一个确定的编码，所以它的输出信号就只与测量的起始和终止位置有关，而与测量的中间过程无关。同时，这也决定了在每次使用绝对式编码器时都能够很方便地通过对应的数字码获得当前的位置数据，也不畏惧设备掉电后的编码器移动以及运动过程中的干扰。这些特性也决定了绝对式编码器相比增量式编码器更适合在工业控制中做各种位置检测。

高速计数器

2. 高速计数器

工业控制通常使用高速计数器对来自增量式编码器的脉冲信号进行计数。在使用高速计数器时，需要使用 PLC 的高速输入端口。根据 PLC 型号规格的不同，高速输入端口编号及数量不同，且对高速输入总频率有不同限制。如 H2U-XP 高速输入总频率不超过 70kHz，H2U-3232MTQ 和 H2U-2416MTQ 的高速输入总频率为 600kHz，其他 H2U 系列高速输入总频率不超过 100kHz。

（1）高速计数器的分类　高速计数器有如下几种类型：

1）单相单计数型，只需要 1 个计数脉冲信号输入端，由对应的特殊 M 寄存器决定为增计数或减计数。部分计数器还具有硬件复位、起停的信号输入端口。

2）单相双计数型，有 2 个计数脉冲信号输入端，分别为增计数脉冲输入端和减计数脉冲输入端。部分计数器还具有硬件复位、起停的信号输入端口。

3）双相双计数型，即A、B两相计数脉冲计数器，是根据A、B两相的相位决定计数的方向，如图6-6所示。计数方法是：当A脉冲为高电平时，B相的脉冲上升沿做加计数，B相的脉冲下降沿做减计数。通过读取M8251～M8255的状态，可监控C251～C255的增计数/减计数状态。

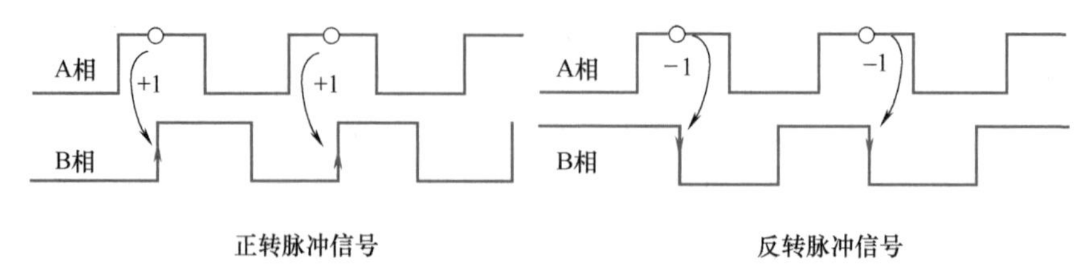

图6-6　A、B两相脉冲信号

（2）高速计数器的使用方法　H1U/H2U系列PLC的内置高速计数器按其编号（C）分配在输入X0～X7。也就是说，在使用H1U/H2U系列PLC的内置高速计数器时，需要按照计数器分配的输入继电器/输入端子来使用。即在使用特定的高速计数器时，需要将所使用的旋转编码器的端子连接到该高速计数器对应的X输入端子，见表6-1和表6-2。

表6-1　单相计数器

分配输入	单相单计数输入										
	C235	C236	C237	C238	C239	C240	C241	C242	C243	C244	C245
X0	U/D						U/D			U/D	
X1		U/D					R			R	
X2			U/D					U/D			U/D
X3				U/D				R			R
X4					U/D				U/D		
X5						U/D			R		
X6										S	
X7											S

表6-2　双计数及A/B相计数器

分配输入	单相双计数输入					A/B相计数				
	C246	C247	C248	C249	C250	C251	C252	C253	C254	C255
X0	U	U		U		A	A		A	
X1	D	D		D		B	B		B	
X2		R		R			R		R	
X3			U		U			A		A
X4			D		D			B		B
X5			R		R			R		R
X6				S					S	
X7					S					S

注：U—上升输入；D—下降输入；A—A相输入；B—B相输入；R—复位输入；S—开始输入。

同时，不分配给高速计数器使用的 X 输入端口可在顺控程序内分配给普通的输入继电器使用。此外，不分配给高速计数器使用的高速计数器编号也可分配给 32 位数据寄存器用于数值存储。

在表 6-1 中，C235 为单相单计数输入，使用 X0 输入口，不需要中断复位与中断启动端口。如果使用 C235 计数器，即默认使用了 X0 输入端口，不可再使用 C241、C244、C246、C247、C249、C251、C252、C254 和中断 I00 口或者 M8170（脉冲捕捉），因为这些计数器、中断、脉冲捕捉也需要用到 X0 端口，会形成端口冲突。

在表 6-2 中，C254 为双相双输入计数器，即 A/B 相计数器，X0 口作为 A 相输入，X1 口作为 B 相输入，X2 口作为中断复位输入，X6 口作为中断启动输入。

如果使用 C254 计数器，即默认使用了 X0、X1、X2 和 X6 输入端口，与这些端口相关的计数器、中断口或者脉冲捕捉等都不能再使用了。

PLC 中的比较指令

3. 比较指令 CMP

比较指令完成对两个操作变量大小的比较，并将比较结果输出给指定的位变量，操作数均按有符号数进行代数比较操作。其中 D 会占用 3 个连续地址的位变量。指令类型及操作数元件类型选择见表 6-3。

表 6-3 比较指令

操作数	位元件				字元件										
	X	Y	M	S	K	H	KnX	KnY	KnM	KnS	T	C	D	V	Z
S1					√	√	√	√	√	√	√	√	√	√	√
S2					√	√	√	√	√	√	√	√	√	√	√
D		√	√	√											

如图 6-7 所示的程序样例，当 X0 = ON 时，M0～M2 其中之一为 ON。X0 由 ON 变为 OFF 时，不执行 CMP 指令，M0～M2 仍保持 X0 = OFF 之前的状态，若要清除 M0～M2 的比较结果，需要用 RST 或者 ZRST 指令对 M0～M2 进行清除。若需要得到≥、≤、≠的结果，将 M0～M2 串并联即可。

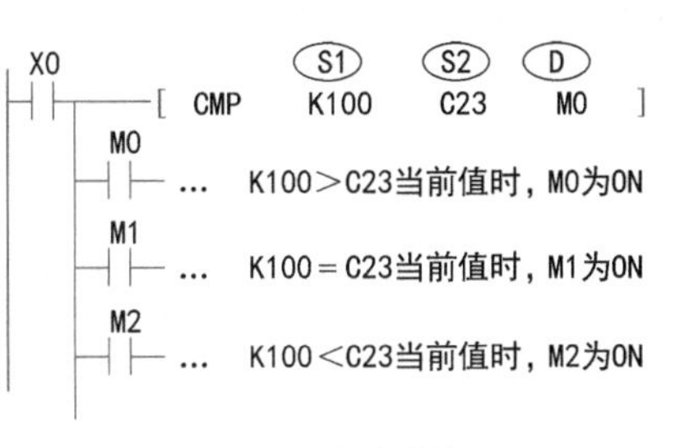

图 6-7 程序样例 1

PLC 中区间比较指令

4. 区间比较指令 ZCP

区间比较指令需要触点驱动，有 4 个操作数，见表 6-4。当控制能流有效时，按有符号数进行代数比较操作，以 S1、S2 为区间，将 S 的值位于该区间的位置作为结果，存入 D 为起始地址的 3 个连续位变量中。

表 6-4 区间比较指令

操作数	位元件				字元件										
	X	Y	M	S	K	H	KnX	KnY	KnM	KnS	T	C	D	V	Z
S1					√	√	√	√	√	√	√	√	√	√	√
S2					√	√	√	√	√	√	√	√	√	√	√

（续）

操作数	位元件				字元件										
	X	Y	M	S	K	H	K*n*X	K*n*Y	K*n*M	K*n*S	T	C	D	V	Z
Ⓢ					√	√	√	√	√	√	√	√	√	√	√
Ⓓ		√	√	√											

其中：S1 为比较区间的下限；S2 为比较区间的上限；S 为比较变量；D 为比较结果存储单元，会占用 3 个连续地址的位变量。

如图 6-8 所示的程序样例，当 X0=ON 时，M3～M5 其中之一为 ON。X0 由 ON 变为 OFF 时，不执行 ZCP 指令，M3～M5 仍保持 X0=OFF 之前的状态，若要清除 M3～M5 的比较结果，需要用 RST 或者 ZRST 指令对 M3～M5 进行清除。

自动配药装置任务分析

自动配药装置软件设计

自动配药装置整体联调

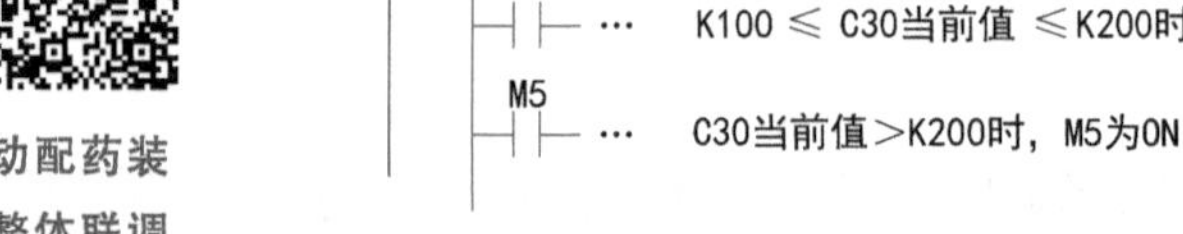

图 6-8　程序样例 2

【任务实施】

1. 元件清单

自动配药装置执行机构如图 6-9 所示。

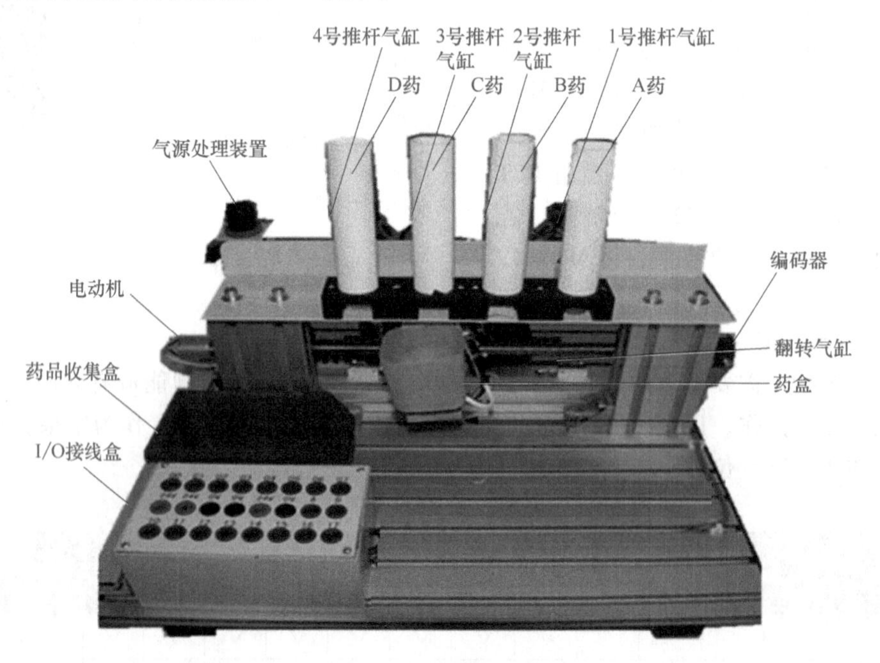

图 6-9　自动配药装置

自动配药装置元件清单见表 6-5。

表 6-5 自动配药装置元件清单

序号	名称	备注	序号	名称	备注
1	调理组合	亚德客	4	直流电动机	ZGA25RP(DC 24V) 100r/min
2	接线插圈	尼康			
3	编码器	SP40/6 DC 24V MS4006G-1000BS-C526	5	推杆气缸	CDJ2KB 16-30
			6	翻转气缸	MSQB10A

2. 分配 I/O

自动配药装置的 PLC 输入/输出端口分配见表 6-6。

表 6-6 自动配药装置的 PLC 输入/输出端口分配

输入			输出		
名称	输入点		名称	输出点	
旋转编码器	A	X0	位置 1 推杆电磁阀	YV1	Y10
	B	X1	位置 2 推杆电磁阀	YV2	Y11
位置 1 传感器	SQ1	X2	位置 3 推杆电磁阀	YV3	Y12
位置 2 传感器	SQ2	X3	位置 4 推杆电磁阀	YV4	Y13
位置 3 传感器	SQ3	X4	取药翻转回电磁阀	YV5	Y14
位置 4 传感器	SQ4	X5	取药翻转出电磁阀	YV6	Y15
滑台原点	SQ0	X7	正转接触器	KM1	Y16
取药翻转回	SQ5	X10	反转接触器	KM2	Y17
取药翻转出	SQ6	X11			
A 药品取药	SB1	X30			
B 药品取药	SB2	X31			
C 药品取药	SB3	X32			
D 药品取药	SB4	X33			

3. PLC 外部接线

自动配药装置电气原理图如图 6-10 所示。

（1）输入部分　编码器 A、B 相接入汇川 H2U 型 PLC 的 X0、X1 两个高速输入端。位置 1~4 传感器接入 X2~X5。滑台原点使用的是一个微动开关的常闭触点。控制取药小车上取药料斗的翻转气缸的翻出和翻回两个位置的磁性开关接入 X10 和 X11。

（2）输出部分　Y10~Y15 分别控制各位置电磁阀线圈，Y16、Y17 控制电动机正反转的两个接触器。

4. 自动配药装置程序设计

根据系统要求，设计整体流程如图 6-11 所示。在 LAD 梯形图块中，使用初始化脉冲置位 S0，同时使用运行监控 M8000 使能 X0、X1 两路输入所对应的高速计数器 C251。

梯形图部分程序如图 6-12 所示。

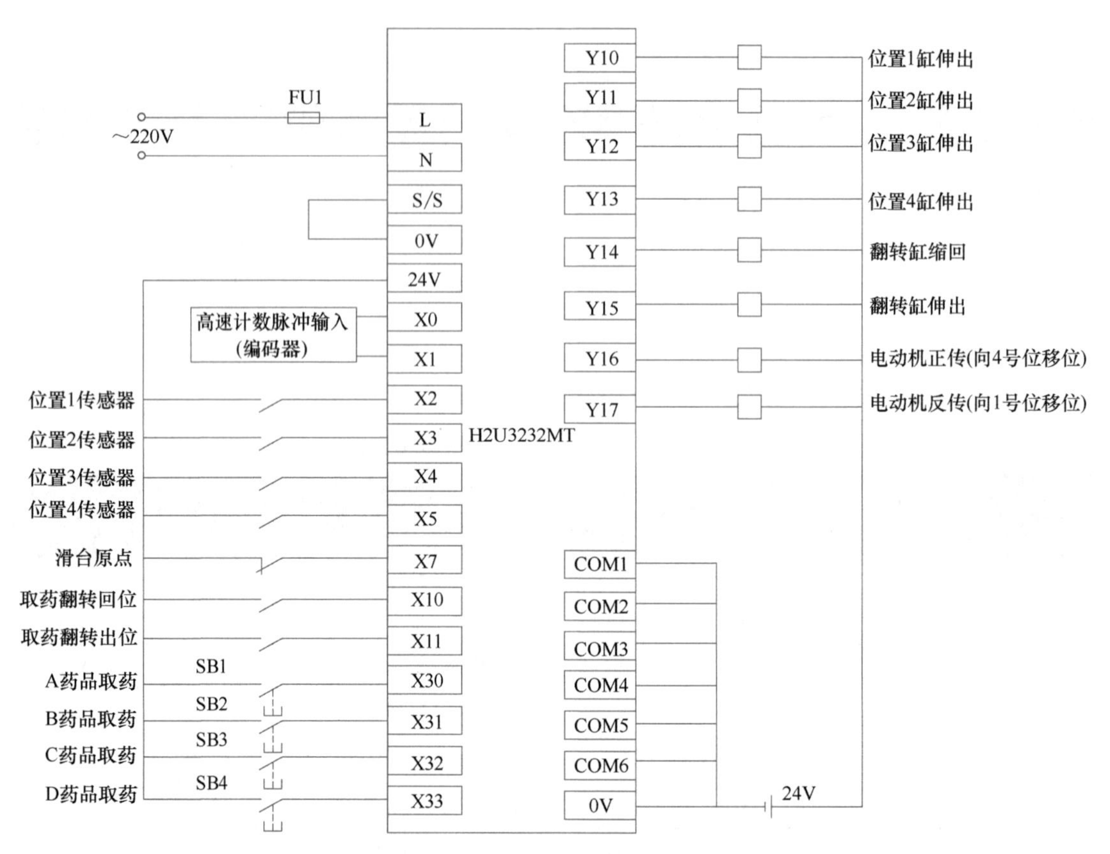

图 6-10　自动配药装置电气原理图

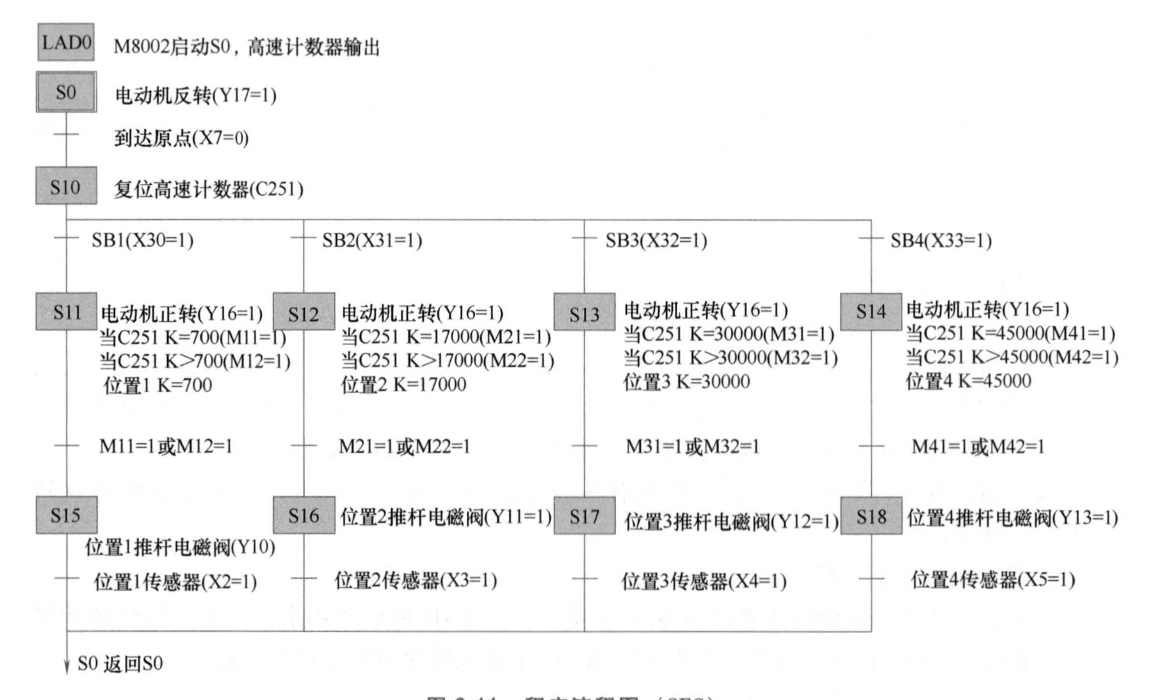

图 6-11　程序流程图（SFC）

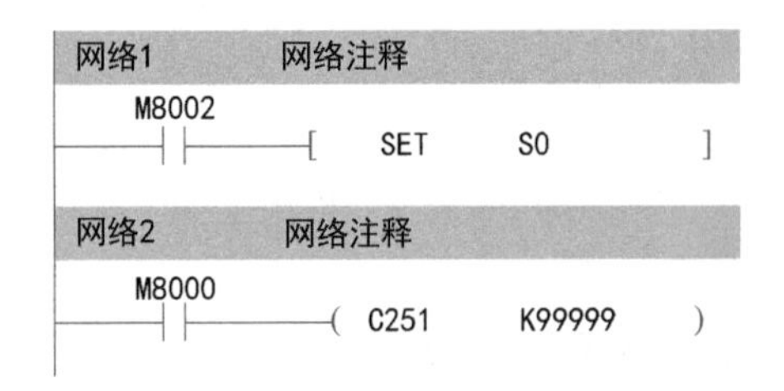

图 6-12 梯形图部分程序

步进流程部分有两种表示形式，一种为 SFC 图形，另一种为步进指令。图 6-13 所示为程序流程部分步进梯形图程序。

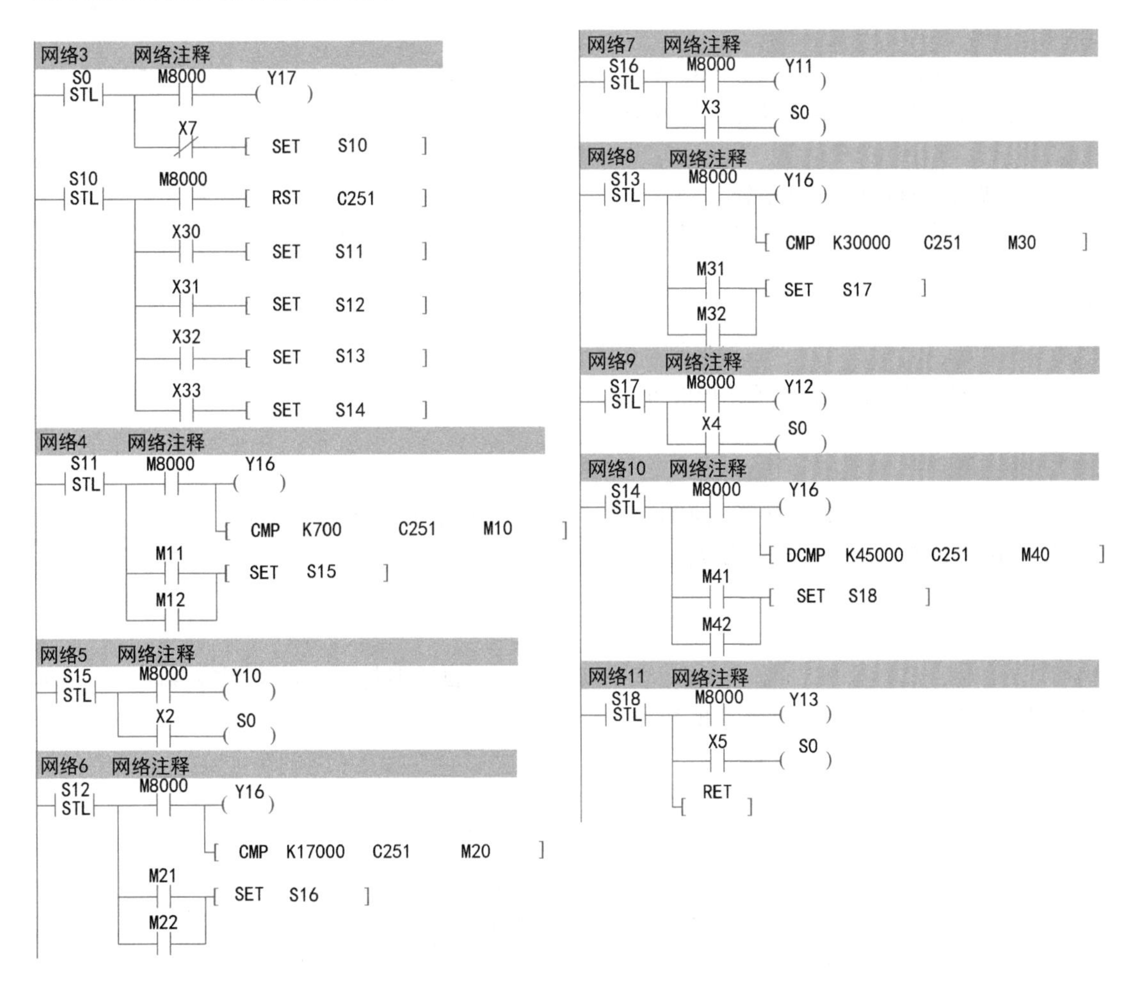

图 6-13 程序流程部分步进梯形图

【任务拓展】

在原控制要求基础上增加如下内容：如果在当前取料搬运未完成的情况下，下达新的取料指令，则在完成当前取料后自动执行新的取料工作。例如：按下 SB1 按钮后，取料小车开始前往 A 位置取 A 药品，此时再按一次 SB2 按钮，则小车在完成取 A 药品并返回后，停 5s，自动开始执行取 B 药品的工序。

【思考与练习】

如果 4 个位置的推料检测传感器有一个或多个损坏了，如何解决问题？

任务 6-2 带显示功能的配药装置控制

本任务将介绍如何编写汇川 PLC 程序、进行硬件接线和调试。学生需完成以下内容。

1. 进一步熟悉旋转编码器的使用方法。
2. 掌握触点比较指令、区间复位指令的使用方法。
3. 了解比较置位的使用方法。
4. 培养安全正确操作设备的习惯、严谨的做事风格和协作意识。

【重点知识】

1. H2U 系列 PLC 高速计数器的使用方法。
2. 通过 HMI 界面对计数器进行设置。

【关键能力】

1. 会在编程环境中输入梯形图程序，会上传、下载程序，会在线监控。
2. HMI、PLC、执行机构联动调试。

【素养目标】

通过 PLC、触摸屏、编码器、电动机的综合应用项目，锻炼学生的资源整合能力，培养学生将所学知识技能应用到实际中的职业素养。

【任务描述】

要求设计一款带显示功能的配药装置。已知某种药品需要原料 A、B、C、D 各 2、3、2、4 份（份数可自定义）；A、B、C、D 四个工位的推杆每推一次，推出的药品量为一份。要求在操作人员按下配药呼叫按钮 SB1 后，取药料斗在电动机的带动下自动运行至 A、B、C、D 药仓位置并获取对应药品原料。在自动完成原料获取后，取药料斗自动运行至药品收集盒位置，并将取到的原料倒入收集盒。通过人机界面，可在每次药品抓取前对 A、B、C、D 四种药品原料的获取份数进行设置，同时也可实时观察到各药品的获取情况。当整个取药步骤完成后，完成信号红灯亮，提醒操作人员将配好的药品取走。

【任务要求】

1. 按要求设计控制电路，并安装接线。

2. 在梯形图编程环境下完成程序设计编写，并下载至 PLC。
3. 使用 InoTouch 软件设计 HMI 界面，并下载至触摸屏。
4. 在线监控，软、硬件调试。

【任务环境】

1. 两人一组，根据工作任务进行合理分工。
2. 每组配备 H2U PLC 主机一台、IT5070E 触摸屏一块及相关通信电缆。
3. 每组配备按钮四个、自动配药执行机构一套。
4. 每组配备工具和导线若干等。

【相关知识】

触点比较指令

1. 触点比较指令

该指令将两个操作数进行比较，将比较结果以逻辑状态输出，参与比较的变量都按有符号数处理，比较符有=、>、<、>=、<=、<>等，具体见表 6-7。

表 6-7 触点比较指令

16 位指令	FNC NO	32 位指令	导通条件	非导通条件
LD=	224	LDD=	(S1)=(S2)	(S1)≠(S2)
LD>	225	LDD>	(S1)>(S2)	(S1)<=(S2)
LD<	226	LDD<	(S1)<(S2)	(S1)>=(S2)
LD<>	228	LDD<>	(S1)<>(S2)	(S1)=(S2)
LD<=	229	LDD<=	(S1)<=(S2)	(S1)>(S2)
LD>=	230	LDD>=	(S1)>=(S2)	(S1)<(S2)

如图 6-14 所示的程序样例，当 D10 的内容等于 K123 且 X0 为 ON 时，M20 线圈得电，为 ON。当 D10 的内容小于 K5566 时，输出继电器 Y10 被置位。当 D10 的内容大于 K6789 时，置位输出继电器 Y12。当 C235 的内容小于 K999999，或者 X1 有信号，为 ON 时，Y15 线圈得电输出 ON。

对于参与比较的数为 32 位宽度的计数器，应使用 32 位指令 LDD。使用 32 位计数器（C200~C255）以本指令做比较时，也一定要使用 32 位指令（LDD）。

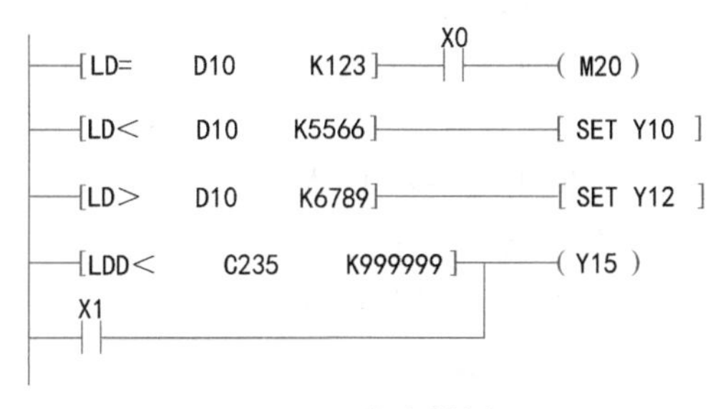

图 6-14 程序样例 3

PLC 中比较置位指令

2. 比较置位指令 HSCS

该指令将两个操作数进行比较，将比较结果以逻辑状态输出，参与比较的变量都按有符号数处理，比较符有=、>、<、>=、<=、<>等，具体见表 6-8。

表 6-8　比较置位指令表

操作数	位元件				字元件										
	X	Y	M	S	K	H	KnX	KnY	KnM	KnS	T	C	D	V	Z
(S1)					√	√	√	√	√	√	√	√	√	√	√
(S2)												√			
(D)		√	√	√											

当 S2 计数器的当前值等于设定值 S1 时，立即置位 D。其中，S1 为设定的比较值，32 位。S2 变量必须为高速计数器 C235～C255，因涉及的计数器均为 32 位计数器，故必须采用 32 位指令 DHSCS。D 为比较结果的存放单元，也可以是调用计数中断子程序：为 Y0～Y17 范围端口时，立即输出；为 Y20 以后的端口时，等到本次用户程序扫描完毕才会输出；为 M、S 变量时，立即刷新。

一般指令 Y 输出与 DHSCS 指令 Y 输出的差异主要体现在输出的动作延迟上。一般指令输出程序如图 6-15 所示，当 C255 的值由 99→100 变化时，C255 触点立即导通，但执行到 OUT Y10 时，Y10 仍会受扫描周期影响，在 END 后才输出。而在如图 6-16 所示的程序中，当 C255 的值由 99→100 及 101→100 变化时，DHSCS 指令输出 Y10 是以中断方式立即输出到外部输出端的，与 PLC 扫描周期无关，但仍会受输出模块继电器（10ms）或晶体管（10μs）输出延迟的影响。

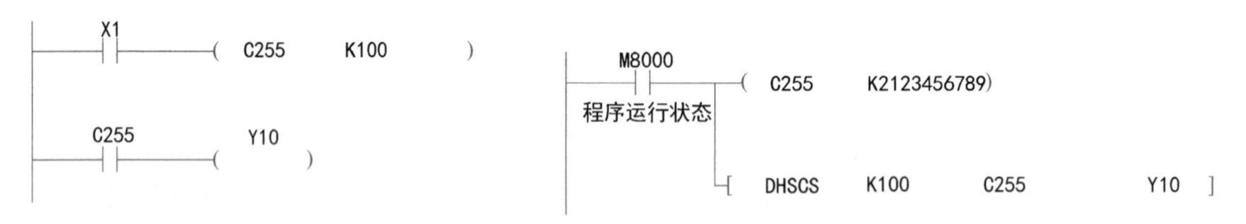

图 6-15　一般指令 Y 输出　　　图 6-16　比较置位 DHSCS 指令 Y 输出

DHSCS 指令的 D 目标操作数范围也可指定 I0□0，□=1～6，作为计数器计数到达时，发生中断，执行该中断服务程序。当 D 项为 I010～I060 时，即表示调用高速计数器中断 0～5 的子程序。如果 M8059 置 ON，则禁止所有的高速计数器中断。

如图 6-17 所示，当 C251 的值由 99→100 及 101→100 变化时，DHSCS 指令立即暂停主程序的正常执行，从 I010 指针所指定的地址入口开始执行中断子程序，直到执行了 IRET 指令后，返回主程序的暂停点，继续执行 FEND（主程序结束指令）。且 PLC 系统对中断信号采取高优先级的响应处理，所以其不受扫描时间的影响。

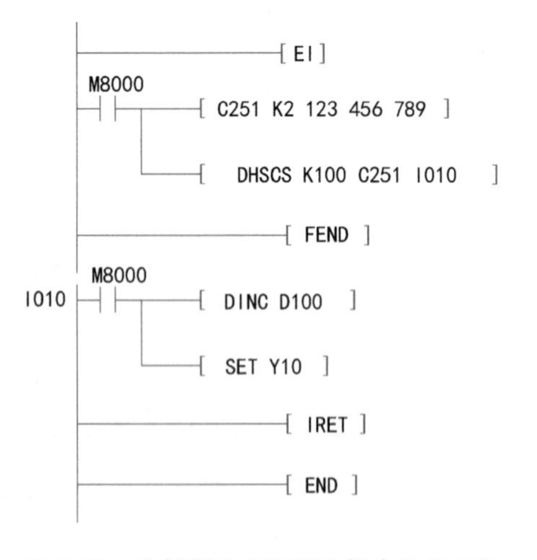

图 6-17　比较置位 DHSCS 指令执行中断

注意：此时的 D 装置用 I010 和 Y、M、S 输出点的 ON 信号区别。当使用 Y 输出点，

C251 的当前值由 99→100 或 101→100 时，Y 立即置 ON，且一直保持 ON 状态，之后即使 C251 与 K100 的比较结果变成不相等，Y 仍然保持 ON 状态，除非有另外的复位指令操作。当使用中断程序指针 I010 时，若 C251 的当前值由 99→100 或 101 →100，I010 只会产生一次中断，不会常 ON。

使用说明：

1）使用 HSCS 指令时，应保证所使用的计数器已被启用，否则该计数器的值将不会有变化。

2）计数器是以中断方式响应计数器的输入信号，即时比较，若本次比较满足匹配关系，比较输出立即置位。如图 6-15 所示，当 C255 的当前值由 99→100 或 101→100 时，Y10 立即置位，且一直保持该状态，之后即使 C255 与 K100 的比较结果变成不相等，Y10 仍然保持 ON 状态，除非有另外的复位指令操作。

3）指令的比较输出只取决于脉冲输入时的比较结果，即使采用 DMOV、DADD 等指令改写高速计数器 C235~C255 的内容，若没有脉冲输入，比较输出也不会变化。单纯的指令驱动能流也不能改变比较结果。

4）指令输出若为 Y 端口，必须为 Y0~Y17，这样才能保证输出得到立即响应。多次驱动 HSCS 指令或与 HSCR、HSZ 指令同时驱动，对象输出 Y 的高 2 位作为同一序号的软元件。例如，使用 Y000 时为 Y000~Y007，使用 Y010 时为 Y010~Y017 等。

5）当 HSCS 指令的输出目标为中断 I010~I060 时，每个中断号只能使用 1 次，不可重复。

6）HSCS、HSCR、HSZ 与普通指令一样可以多次使用，但这些指令同时驱动的个数限制在 6 以下。

带显示功能的配药装置任务分析

带显示功能的配药装置软件设计

带显示功能的配药装置总体联调

【任务实施】

1. 分配 I/O

带显示功能的配药装置的 PLC 输入/输出端口分配见表 6-9。

表 6-9 带显示功能的配药装置的 PLC 输入/输出端口分配

输入			输出		
名称		输入点	名称		输出点
旋转编码器	A	X0	位置 1 推杆电磁阀	YV1	Y10
	B	X1	位置 2 推杆电磁阀	YV2	Y11
位置 1 传感器	SQ1	X2	位置 3 推杆电磁阀	YV3	Y12
位置 2 传感器	SQ2	X3	位置 4 推杆电磁阀	YV4	Y13
位置 3 传感器	SQ3	X4	取药翻转回电磁阀	YV5	Y14
位置 4 传感器	SQ4	X5	取药翻转出电磁阀	YV6	Y15
滑台原点	SQ0	X7	正转接触器	KM1	Y16
取药翻转回	SQ5	X10	反转接触器	KM2	Y17

（续）

输入			输出		
名称		输入点	名称		输出点
取药翻转出	SQ6	X11			
A 药品取药	SB1	X30			
B 药品取药	SB2	X31			
C 药品取药	SB3	X32			
D 药品取药	SB4	X33			

2. PLC 外部接线

带显示功能的配药装置电气原理图如图 6-18 所示。

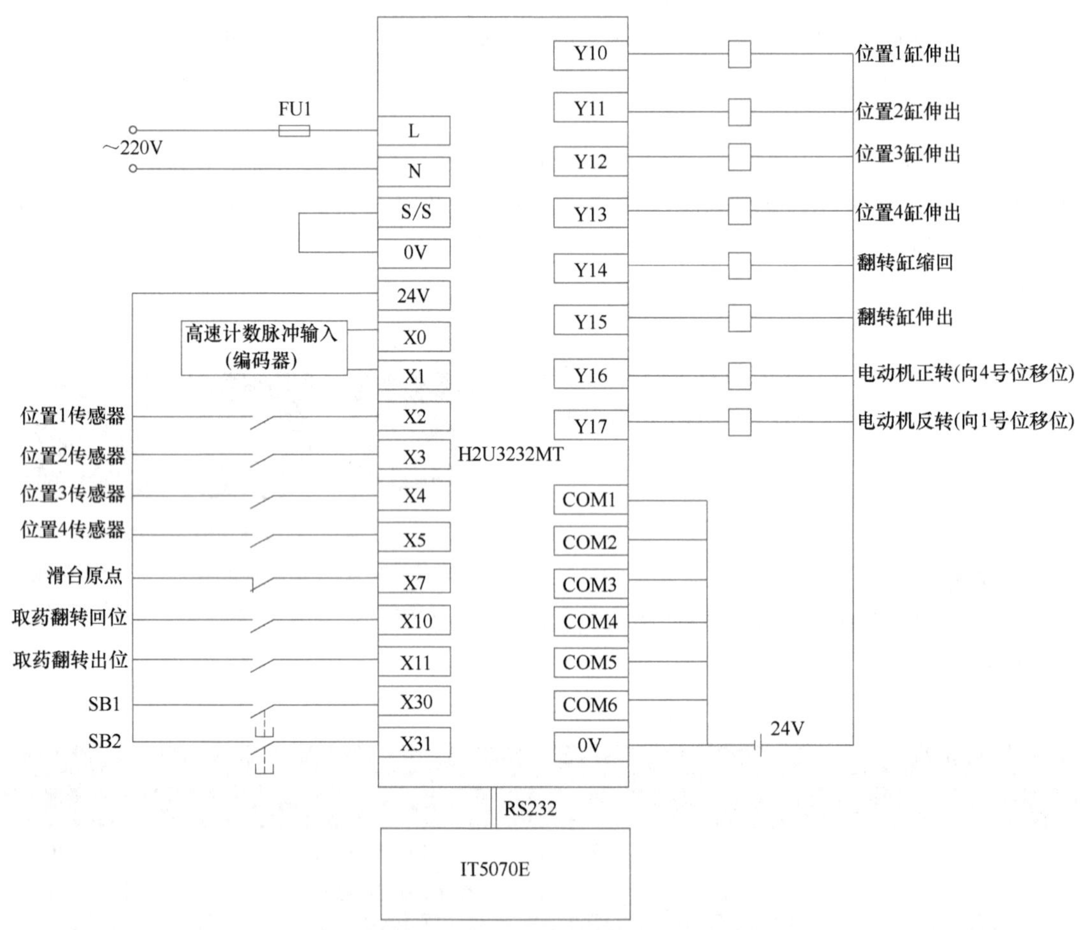

图 6-18　带显示功能的配药装置电气原理图

（1）输入部分　编码器 A、B 相接入汇川 H2U 型 PLC 的 X0、X1 两个高速输入端。位置 1~4 传感器接入 X2~X5。滑台原点使用的是一微动开关的常闭触点。控制取药车上取药斗的翻转气缸的翻出和翻回两个位置的磁性开关接入 X10 和 X11。

（2）输出部分　Y10~Y15 分别控制各位置电磁阀线圈，Y16、Y17 控制电动机正反转的两个接触器。

3. HMI 界面设计

带显示功能的配药装置的 HMI 界面如图 6-19 所示。

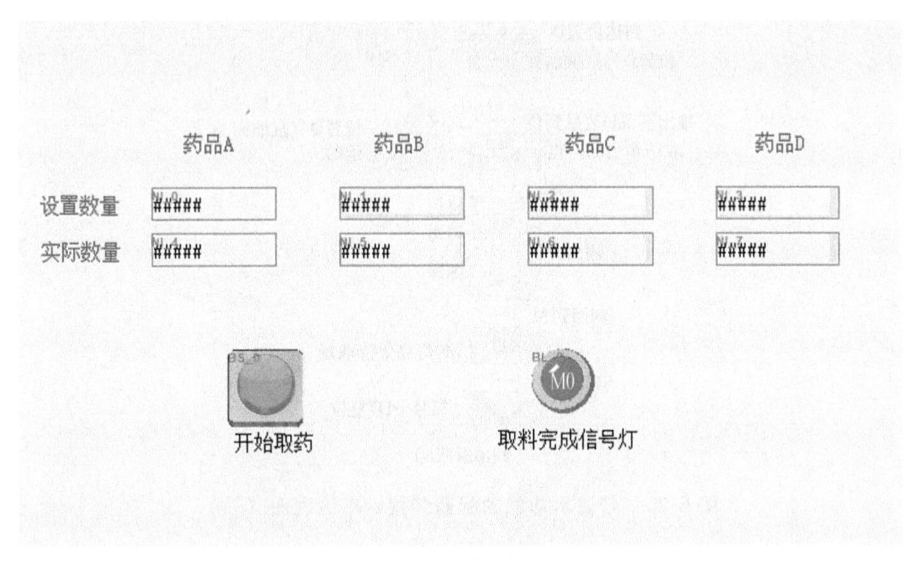

图 6-19 界面设计

D0~D3 为药品 A~D 的设置数量，D4~D7 为药品 A~D 的实际数量，M0 为取药完成信号灯，SB1 为开始取药。

4. 带显示功能的配药装置程序设计

图 6-20 所示为带显示功能的配药装置的程序流程图。S0 为待机状态，按下启动按钮 SB1 后，取药车回原点，编码器清零。复位完成后，顺序执行到 A、B、C、D 位置取药。

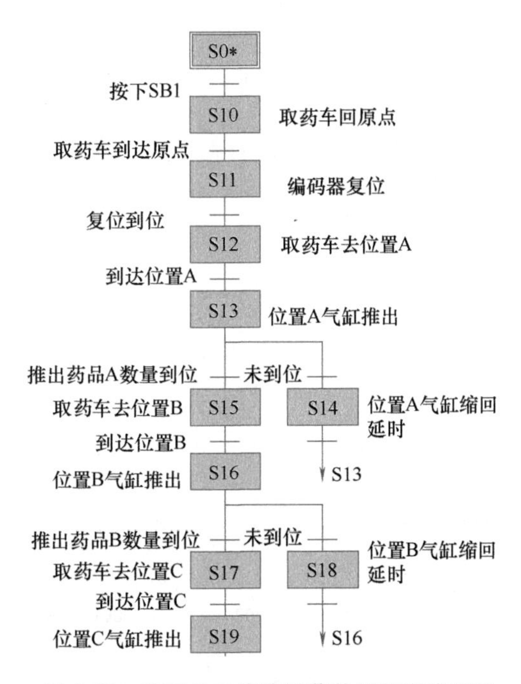

图 6-20 带显示功能的配药装置程序流程图

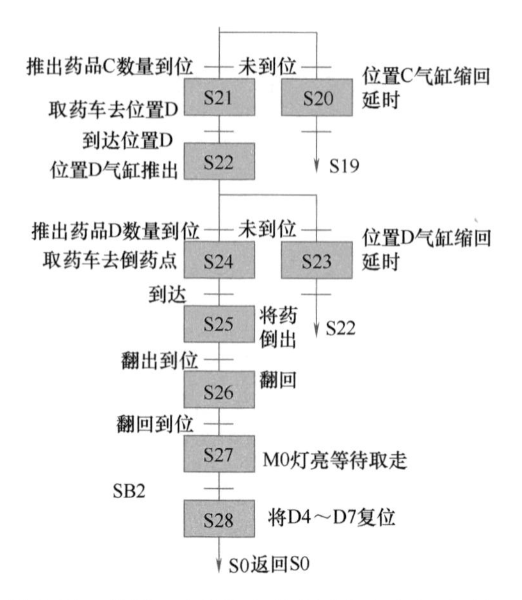

图 6-20　带显示功能的配药装置程序流程图（续）

在所有药品取完后，进入 S28 状态，将 D4～D7 复位后回到 S0，等待下一次取药。步进程序如图 6-21～图 6-27 所示。

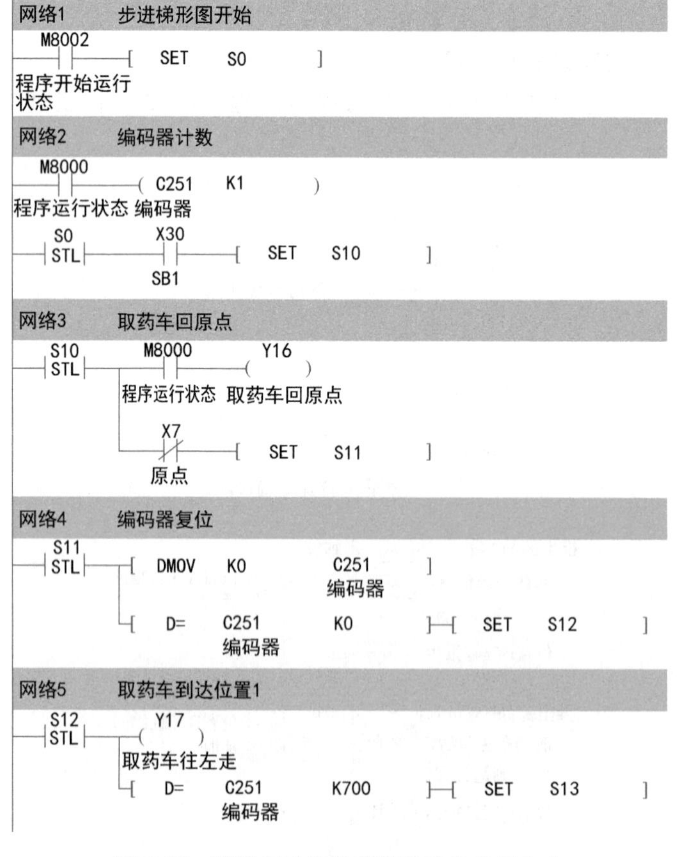

图 6-21　带显示功能的配药装置步进程序 1

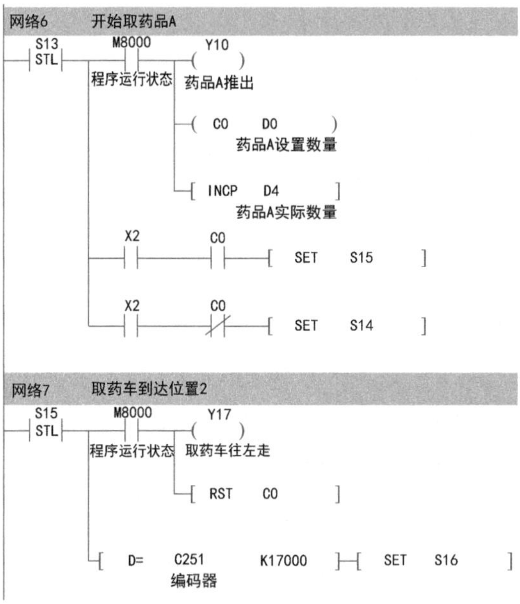

```
网络6  开始取药品A
S13 STL  M8000(程序运行状态)  ( Y10 )  药品A推出
                              ( C0  D0 )  药品A设置数量
                              [ INCP  D4 ]  药品A实际数量
X2  C0  [ SET  S15 ]
X2  C0(常闭)  [ SET  S14 ]

网络7  取药车到达位置2
S15 STL  M8000(程序运行状态)  ( Y17 )  取药车往左走
                              [ RST  C0 ]
[ D=  C251(编码器)  K17000 ]  [ SET  S16 ]
```

图 6-22　带显示功能的配药装置步进程序 2

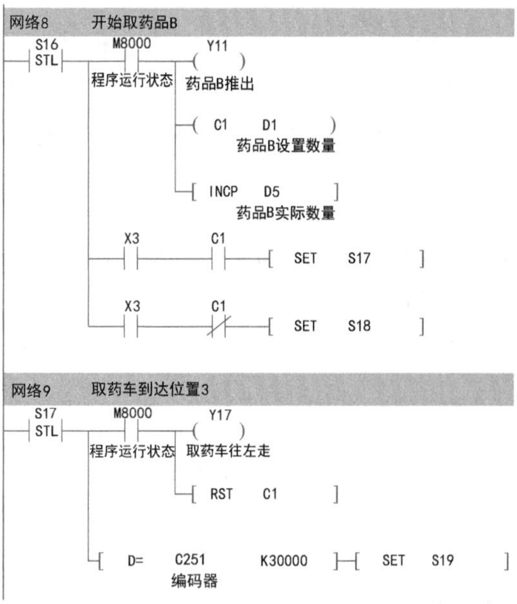

```
网络8  开始取药品B
S16 STL  M8000(程序运行状态)  ( Y11 )  药品B推出
                              ( C1  D1 )  药品B设置数量
                              [ INCP  D5 ]  药品B实际数量
X3  C1  [ SET  S17 ]
X3  C1(常闭)  [ SET  S18 ]

网络9  取药车到达位置3
S17 STL  M8000(程序运行状态)  ( Y17 )  取药车往左走
                              [ RST  C1 ]
[ D=  C251(编码器)  K30000 ]  [ SET  S19 ]
```

图 6-23　带显示功能的配药装置步进程序 3

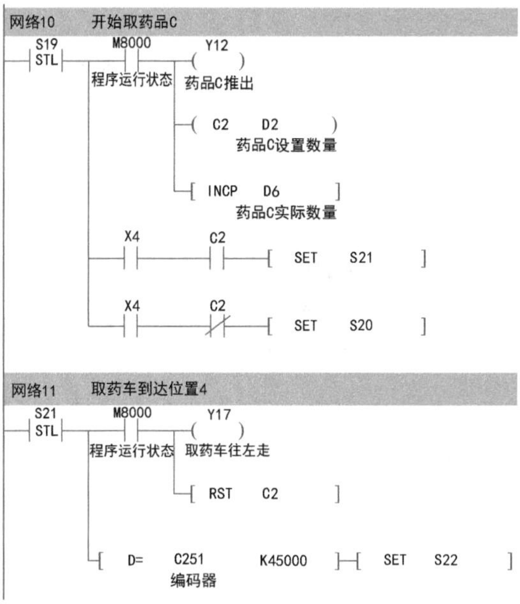

```
网络10  开始取药品C
S19 STL  M8000(程序运行状态)  ( Y12 )  药品C推出
                              ( C2  D2 )  药品C设置数量
                              [ INCP  D6 ]  药品C实际数量
X4  C2  [ SET  S21 ]
X4  C2(常闭)  [ SET  S20 ]

网络11  取药车到达位置4
S21 STL  M8000(程序运行状态)  ( Y17 )  取药车往左走
                              [ RST  C2 ]
[ D=  C251(编码器)  K45000 ]  [ SET  S22 ]
```

图 6-24　带显示功能的配药装置步进程序 4

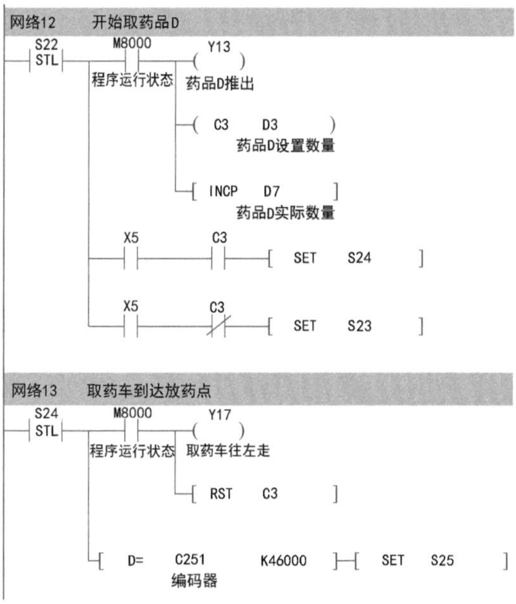

```
网络12  开始取药品D
S22 STL  M8000(程序运行状态)  ( Y13 )  药品D推出
                              ( C3  D3 )  药品D设置数量
                              [ INCP  D7 ]  药品D实际数量
X5  C3  [ SET  S24 ]
X5  C3(常闭)  [ SET  S23 ]

网络13  取药车到达放药点
S24 STL  M8000(程序运行状态)  ( Y17 )  取药车往左走
                              [ RST  C3 ]
[ D=  C251(编码器)  K46000 ]  [ SET  S25 ]
```

图 6-25　带显示功能的配药装置步进程序 5

要求上电后，系统进入 S0 状态。使用初始化脉冲 M8002 置位 S0。该系统使用输送轴上的编码器对取药车的位置进行检测，因为编码器接在 PLC 的 X0、X1 输入端，所以需要使用高速计数器 C251 进行计数。因为 C251 必须一直使能才能有效计数，所以使用运行监控继电器 M8000 对其进行使能。同时，由于所计数的值比较大（超过 32767），所以在使用触点比较指令时，需要用双字型 32 位指令。触点比较指令用于将 C251 采集到的当前位置值与设定位置值 K700、K14000 等数据进行比较，当 C251 的值与设定值相等时，说明取药车已到达指定位置，程序进入下一步。

在到达位置后，推杆气缸开始推药。在推药的同时，通过计数器对所取药品做计数处理，取药数量未达标则返回至推杆重置。只有当实际取药数量等于设置数量后，才触发流程跳转，取药车开始往下一位置运动，同时对计数器进行复位操作。后续的取药步骤程序设计逻辑同上。

在完成输送流程后，程序进入 S28，将记录的各药品数值清零。在检测到清零完成后，返回初始状态 S0。

推药重置部分程序通过一个延时来实现。如图 6-27 所示，当进入推药重置状态 S23 时，开启计时 T3，计时 1s 后返回到 S22，系统将再次进行推药。其余以此类推。

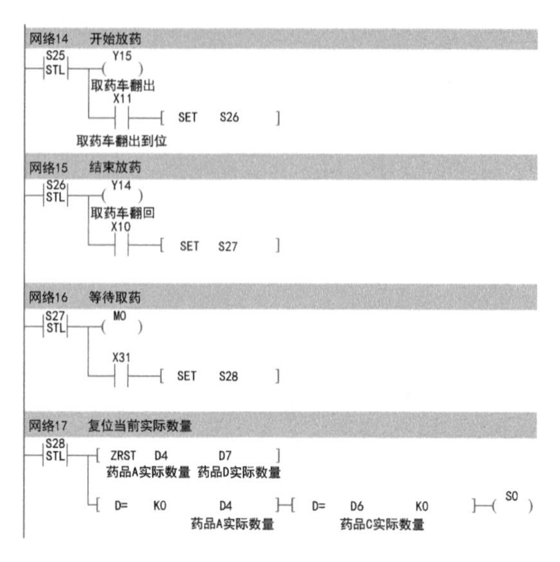

图 6-26 带显示功能的配药装置步进程序 6

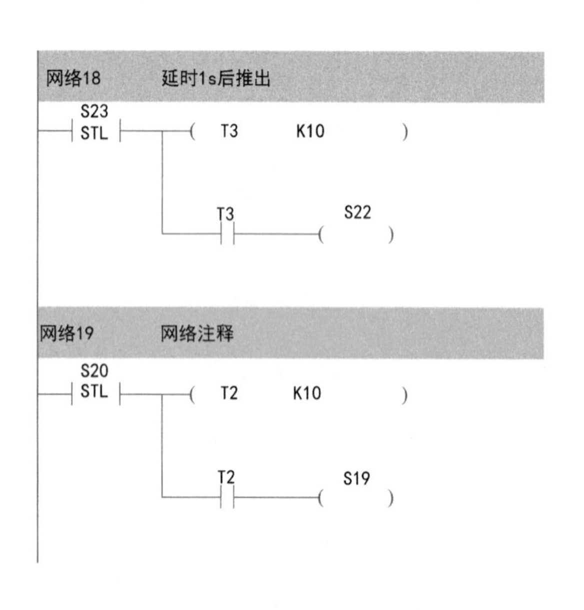

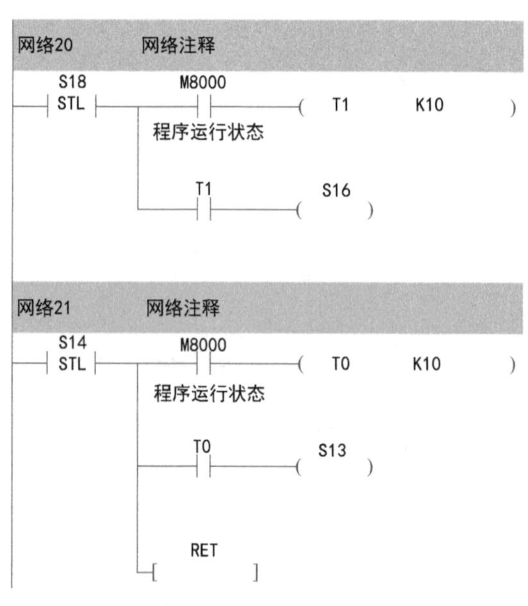

图 6-27 带显示功能的配药装置步进程序 7

【任务拓展】

尝试不使用 SFC 或者步进梯形图来对本任务进行编程。

【思考与练习】

如果取药车使用步进电动机驱动，整个设计如何修改呢？

任务6-3 带配方功能的配药装置控制

本任务将介绍如何编写汇川 PLC 程序、进行硬件接线和调试。学生需完成以下内容。

1. 进一步熟悉旋转编码器的使用方法。
2. 进一步熟悉触点比较指令、区间复位指令的使用方法。
3. 了解数据成批传送指令的使用方法。
4. 培养安全正确操作设备的习惯、严谨的做事风格和协作意识。

【重点知识】

1. HMI 界面与 PLC 程序交互设计。
2. 数据成批传送指令的应用。

【关键能力】

1. 会在编程环境中输入梯形图程序，会上传、下载程序，会在线监控。
2. 会进行输入输出接线。

【素养目标】

通过多种编程方法完成带配方功能的配药装置控制系统的设计，并寻求其中效率最高的一种，培养学生精益求精的职业精神。

【任务描述】

要求设计一款带配方功能的配药装置。已知配制某几种药品都需要使用存放在 A、B、C、D 四个药仓的原料。但根据所选的药品不同，四种原料的配比不同。A、B、C、D 四个仓位的推杆每推一次，推出的原料药品量为一份。要求在操作人员按下配药呼叫按钮 SB1 后，取药料斗在电动机的带动下自动运行至 A、B、C、D 药仓位置，以获取对应药品原料。在自动完成原料获取后，取药料斗自动运行至药品收集盒位置，并将取到的原料倒入收集盒。

人机界面设有专用的药品配置界面，在此界面可对所需的甲、乙、丙三种药的药方（即三种药分别所需的 A、B、C、D 的药量）进行设置。在设置完成后，可进入设备主界面。

在主界面可通过甲、乙、丙三个按钮选择当前所需配的药物，实时观察到各药品的获取情况。当整个取药步骤完成后，完成信号红灯亮，提醒操作人员将配好的药品取走。

【任务要求】

1. 按要求设计控制电路，并安装接线。
2. 在梯形图编程环境下完成程序设计编写，并下载至 PLC。

3. 使用 InoTouch 软件设计 HMI 界面，并下载至触摸屏。
4. 在线监控，软、硬件调试。

【任务环境】

1. 两人一组，根据工作任务进行合理分工。
2. 每组配备 H2U PLC 主机一台、IT6070T 触摸屏一块及相关通信电缆。
3. 每组配备按钮两个、自动配药执行机构一套。
4. 每组配备工具和导线若干等

【相关知识】

1. 移动图形控件

移动图形控件可利用寄存器内的数据决定控件的状态与移动距离。建立移动图形控件，如图 6-28 所示。

选择移动图形控件，双击或者右击选择“编辑控件属性”，系统弹出“移动图形控件属性”对话框，如图 6-29 所示。通过设定相应的参数，可对移动图形控件属性做设置。

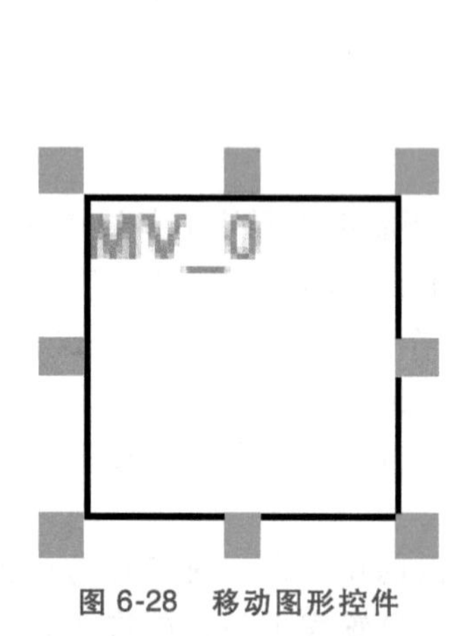

图 6-28　移动图形控件

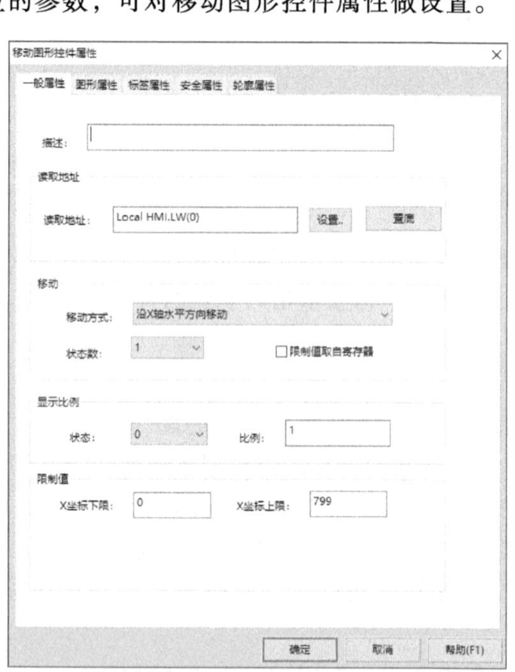

图 6-29　“移动图形控件属性”对话框

（1）读取地址　控件状态与移动距离的读取地址见表 6-10。表中的 address 表示读取寄存器的地址值，例如读取寄存器为［LW100］时，address 等于 100。

表 6-10　读取地址

变量型态	控件状态读取地址	X 轴方向移动距离读取地址	Y 轴方向移动距离读取地址
16-bit BCD	address	address+1	address+2
32-bit BCD	address	address+2	address+4

（续）

变量型态	控件状态读取地址	X 轴方向移动距离读取地址	Y 轴方向移动距离读取地址
16-bit Unsigned	address	address+1	address+2
16-bit Signed	address	address+1	address+2
32-bit Unsigned	address	address+2	address+4
32-bit Signed	address	address+2	address+4

如图 6-30 所示，控件的地址为［LW100］，且起始地址为（100，50）。假使现在要移动控件至（160，180），且显示状态 2 的图形，则需要将［LW100］的值改为 2，［LW101］的值改为 160−100=60，［LW102］的值改为 180−50=130。

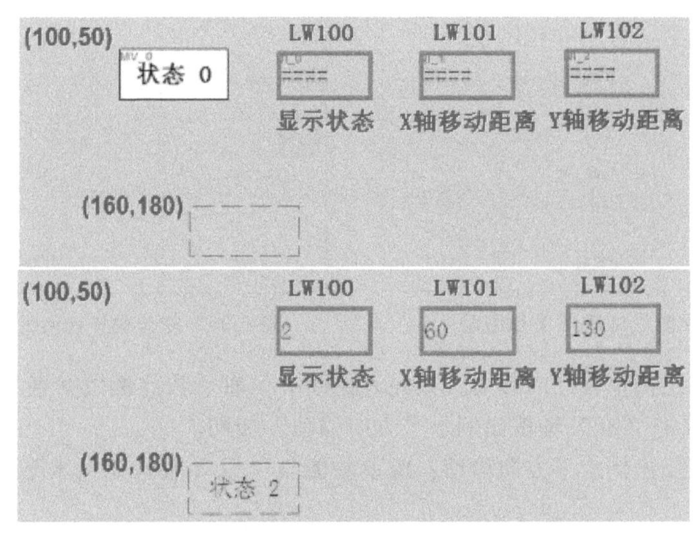

图 6-30　移动控件示例

（2）移动方式

1）沿 X 轴水平方向移动：只允许控件沿着 X 轴做水平方向的移动。移动范围由“X 坐标下限”与“X 坐标上限”来决定，如图 6-31 所示。

2）沿 Y 轴垂直方向移动：只允许控件沿着 Y 轴做垂直方向的移动。移动范围由“Y 坐标下限”与“Y 坐标上限”来决定，如图 6-32 所示。

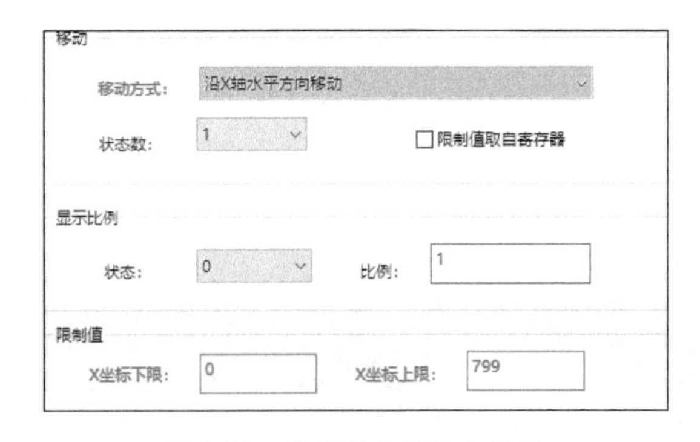

图 6-31　沿 X 轴水平方向移动

图 6-32　沿 Y 轴垂直方向移动

3）同时沿 X 轴与 Y 轴方向移动：允许控件沿着 X 轴与 Y 轴移动。移动范围由“X 坐标下限”“X 坐标上限”与“Y 坐标下限”“Y 坐标上限”来决定，如图 6-33 所示。

4）沿 X 轴按比例水平方向移动：只允许控件沿着 X 轴、按比例做水平方向的移动，如图 6-34 所示。假设寄存器中与 X 轴位移有关的数据为 data，则 X 轴的位移量可以使用如下的公式：

X 轴位移 =（data−输入下限）×（比例上限−比例下限）/（输入上限−输入下限）

图 6-33　可同时沿 X 轴与 Y 轴移动

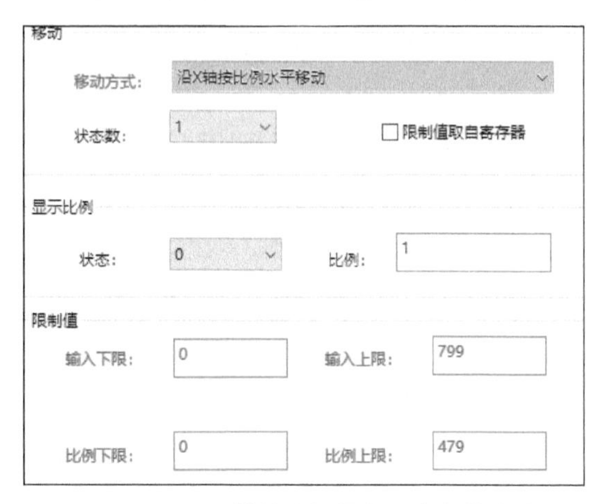

图 6-34　沿 X 轴按比例做水平方向的移动

5）沿 Y 轴按比例垂直方向移动：只允许控件沿 Y 轴、按比例做垂直方向的移动，Y 轴位移量的换算公式与“沿 X 轴按比例水平方向移动”相同。

6）沿 X 轴按反比例水平方向移动：此项功能与“沿 X 轴按比例水平方向移动”相同，但移动方向相反。

7）沿 Y 轴按反比例垂直方向移动：此项功能与“沿 Y 轴按比例垂直方向移动”相同，但移动方向相反。

（3）显示比例　控件各个状态的图形在显示时可以分开设定图形缩放比例，如图 6-35 所示。“标签”中的文字不会按照比例缩放。

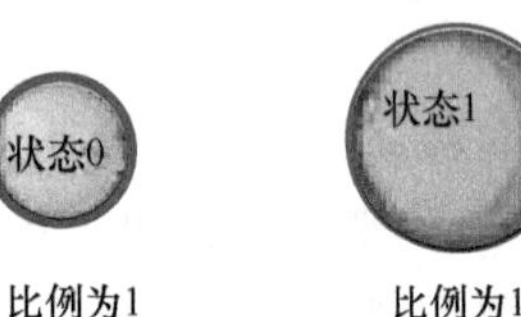

图 6-35　图形比例缩放

（4）限制值地址　控件的显示区域除可以直接设定“X 坐标下限”“X 坐标上限”与“Y 坐标下限”“Y 坐标上限”来决定外，也可以利用寄存器中的数据来决定。假设显示区域由 address 地址内的数据来决定，“X 坐标下限”“X 坐标上限”与“Y 坐标下限”“Y 坐标上限”的读取地址可参考表 6-11。

表 6-11　XY 坐标地址设定

变量型态	“X 坐标下限”读取地址	“X 坐标上限”读取地址	“Y 坐标下限”读取地址	“Y 坐标上限”读取地址
16-bit BCD	address	address+1	address+2	address+3
32-bit BCD	address	address+2	address+4	address+6

（续）

变量型态	“X 坐标下限”读取地址	“X 坐标上限”读取地址	“Y 坐标下限”读取地址	“Y 坐标上限”读取地址
16-bit Unsigned	address	address+1	address+2	address+3
16-bit Signed	address	address+1	address+2	address+3
32-bit Unsigned	address	address+2	address+4	address+6
32-bit Signed	address	address+2	address+4	address+6

移动是利用连续寄存器地址的内容，将界面上显示的控件从一个地方移动到另外一个地方，且其图形状态可以跟着变化。其移动的位置只能是沿着 X 轴或者 Y 轴，或者同时沿着 X 轴、Y 轴来移动，移动的距离完全由寄存器中的数值来决定。

“动画”也是依据定义的连续寄存器中的数据来实现图形控件的运动，移动过程中根据寄存器的数据也可以改变图形的状态。而不同之处在于，“动画”的运动是根据事先定义好的位置来运动的，无法超越这个事先定义好的位置范围，只能在这些事先定义好的位置出现。

2. 数据成批传送指令

数据成批传送指令

数据成批传送指令的实现需要触点驱动，有 3 个操作数。当指令执行时，将由 S 指定起始地址的 n 个变量值复制到由 D 指定起始地址的 n 个单元中。其中 n 的取值范围是 1~512。当特殊变量 M8024=1 时，成批传送的方向相反，即将由 D 指定起始地址的 n 个变量值复制到由 S 指定起始地址的 n 个单元中，见表 6-12。

表 6-12　数据成批传送指令

操作数	位元件				字元件										
	X	Y	M	S	K	H	KnX	KnY	KnM	KnS	T	C	D	V	Z
S							√	√	√	√	√	√	√		
D								√	√	√	√	√	√		
n	常数，n=1~512														

如图 6-36 所示，始终将 D0 开始的 4 个数据寄存器（即 D0、D1、D2、D3）的值不断传送到 D10 开始的 4 个数据寄存器，即 D10、D11、D12、D13 中。

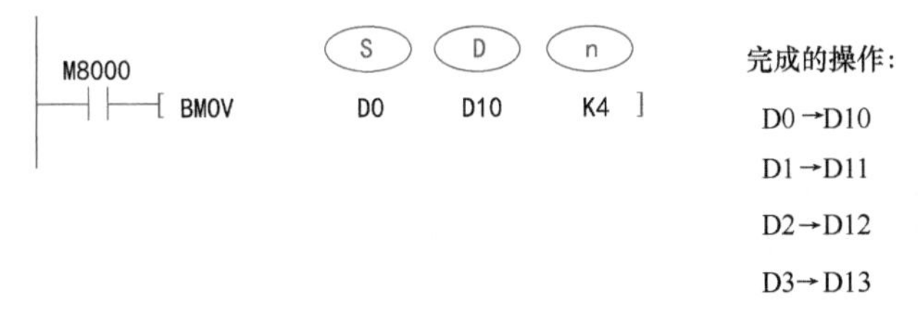

图 6-36　程序样例 6

需要注意的是，当使用位元件作为操作数时，源操作数 S 和目标操作数 D 的位数必须相等。如图 6-37 所示，源操作数用 K1M0 表示的 4 位地址和目标操作数用 K1Y0 表示的 4 位地址的位数均为4位。程序功能为，将M0~M3、M4~M7、M8~M11共3组，12个BIT的状态传送给Y0~Y3、Y4~Y7、Y10~Y13这3组12个BIT位元件。

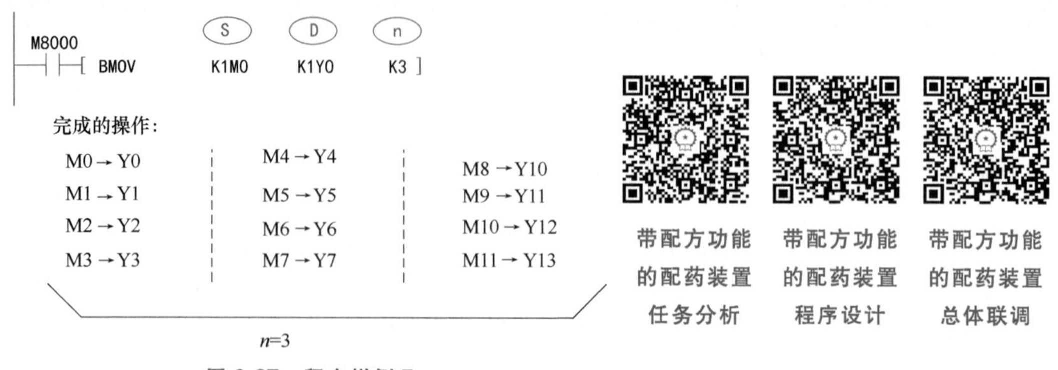

图6-37 程序样例7

【任务实施】

1. 分配I/O

带配方功能的配药装置的PLC输入/输出端口分配见表6-13。

表6-13 带配方功能的配药装置的PLC输入/输出端口分配

输入			输出		
名称		输入点	名称		输出点
旋转编码器	A	X0	位置1推杆电磁阀	YV1	Y10
	B	X1	位置2推杆电磁阀	YV2	Y11
位置1传感器	SQ1	X2	位置3推杆电磁阀	YV3	Y12
位置2传感器	SQ2	X3	位置4推杆电磁阀	YV4	Y13
位置3传感器	SQ3	X4	取药翻转回电磁阀	YV5	Y14
位置4传感器	SQ4	X5	取药翻转出电磁阀	YV6	Y15
滑台原点	SQ0	X7	正转接触器	KM1	Y16
取药翻转回	SQ5	X10	反转接触器	KM2	Y17
取药翻转出	SQ6	X11			
启动按钮	SB1	X30			
停止按钮	SB2	X31			

2. PLC外部接线

带配方功能的配药装置PLC与外部硬件接线如图6-38所示。

3. 带配方功能的HMI设计

（1）主页面（图6-39）

1）选择甲、乙、丙三种配方。

2）按下SB1按钮开始取药，推出的数量实时显示。

3）取药完成后显示灯亮起。

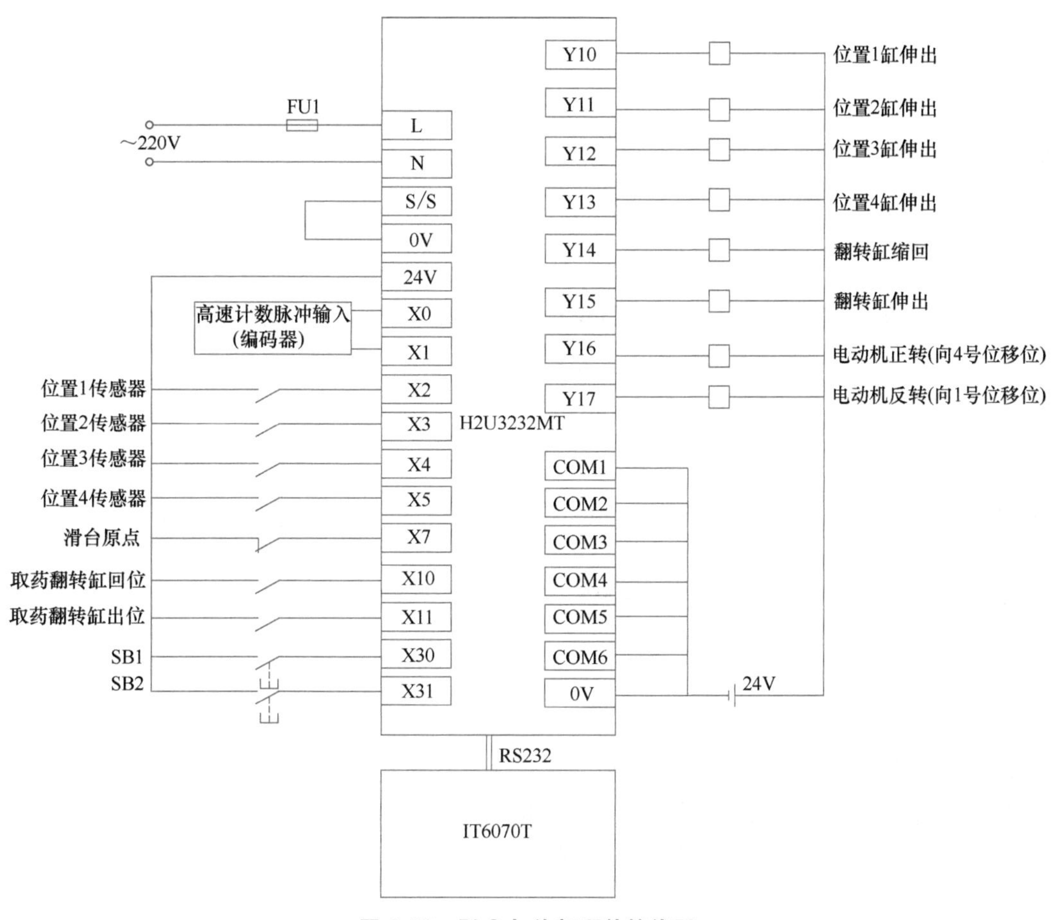

图 6-38　PLC 与外部硬件接线图

（2）配方设置界面（图 6-40）　可以分别设置甲、乙、丙三种配方中 A、B、C、D 药品数量。

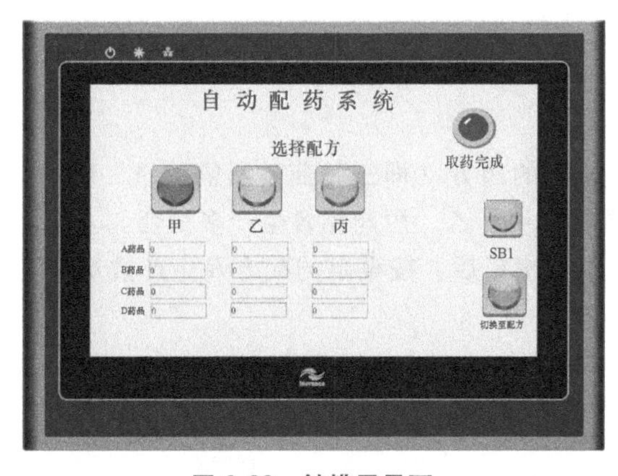

图 6-39　触摸屏界面

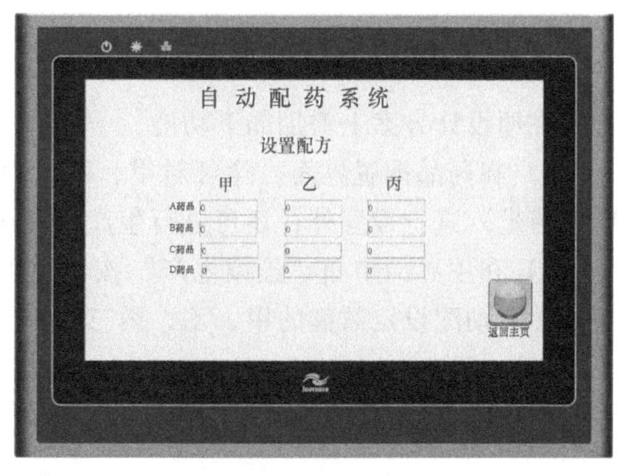

图 6-40　触摸屏显示效果

4. 带配方功能的 PLC 程序设计

PLC 程序流程图如图 6-41 所示。在初始状态，等待选择配方信号。待选择完成后，将不同的数据组写入指定的地址中，供后续配药时读取。完成后，仍旧返回 S0 初始状态。

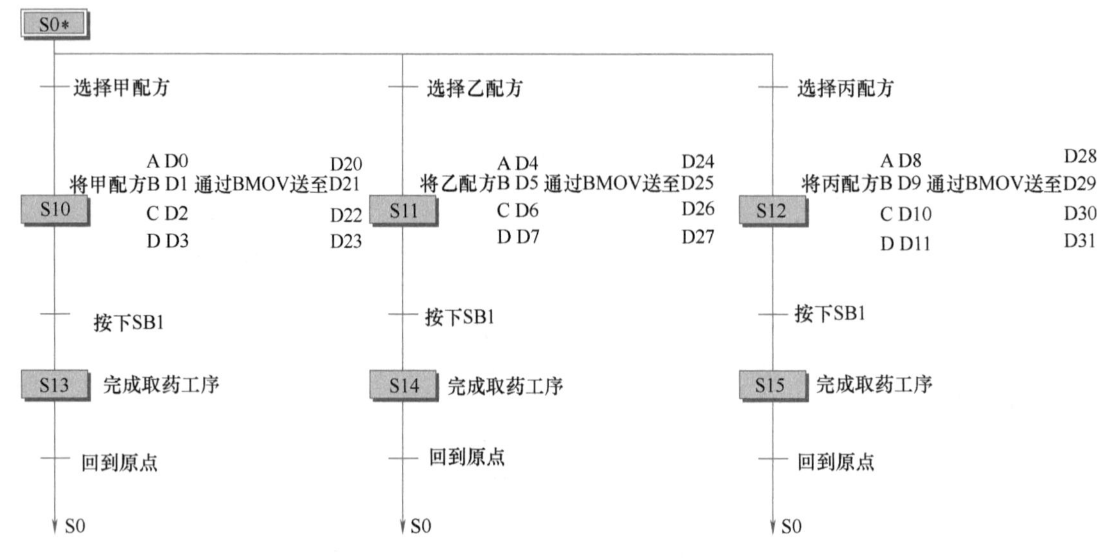

图 6-41 PLC 程序流程图

其余的取药部分程序与之前的项目基本一致。主要不同之处在于，在配方选择部分，使用 BMOV 指令将 D0 作为起始的 4 个数据，也就是 D0、D1、D2、D3 的数据送至 D20 作为起始单元的 D20、D21、D22、D23，如图 6-42 所示。

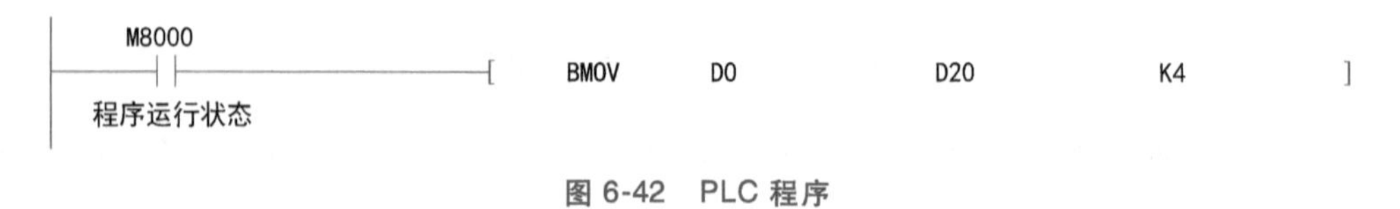

图 6-42 PLC 程序

【任务拓展】

在原设计方案上增加如下功能：

1）在药品配置界面，除可对甲、乙、丙三种药的药方（即三种药各所需的 A、B、C、D 的药量）进行设置外，还可进行生产任务设置，即甲、乙、丙药品各生产多少套。

2）在主界面增加“连续生产”按钮，当按下该按钮后，按设定的配方及生产数量，设备开始自动配设定数额的甲、乙、丙三种药。

【思考与练习】

如果需要对于每个药仓的存药量进行判断，而又没有额外的硬件（如检测药仓存量的传感器）可以添加。有什么办法可以解决这个问题？

项目7 PROJECT 7 传送带运行系统控制

传送带在农业、工矿企业和交通运输业中广泛用于输送各种固体块状和粉料状药品或成件物品。实现多功能精准控制是传送带尤其重要的功能。传送带的关键核心是电动机，随着交流变频技术的发展，越来越多的变频器被应用在三相异步电动机的调速控制中。

本项目以典型的传送带为载体，使用汇川 IT6070T 型号 HMI 作为交互界面，汇川 H2U PLC 作为控制器，汇川 MD380 变频器作为驱动器，驱动交流异步电动机带动传送带运行。通过实践，可以在进一步熟悉汇川 PLC 控制系统、HMI 界面设计的基础上，掌握以 MD380 为代表的变频器的相关应用。学生应掌握根据控制要求选择合适的控制方案，并完成设计、安装及调试。

思维导图

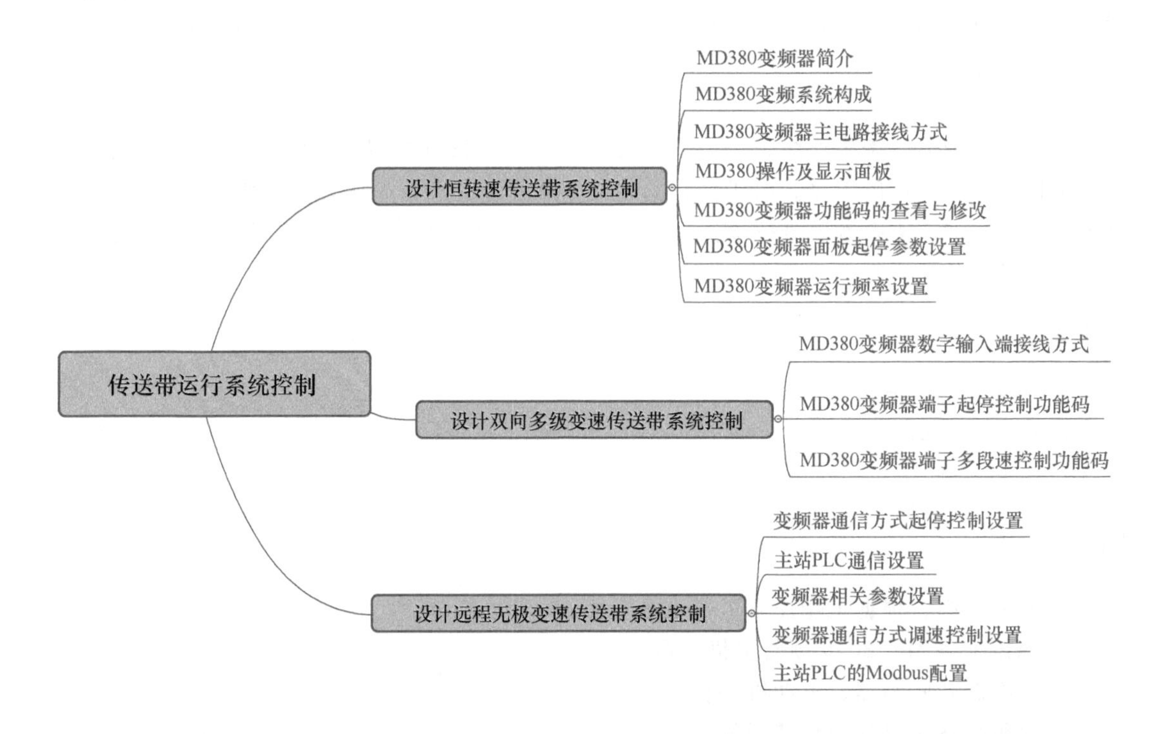

任务7-1　设计恒转速传送带系统控制

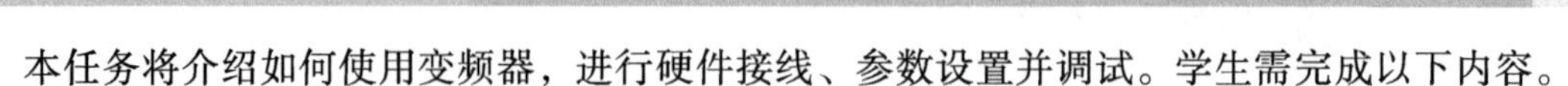

本任务将介绍如何使用变频器，进行硬件接线、参数设置并调试。学生需完成以下内容。

1. 熟悉MD380变频器的系统构成。
2. 掌握MD380的主电路接线方法。
3. 熟练掌握MD380功能码的查看和修改方法。
4. 掌握MD380面板起停及内置速度定义的使用方法。
5. 培养安全正确操作设备的习惯、严谨的做事风格和协作意识。

【重点知识】

变频器手册的查阅方法。

【关键能力】

1. 会查阅变频器手册并设置变频器功能码。
2. 会根据变频器手册进行必要的电路连接。

【素养目标】

通过查阅《MD380系列通用变频器用户手册》和网络资料，完成变频器的初步使用，强化学生通过查阅手册资料完成自我教育、自我学习，并应用于新工作项目中的职业素养。

【任务描述】

某电子厂现需一条生产线，一块PCB板从第一步到最后一步都通过一条传送带运输到各个工位来完成不同的工序。由于会有不同的生产任务，所以要求该传送带能进行一定的速度调节设置，但不需要频繁进行该操作。起停控制方面，由于是24小时工厂，除轮值检修外，传送带将长期运行。

【任务要求】

1. 设置变频器参数。
2. 连接变频器主电路。
3. 设备调试。

【任务环境】

1. 两人一组，根据工作任务进行合理分工。
2. 每组配备MD380变频器主机一台。
3. 每组配备断路器、电动机一台。
4. 每组配备工具和导线若干等。

【相关知识】

图 7-1 MD380 变频器

变频器介绍

变频器系统构成

变频器主电路连接方式

1. MD380 变频器简介

MD380 系列变频器（图 7-1）是一款通用高性能电流矢量变频器，主要用于控制和调节三相交流异步电动机的速度。MD380 采用高性能的矢量控制技术，低速高转矩输出，具有良好的动态特性、超强的过载能力，增加了用户可编程功能及后台监控软件，具备通信总线功能，支持多种 PG 卡等，组合功能丰富强大，性能稳定。该系列变频器可用于纺织、造纸、拉丝、机床、包装、食品、风机、水泵及各种自动化生产设备的驱动。

2. MD380 变频器系统构成

使用 MD380 系列变频器控制异步电动机构成控制系统时，需要在变频器的输入输出侧安装各类电气元件，以保证系统的安全稳定。另外，MD380 系列变频器配有多种选配和扩展卡件，可实现多种功能。MD380 变频器系统构成如图 7-2 所示。

断路器安装在输入回路前端，当下游设备过流时自动分断电源。

接触器安装在断路器和变频器输入侧之间，应避免通过接触器对变频器进行频繁上下电操作（每分钟少于两次）或进行直接起动操作。

交流电抗器安装在变频器输入侧，能够提高输入侧的功率因素；有效消除输入侧的高次谐波，防止因电压波形畸变造成其他设备损坏；消除电源相间不平衡而引起的输入电流不平衡。

EMC 滤波器安装在变频器输入侧，能够减少变频器对外的传导及辐射干扰；降低从电源端流向变频器的传导干扰，提高变频器的抗干扰能力。

直流电抗器是为了提高输入侧的功率因数；提高变频器整机效率和热稳定性；有效消除输入侧高次谐波对变频器的影响，减少对外传导和辐射干扰。在 MD380 系列变频器中，7.5G 以上为标配，7.5G 以下则无需配置直流电抗器。

输出电抗器在变频器输出侧和电动机之间，靠近变频器安装。因为变频器输出侧一般含较多高次谐波，当电动机与变频器距离较远时，由于线路中有较大的分布电容，其中某次谐波可能在回路中产生谐振，带来以下两方面影响：

1）破坏电动机绝缘性能。长时间会损坏电动机。

2）产生较大漏电流，引起变频器频繁保护。一般变频器和电动机距离超过 100m 时，建议加装输出交流电抗器。

3. MD380 变频器主电路接线方式

如图 7-3 所示，以三相 220V 电源的 MD380 变频器为例。在接线时，需要将 R、S、T 三相电源分别接到变频器的电源输入端 R、S、T 上（无相序要求），U、V、W 三个端子接电源电压为 220V 的三相异步电动机。同时，15kW 以下的 MD380 变频器仅需外接制动电阻，而 18.5kW 及以上的 MD380 变频器需要外接制动单元，甚至还需要外接直流电抗器。

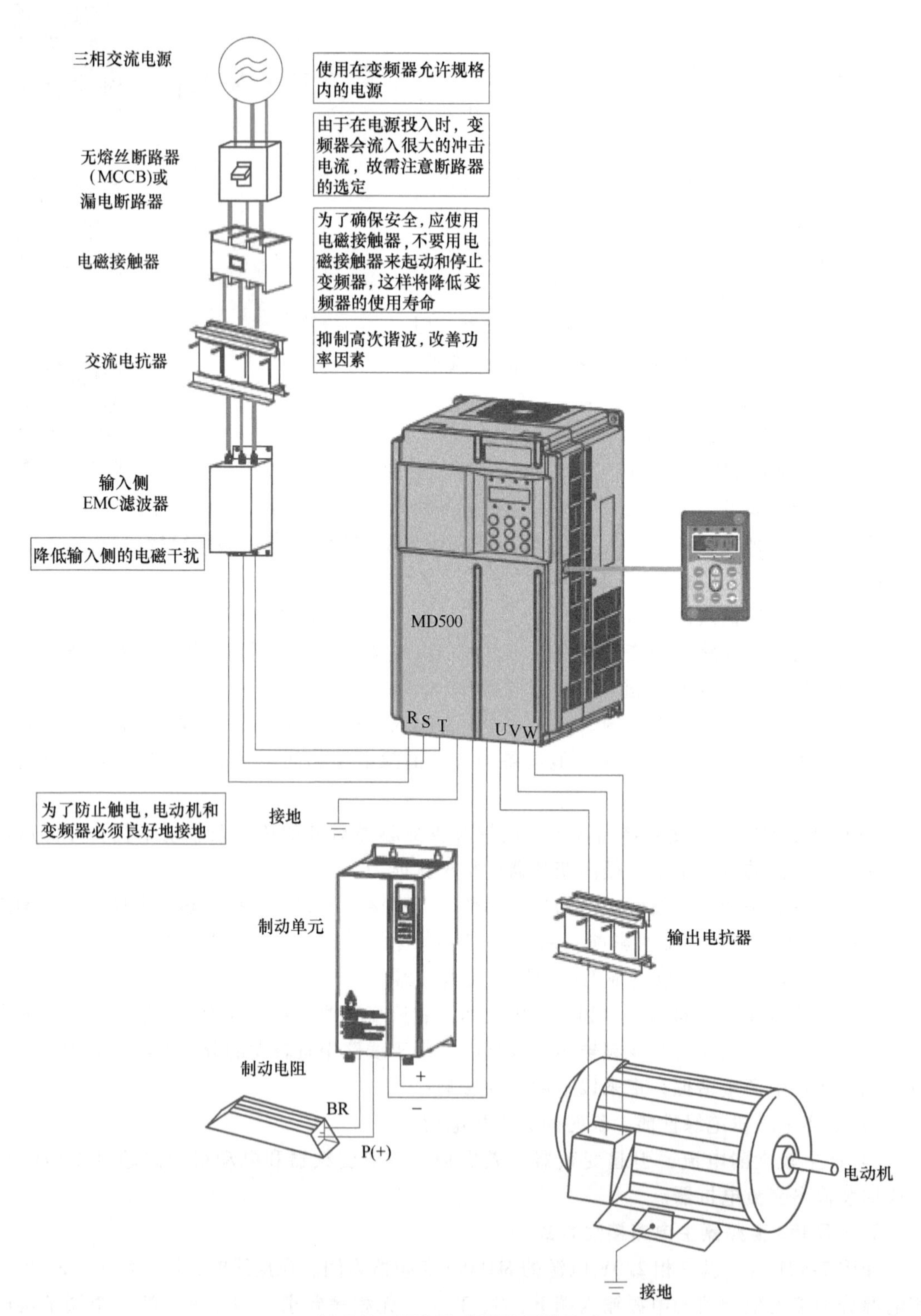

图 7-2　MD380 变频器系统构成

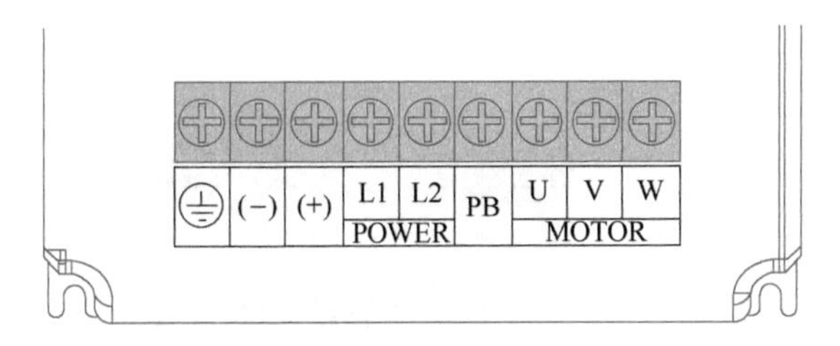

a) 单相变频器主电路端子

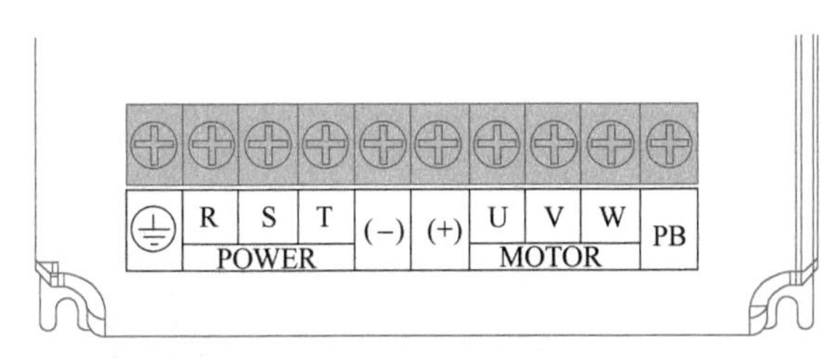

b) 三相变频器主电路端子

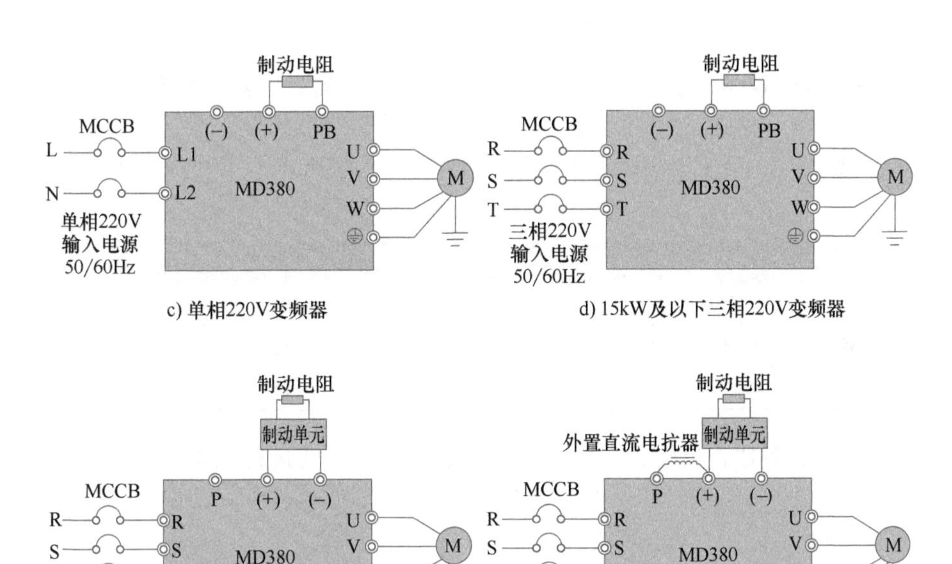

c) 单相220V变频器

d) 15kW及以下三相220V变频器

e) 18.5～30kW三相220V变频器

f) 37kW及以上三相220V变频器

图 7-3 变频器主电路接线方式

4. MD380 变频器操作及显示面板

变频器操作及显示面板

通过 MD380 变频器的操作面板，可对变频器进行功能参数的修改和运行的控制（包括起动、停止）等操作，同时也可通过面板对变频器的工作状态做一定的显示（包括运行状态、当前信号来源及输出频率等）。变频器外形及功能区如图 7-4 所示。

在面板最上面有 4 个 LED 灯，从左到右依次是 RUN、LOCAL/REMOT、FWD/REV 和 TUNE/TC。

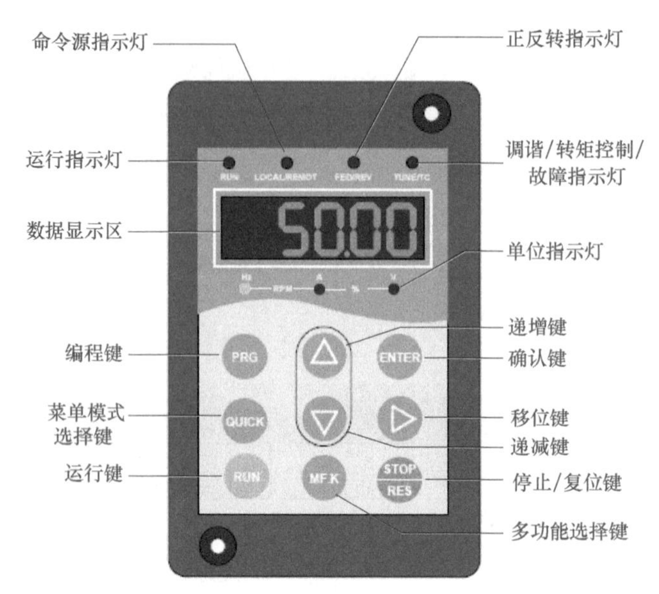

图 7-4　变频器操作面板

RUN 灯亮表示变频器处于运转状态，该灯灭表示变频器处于停机状态。

LOCAL/REMOT 是变频器命令（起停信号）源指示灯。变频器的起停信号来源分为面板起停控制、端子起停控制与远程操作（通信起停控制），具体亮灭规律见表 7-1。

表 7-1　变频器命令源指示灯

指示灯状态	控制方式
○ LOCAL/REMOT:熄灭	面板起停控制方式
● LOCAL/REMOT:常亮	端子起停控制方式
◐ LOCAL/REMOT:闪烁	通信起停控制方式

FWD/REV 是变频器正反转指示灯，灯亮时表示处于反转运行状态。

TUNE/TC 是调谐/转矩控制/故障指示灯，灯亮表示处于转矩控制模式，灯慢闪表示处于调谐状态，灯快闪表示处于故障状态。

数据显示区由 5 位 LED 显示，一方面用于设置变频器参数（功能码）时的显示，另一方面可根据设定显示设定频率、输出频率、各种监视数据以及报警代码等。

在数显区域下方的 Hz○—RPM—A○—%—V○ 是 3 个单位指示灯，用于显示当前显示（数显）的物理量的单位。对应的指示灯点亮代表所处的单位有效。具体如下：

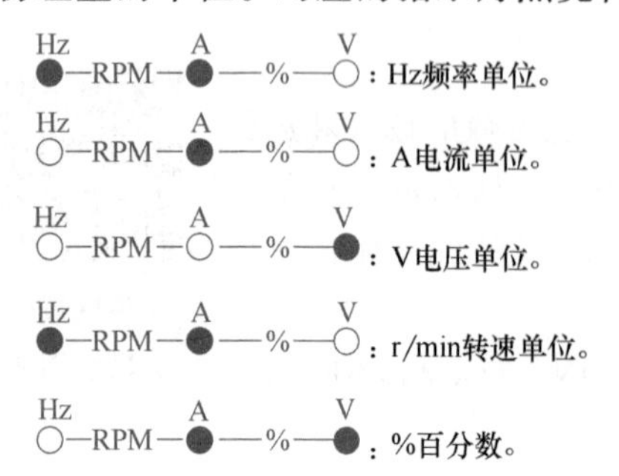

变频器的所有参数设置以及部分运行停止操作等均可通过面板上的各物理按键操作实现。按键功能见表 7-2。

表 7-2 按键功能说明

按键	名称	功能
PRG	编程键	一级菜单进入或退出
ENTER	确认键	逐级进入菜单画面、设定参数确认
△	递增键	数据或功能码的递增
▽	递减键	数据或功能码的递减
▷	移位键	在停机显示界面和运行显示界面下，可循环选择显示参数；在修改参数时，可以选择参数的修改位
RUN	运行键	在键盘操作方式下，用于运行操作
STOP RES	停止/复位	运行状态时，按此键可用于停止运行操作；故障报警状态时，可用来复位操作，该键的特性受功能码 F7-02 制约
MF.K	多功能选择键	根据 F7-01 做功能切换选择，可定义为命令源或方向快速切换
QUICK	菜单模式选择键	根据 FP-03 中值切换不同的菜单模式（默认为一种菜单模式）

5. MD380 变频器功能码的查看与修改

功能码查看与修改

MD380 变频器的操作面板采用三级菜单结构进行参数设置等操作。三级菜单如下：功能码组号选择（一级菜单）→功能码序号选择（二级菜单）→功能码参数值设置（三级菜单）。具体操作如图 7-5 所示。

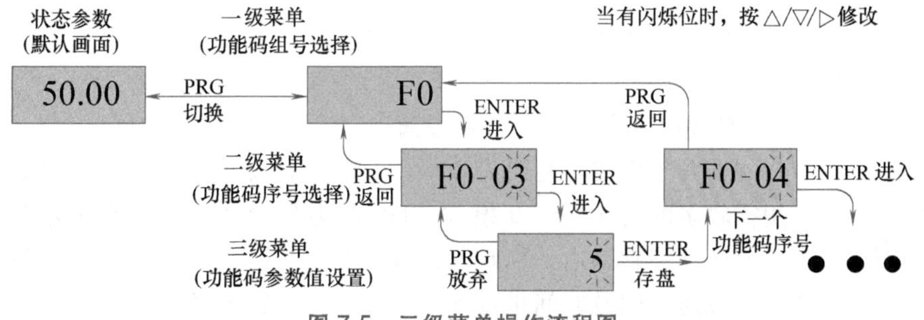

图 7-5 三级菜单操作流程图

变频器恢复出厂设定值

说明：在三级菜单操作时，可按<PRG>键或<ENTER>键返回二级菜单。两者的区别是：按<ENTER>键将设定参数保存后返回二级菜单，并自动转移到下一个功能码；而按<PRG>键则是放弃当前的参数修改，直接返回当前功能码序号的二级菜单。

6. MD380 变频器面板起停参数设置

在设置变频器面板起停参数之前，需要先将变频器恢复出厂设置。这一操作可通过更改参数 FP-01 的设定值实现，设定值见表 7-3。设置 FP-01 为 1 后，变频器功能参数大部分都恢复为厂家出厂参数，但是电动机参数、频率指令小数点（F0-22）、故障记录信息、累计运行时间（F7-09）、累计上电时间（F7-13）以及累计耗电量（F7-14）不恢复。

表 7-3　参数 FP-01

功 能 码	功　能	命 令 源
FP-01	参数初始化	0:无操作 1:恢复出厂设置,不包括电动机参数 2:消除记录信息 4:备份用户参数 501:恢复用户参数

变频器起停信号来源功能码

在完成变频器参数初始化以后，即可对变频器的起停控制信号相关参数进行设置。MD380 变频器的起停控制命令有 3 个来源，分别是面板起停控制、端子起停控制和通信起停控制，可通过功能参数 F0-02 选择。

参数设置：

1）将系统参数设置恢复出厂值：FP-01＝1（恢复出厂值）。

2）设置功能码 F0-02＝0（选择面板起停控制方式），见表 7-4。

表 7-4　功能码 F0-02 设定范围

功 能 码	设定范围	功　能	说　明
F0-02	0	操作面板命令通道(LED 灭)	按 RUN 键运行,按 STOP 键停机
	1	端子命令通道(LED 亮)	需将 DI 端定义为起停命令端
	2	通信命令通道(LED 闪烁)	采用 MODBUS-RTU 协议

通过键盘操作，使功能码 F0-02＝0，即为面板起停控制方式，按下键盘上<RUN>键，变频器即开始运行（RUN 指示灯点亮）；在变频器运行的状态下，按下键盘上<STOP>键，变频器即停止运行（RUN 指示灯熄灭）。

变频器频率设定功能码

7. MD380 变频器运行频率设置

变频器频率设定功能码见表 7-5。变频器的频率源通过 F0-03 设置进行选择，用得较多的为 1、6、9 模式。F0-08 为预置频率，即频率源选择数字设定时，变频器频率即由 F0-08 的参数进行设定。除此之外，上限频率、下限频率、加减速时间及时间单位均可根据表格进行选择设置。

表 7-5　MD380 频率相关常用功能码

功能码	功能	命令源选择	设定值
F0-03	频率源选择	0:数字设定(预置频率 F0-08,UP/DOWN 可修改,掉电不记忆) 1:数字设定(预置频率 F0-08,UP/DOWN 可修改,掉电记忆) 6:多段指令 7:简易 PLC 8:PID 9:通信给定	0
F0-08	预置频率	0.00 ~最大频率(F0-10)	50.00Hz
F0-10	最大频率	50.00~500.00Hz	50.00Hz
F0-11	上限频率源	0:F0-12 设定 5:通信给定	0
F0-12	上限频率	下限频率 F0-14~最大频率 F0-10	50.00Hz
F0-13	上限频率偏置	0.00~最大频率 F0-10	0.00Hz
F0-14	下限频率	0.00~最大频率 F0-12	0.00Hz
F0-17	加速时间 1	0.00~650.00s(F0-19=2) 0.0~6500.0s(F0-19=1) 0~65000s(F0-19=0)	1
F0-18	减速时间 1	0.00~650.00s(F0-19=2) 0.0~6500.0s(F0-19=1) 0~65000s(F0-19=0)	1
F0-19	加减速时间单位	0: 1s 1: 0.1s 2: 0.01s	0

【任务分析】

由于传送带电动机的频率需要变更但又不需要频繁进行变更，且不需要频繁起停。所以，可选择使用变频器控制。同时，使用面板起停设置及参数来源频率。图 7-6 所示为传送带系统。

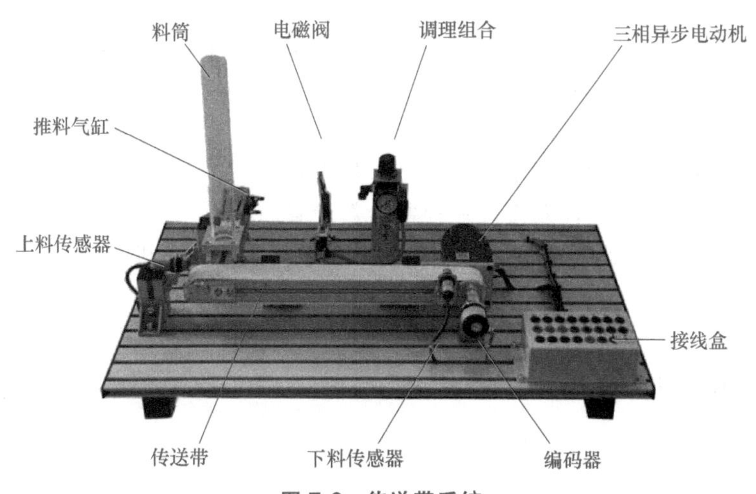

图 7-6　传送带系统

【任务实施】

1. MD380变频器功能码设置

(1) 恢复出厂值　FP-01设定1，将系统参数设置恢复出厂值。

(2) 命令源选择　F0-02设定0，代表启用操作面板命令通道。此时可观察到面板上LOCAL/REMOT灯灭。

(3) 频率设定　F0-08设定一个0~50的值，即为当前变频器输出频率值。

2. 传送带功能调试

按下键盘上的<RUN>键，变频器即开始运行（RUN指示灯点亮）；变频器驱动三相异步电动机运行，传送带开始转动，运行速度由慢到快，最后达到F0-08预设的频率值。在变频器运行的状态下，按下键盘上的<STOP>键，变频器驱动三相异步电动机运行，速度由快到慢，最后停止。变频器RUN指示灯熄灭。

【任务拓展】

1. 更改F0-08参数，观察由此带来的变频器显示及传送带运行状况的变化。

2. 查阅手册并更改F0-17、F0-18、F0-19参数，观察由此带来的变频器显示及传送带运行状况的变化。

【思考与练习】

小明在做实验时发现F0-08参数无法设置超过45。请查阅手册并分析原因，协助其解决问题。

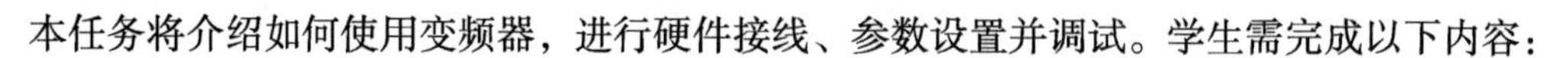

任务7-2　设计双向多级变速传送带系统控制

本任务将介绍如何使用变频器，进行硬件接线、参数设置并调试。学生需完成以下内容：

1. 熟悉MD380变频器的系统构成。
2. 掌握MD380的数字输入端接线方式。
3. 熟练掌握MD380变频器端子起停控制参数设置。
4. 掌握MD380变频器三段及多段速控制参数设置。
5. 培养安全正确操作设备的习惯、严谨的做事风格和协作意识。

【重点知识】

变频器手册的查阅方法。

【关键能力】

1. 会查阅变频器手册并设置变频器功能码。

2. 会查阅变频器手册并进行必要的电路连接。

【素养目标】

通过双向多级变速传送带系统控制项目的训练，锻炼学生快速且持续不断地获取知识、经验，并将其转化为技能，即学以致用的职业素养。

【任务描述】

某电子厂现需一条双向运转传送带。要求可根据工作任务设置不同的传送速度，具体为低速 10Hz、中速 30Hz、高速 50Hz 共 3 档速度可选择，同时可进行正常的起停操作。要求所有速度选择和起停操作均通过触摸屏来完成。

【任务要求】

1. 设置必要的变频器参数。
2. 连接变频器主电路。
3. 连接 PLC 与变频器控制电路。
4. 编写 PLC 程序。
5. 绘制 HMI 界面。
6. 设备调试。

【任务环境】

1. 两人一组，根据工作任务进行合理分工。
2. 每组配备 MD380 变频器主机一台、H2U 系列 PLC 一台、IT6070T 触摸屏一块及相关通信线缆。
3. 每组配备断路器、电动机一台。
4. 每组配备工具和导线若干等。

【相关知识】

MD380 变频器数字输入端接线方式

1. MD380 变频器数字输入端接线方式

MD380 变频器数字输入端接线如图 7-7 所示，其数字输入端接入一般需要用屏蔽电缆，而且配线距离尽量短，不要超过 20m。当选用有源方式驱动时，须对电源的串扰采取必要的滤波措施。

图 7-8 所示为漏型接线方式，这是一种最常用的接线方式。如果使用外部电源，必须把+24V 与 OP 间的短接片去掉，把外部电源的 24V 正极接 OP 端子，外部电源 0V 经控制器控制触点后接到相应的 DI 端子。

图 7-9 所示为源型接线方式。如果使用这种接线方式，则必须把+24V 与 OP 之间的短路片去掉，把+24V 与外部控制器的公共端接在一起，同时把 OP 与 COM 连在一起。如果使用外部电源，必须去掉+24V 与 OP 之间的短接片，把 OP 与外部电源的 0V 接在一起，外部电源 24V 正极经外部控制器控制触点后接入 DI 相应端子。

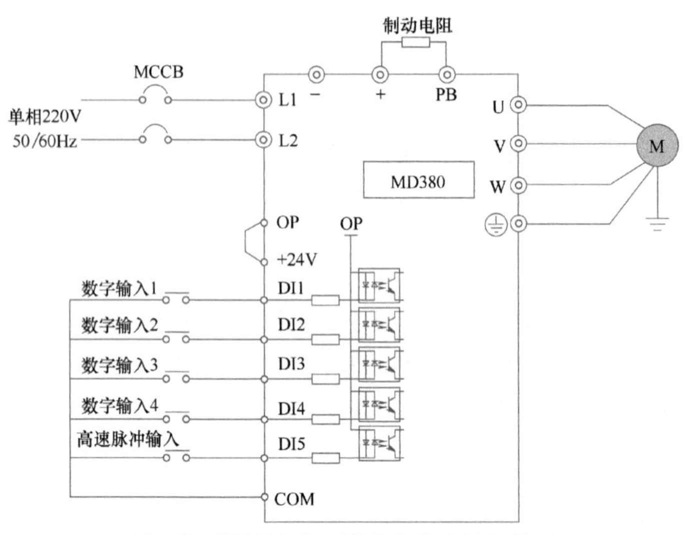

图 7-7　MD380 变频器数字输入端接线图

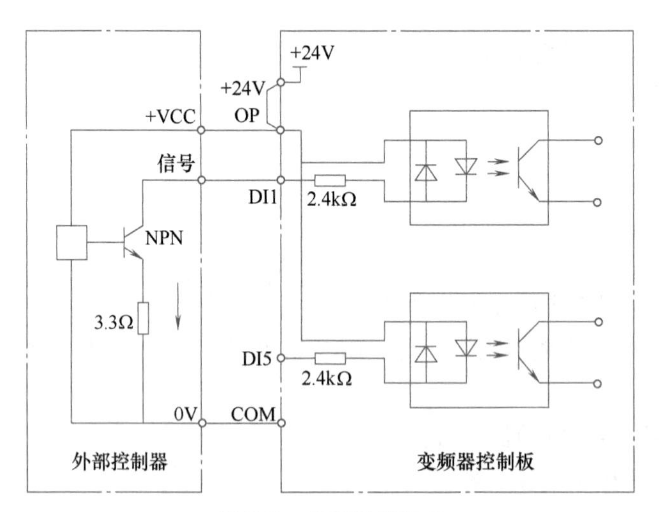

图 7-8　漏型接线方式

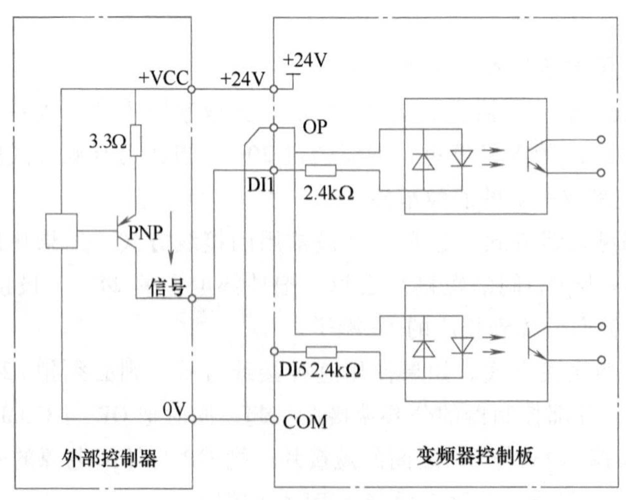

图 7-9　源型接线方式

2. MD380 变频器端子起停控制功能码

变频器端子起停控制参数设置

（1）端子起停控制　端子起停即使用变频器的 DI 数字输入端子来接收起停信号。此种控制方式适合采样拨动开关、电磁开关和按钮等作为应用系统起停的场合，也适合控制器以触点信号控制变频器运行的电气设计。

（2）端子起停参数设置

1）运行模式。设置 F0-02 为 1，选择端子控制方式。

2）端子命令方式参数。MD380 变频器提供了多种端子控制方式，通过功能码 F4-11 确定开关信号模式，功能码 F4-00~F4-09 确定起停控制信号的输入端口，如图 7-10 所示。

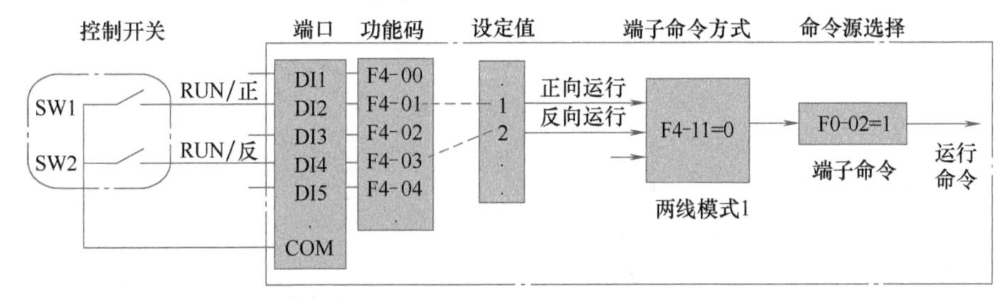

图 7-10　MD380 变频器端子起停控制模式

F4-11 参数设定的四种模式见表 7-6。

表 7-6　F4-11 参数设定的四种模式

	设定范围	模式
F4-11	0	两线式 1
	1	两线式 2
	2	三线式 1
	3	三线式 2

任意选取 DI1~DI10 多功能输入端子中的 DI1、DI2、DI3 三个端子作为外部端子，再通过设定 F4-00~F4-02 的值来选择 DI1、DI2、DI3 三个端子的功能。

① 两线式 1 模式。当 F4-11 设定为 0 时，MD380 变频器处于两线式 1 模式。此模式为最常用的两线模式，由端子 DI1、DI2 来决定电动机的正反转运行。功能码设定如图 7-11 所示。

该控制模式下，K1 闭合，变频器正转运行，K2 闭合则反转。K1、K2 同时闭合或者断开，变频器停止运转。

② 两线式 2 模式。当 F4-11 设定为 1 时，MD380 变频器处于两线式 2 模式。用此模式 DI1 端子功能为运行使能端子，而 DI2 端子功能确定运行方向。功能码设定如图 7-12 所示。

该控制模式在 K1 闭合状态下，K2 断开变频器正转，K2 闭合变频器反转，K1 断开，变频器停止运转。

③ 三线式 1 模式。当 F4-11 设定为 2 时，MD380 变频器处于三线式 1 模式。当 MD380 变频器处于此模式时，DI3 为使能端子，方向分别为 DI1、DI2 控制。功能码设定如图 7-13 所示。

功能码	名称	设定值	功能描述
F4-11	端子命令方式	0	两线式1
F4-00	DI1端子功能选择	1	正转运行(FWD)
F4-01	DI2端子功能选择	2	反转运行(REV)

K1	K2	运行命令
1	0	正转
0	1	反转
1	1	停止
0	0	停止

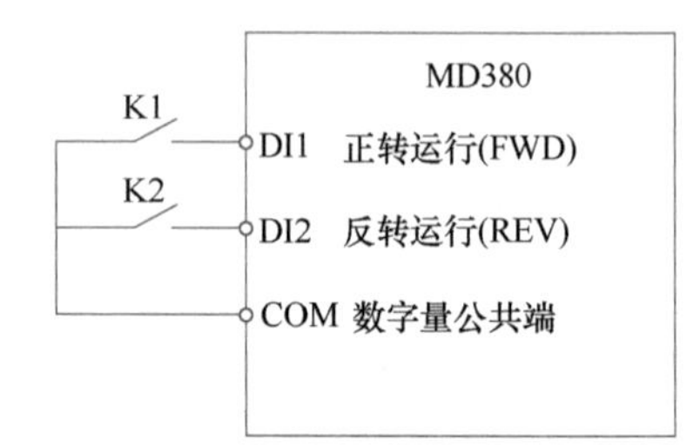

图 7-11 两线式 1 模式

功能码	名称	设定值	功能描述
F4-11	端子命令方式	1	两线式2
F4-00	DI1端子功能选择	1	运行使能
F4-01	DI2端子功能选择	2	正反运行方向

K1	K2	运行命令
1	0	正转
1	1	反转
0	0	停止
0	1	停止

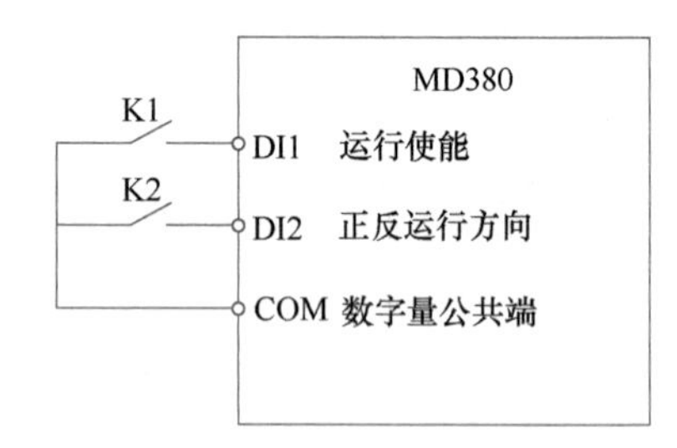

图 7-12 两线式 2 模式

功能码	名称	设定值	功能描述
F4-11	端子命令方式	2	三线式1
F4-00	DI1端子功能选择	1	正转运行(FWD)
F4-01	DI2端子功能选择	2	反转运行(REV)
F4-02	DI3端子功能选择	3	三线式运行控制

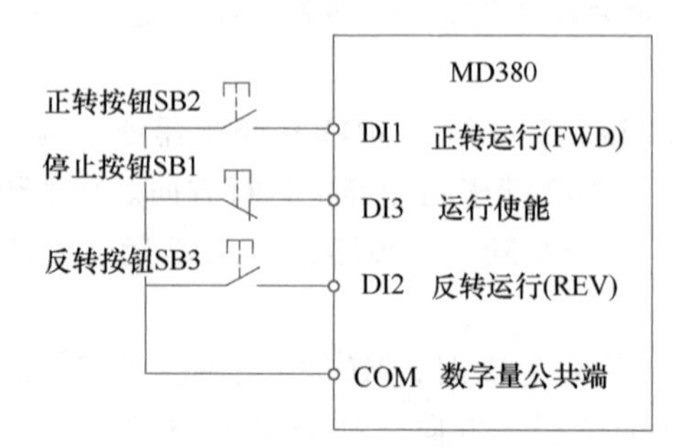

图 7-13 三线式 1 模式

该控制模式在 SB1 按钮闭合状态下，按下 SB2 按钮，变频器正转，按下 SB3 按钮，变频器反转；SB1 按钮断开瞬间，变频器停机。正常起动和运行中，必须保持按钮 SB1 处于闭合状态，按钮 SB2、SB3 的命令则在闭合动作沿生效。变频器的运行状态以该 3 个按钮最后的动作为准。

④ 三线式 2 模式。此模式的 DI3 为使能端子，运行命令由 DI1 来给出，方向由 DI2 的状态来决定，如图 7-14 所示。

功能码	名称	设定值	功能描述
F4-11	端子命令方式	3	三线式2
F4-00	DI1端子功能选择	1	运行使能
F4-01	DI2端子功能选择	2	正反运行方向
F4-02	DI3端子功能选择	3	三线式运行控制

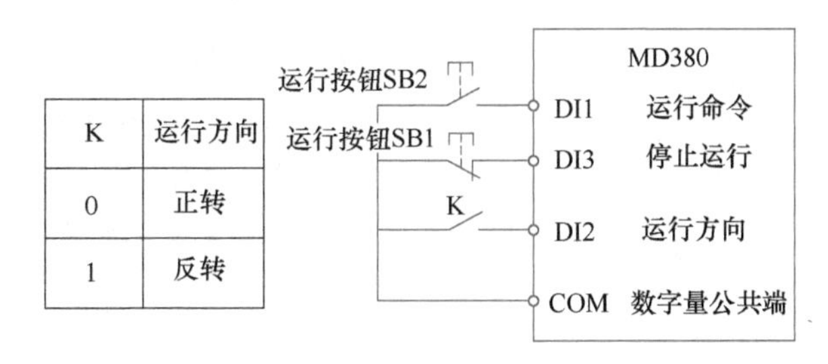

图 7-14　三线式 2 模式

该控制模式在 SB1 按钮闭合状态下，按下 SB2 按钮，变频器运行，K 断开，变频器正转，K 闭合，变频器反转；SB1 按钮断开瞬间，变频器停机。正常起动和运行中，必须保持 SB1 按钮闭合状态，SB2 按钮的命令则在闭合动作沿生效。

（3）F4 组输入端子　MD380 变频器标配 5 个多功能数字输入端子（其中 DI5 可以用作高速脉冲输入端子），以及 2 个模拟量输入端子。若系统需用更多的输入输出端子，则可选配多功能输入输出扩展卡。且 DI 端子的功能均可由对应的功能码进行设定和修改，见表 7-7。

表 7-7　F4 组输入功能码

功能码	名称	出厂值	备注
F4-00	DI1 端子功能选择	1(正转运行)	标配
F4-01	DI2 端子功能选择	4(正转点动)	标配
F4-02	DI3 端子功能选择	9(故障复位)	标配
F4-03	DI4 端子功能选择	12(多段速度 1)	标配
F4-04	DI5 端子功能选择	13(多段速度 2)	标配
F4-05	DI6 端子功能选择	0	扩展
F4-06	DI7 端子功能选择	0	扩展

通过给 F4-00 ~ F4-06 功能码设定不同的值，可以使 DI1 ~ DI7 端子在接入信号时产生不同的功能，详见表 7-8。

表 7-8　F 组功能选择码功能说明

设定值	功能	说明
0	无功能	可将不使用的端子设定为“无功能”，以防止误动作
1	正转运行(FWD)	通过外部端子来控制变频器的正转与反转
2	反转运行(REV)	
3	三线式运行控制	三线控制功能，具体由三线控制模式决定
4	正转点动(FJOG)	FJOG 为点动正转运行，RJOG 为点动翻转运行。点动运行频率、点动加减速时间分别由 F8-00、F8-01 和 F8-02 设定
5	反转点动(RJOG)	
6	端子 UP	由外部端子给定频率时修改频率的递增、递减指令。在频率来源设定为数字设定时，可上下调节设定频率
7	端子 DOWN	
8	自由停车	变频器封锁输出，此时电动机的停车过程不受变频器控制
9	故障复位(RESET)	利用端子进行故障复位的功能
10	运行暂停	变频器减速停车，但所有运行参数均被记忆。在此端子信号消失后，变频器恢复为停车前的运行状态
11	外部故障常开输入	当该信号送至变频器后，变频器报出故障 ERR15，并根据故障保护动作方式进行故障处理
12	多段频率指令端子 1	可通过这 4 个端子的 16 种状态，实现 16 段速度或者 16 种其他指令的设定
13	多段频率指令端子 2	
14	多段频率指令端子 3	
15	多段频率指令端子 4	

3. MD380 变频器端子多段速控制功能码

变频器多段速控制参数设置

对于不需要连续调整变频器运行频率，只需要使用若干个频率值的应用场合，可使用多段速控制。MD380 变频器最多可设定 16 段运行频率，可通过 4 个 DI 输入信号的组合来选择。将 DI 端口对应的功能码设置为 12~15 的功能值，即指定了多段频率指令输入端口，而所需的多段频率则通过 FC 组的多段频率表来设定，将“频率源选择”指定为多段频率给定方式，如图 7-15 所示。

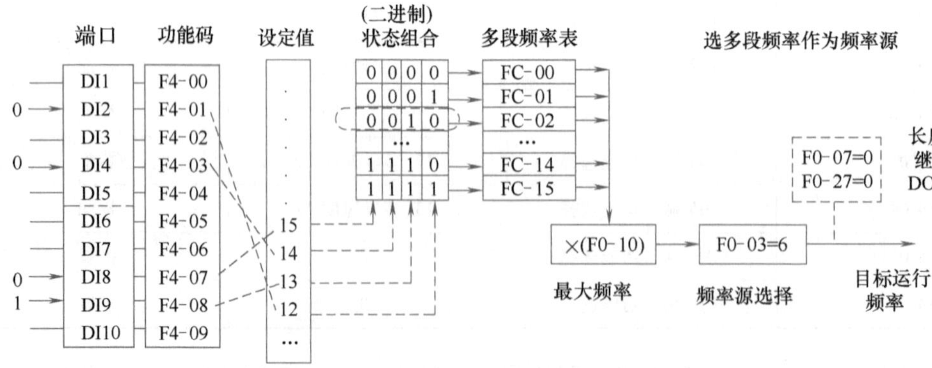

图 7-15　多段速频率源选择

该控制模式选择了 DI8、DI4、DI9、DI2 作为多段频率指定的信号输入端，并由其依次组成 4 位二进制数，按状态组合值，挑选多段频率。当（DI8、DI4、DI9、DI2）=（0、0、1、0）时，形成的状态组合数为 2，就会挑选 FC-02 功能码所设定的频率值，由（FC-02）×（F0-10）自动计算得到目标运行频率。

MD380 最多可以设定 4 个 DI 端口作为多段频率指令输入端，也允许少于 4 个 DI 端口进行多段频率给定的情况，对于缺少的设置位，一直按状态 0 计算。

选择多段频率指令运行方式时，需要通过数字量输入 DI 端子的不同状态组合，对应不同的设定频率值。

MD380 变频器可以设置 4 个多段频率指令端子（端子功能 12~15），4 个端子的 16 种状态，可以通过 FC 组功能码对应任意 16 个多段频率指令，多段频率指令是相对最大频率 F0-10 的百分比。具体见表 7-9。

表 7-9 多段速频率设定

K4	K3	K2	K1	指令设定	对应参数
OFF	OFF	OFF	OFF	多段频率指令 0	FC-00
OFF	OFF	OFF	ON	多段频率指令 1	FC-01
OFF	OFF	ON	OFF	多段频率指令 2	FC-02
OFF	OFF	ON	ON	多段频率指令 3	FC-03
OFF	ON	OFF	OFF	多段频率指令 4	FC-04
OFF	ON	OFF	ON	多段频率指令 5	FC-05
OFF	ON	ON	OFF	多段频率指令 6	FC-06
OFF	ON	ON	ON	多段频率指令 7	FC-07
ON	OFF	OFF	OFF	多段频率指令 8	FC-08
ON	OFF	OFF	ON	多段频率指令 9	FC-09
ON	OFF	ON	OFF	多段频率指令 10	FC-10
ON	OFF	ON	ON	多段频率指令 11	FC-11
ON	ON	OFF	OFF	多段频率指令 12	FC-12
ON	ON	OFF	ON	多段频率指令 13	FC-13
ON	ON	ON	OFF	多段频率指令 14	FC-14
ON	ON	ON	ON	多段频率指令 15	FC-15

例如，当多段速输入端 K1 为 ON，其余为 OFF 时，变频器输出频率将等于 FC-01 的设定值作为百分比乘以 F0-10 的值（最大频率）。

【任务分析】

要求传送带能够正反转和停止，并且有三种速度，至少需要 PLC 用四个输出点接到变频器上。可以把 H2U 的 Y4、Y5、Y6、Y7 分别对应变频器的 DI1、DI2、DI3、DI4 点。同时把 DI1、DI2 定义为正转信号和反转信号，把 DI3、DI4 定义为多段速 1、多段速 2。这样，当 Y4 输出为 ON 时，正转运行，Y5 输出为 ON 则实现反转控制。Y6 和 Y7 组合可实现最多 4 个速度（4 段频率）。当前设计完全可以满足项目要求。

双向多级变速传送带控制任务分析

双向多级变速传送带控制程序设计

双向多级变速传送带控制总体联调

【任务实施】

1. 双向多级变速传送带控制电路设计

此设计主电路部分与之前一样，不同之处在于需要将 PLC 输出端与变频器 DI 输入端对应连接，如图 7-16 所示。

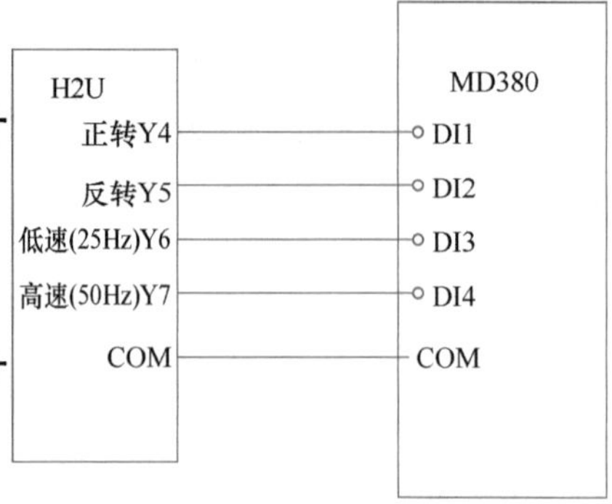

图 7-16 双向多级变速传送带控制电路示意图

2. 双向多级变速传送带控制程序设计

（1）MD380 变频器参数设置

1）恢复出厂值。FP-01 设定为 1，将系统参数设置恢复出厂值。

2）命令源选择。F0-02 设定为 1，代表启用端子命令通道。此时可观察到面板上 LOCAL/REMOT 灯长亮。

3）频率设定。F0-10 设定为 50，即为变频器最高频率值。

4）端子功能定义。F4-00 设为 1，F4-01 设为 2，则 DI1、DI2 功能分别被定义为正转和反转。F4-02 设为 12，F4-03 设为 13，则 DI3、DI4 功能分别被定义为多段速 1 和多段速 2。

5）多段速频率定义。将 FC-01、FC-02 和 FC-03 分别设定为 20、60 和 100。

（2）PLC 程序设计（图 7-17）

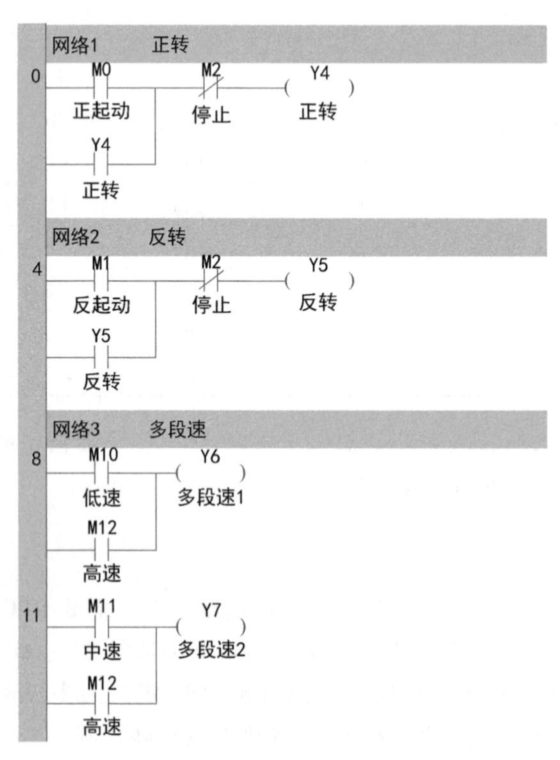

图 7-17 参考程序

（3）触摸屏界面设计　三个起动、停止按钮设置成点动模式，三个速度按钮设置成切换开关模式，正转、反转指示灯分别与 PLC 的 Y4、Y5 关联，三个速度指示灯分别与 M10、M11 和 M12 关联，如图 7-18 所示。

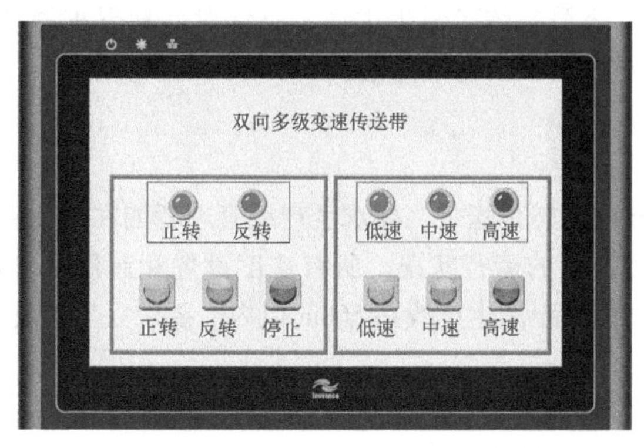

图 7-18　参考人机界面

【任务拓展】

使用三线式控制方式完成本项目，并比较与样例设计的区别。

【思考与练习】

若传送带只需要单向运行，则在原硬件不变的情况下，最多可以调节多少种速度？试完成软硬件设计。

任务 7-3　设计远程无级变速传送带系统控制

本任务将介绍如何编写 PLC 程序、进行硬件接线和调试。学生需完成以下内容：

1. 进一步熟悉 MD380 变频器的功能码设置操作。
2. 掌握 MD380 变频器的 RS485 通信接线方式。
3. 掌握 MD380 变频器的通信控制功能码配置。
4. 掌握 H2U 系列 PLC 的 Modbus 通信配置。
5. 培养安全正确操作设备的习惯、严谨的做事风格和协作意识。

【重点知识】

1. H2U 系列 PLC 的 Modbus 通信配置方法。
2. MD380 变频器的通信控制功能码配置方法。

【关键能力】

会查阅变频器手册、PLC 手册，并进行 Modbus 通信设置及编程。

【素养目标】

本项目的完成需查阅《MD380 系列通用变频器用户手册》《H1UH2U-XP 系列 PLC 通信应用手册》等多份资料，充分锻炼了学生主动、有针对性地寻求资源和途径以学习新知识、新技能，主动拓展自身专业知识面的职业素养。

【任务描述】

某电子厂现需一条双向运转传送带。要求生产线管理者能在办公室对传送带做起停及调速设置，并能实时观察到传送带的运行状况。所有速度设置和起停操作均可通过触摸屏远程完成。已知生产线管理者办公室距离生产线在 500m 以内。要求完成项目方案及相关设计并调试。

【任务要求】

1. 完成 H2U 和 MD380 变频器的 RS485 通信接线。
2. 完成 MD380 变频器的通信控制功能码配置。
3. 完成 H2U PLC 的 Modbus 通信配置。
4. 完成 IT6070T 触摸屏界面设计。
5. 完成相关程序下载。
6. 在线监控，软、硬件调试。

【任务环境】

1. 两人一组，根据工作任务进行合理分工。
2. 每组配备 H2U PLC 主机一台、MD380 变频器一台、IT6070T 触摸屏一块及配套通信电缆。
3. 每组配备（传送带）电动机一台。
4. 每组配备工具和导线若干等。

变频器通信方式起停控制设置

【相关知识】

1. 变频器通信方式起停控制设置

变频器的通信协议为 Modbus 从站，地址设为#1。其默认地址为#1，9600bit/s，8N2，初始化 MD380 变频器后就会是该设置，如图 7-19 所示。

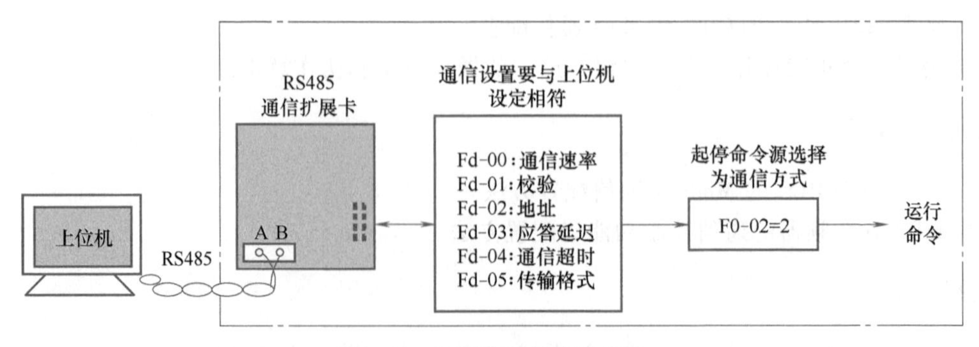

图 7-19　变频器通信方式连接

在变频器面板上设定 FP-01=1，按<ENTER>键确认，即可恢复默认值［默认值：FD-00=5（bit/s）、FD-01=0（默认 8N2 固定）、FD-02=1（站号）、FD-05=1 选择标准 Modbus 协议］。通信系统硬件连接如图 7-20 所示。

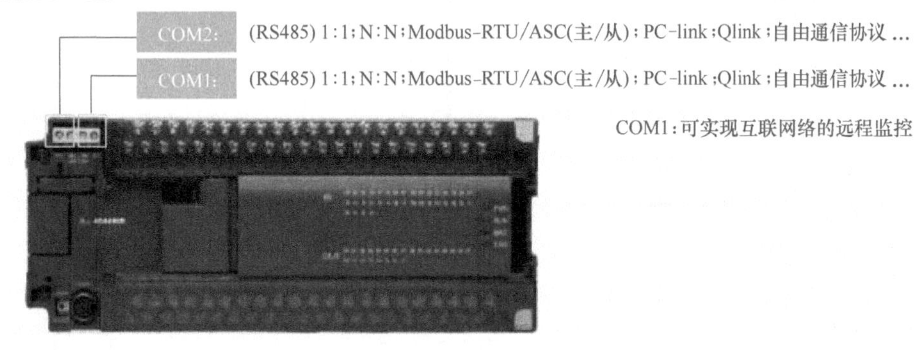

图 7-20　H2UPLC 通信硬件连接

2. 主站 PLC 通信设置

将 PLC 的 COM1 口配置为 Modbus-RTU 主站，9600bit/s，8N2，由 PLC 完成系统所需数据交换的全部工作。

变频器通信方式调速控制设置

COM1 口：协议 D8126 = H60，格式 D8120 = H89，设为 Modbus 主站，9600bit/s，8N2。这是根据所使用的变频器的通信设置来设的，两者一致方可通信成功。

PLC 通信参数设置程序如图 7-21 所示。

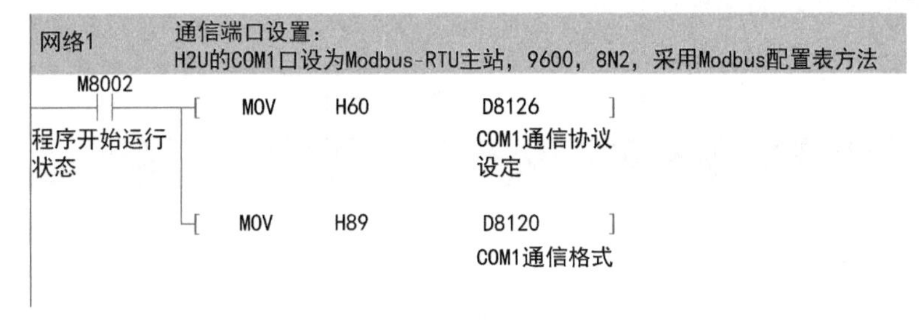

图 7-21　PLC 通信参数设置程序段

将 PLC 的 COM1 口配置为 Modbus-RTU 主站也可以在“系统参数”→“COM1 设置”→“协议选择”中选中“MODBUS 配置”，设置站号等通信配置信息，单击“确定”按钮，保存通信配置，如图 7-22 所示。

3. 变频器相关参数设置

1）变频器的命令源（即起动、停止的命令输入口）有三个：面板、输入端子、通信口。MD380 中由功能码 F0-02 决定，出厂时默认为 0，即由面板上的<RUN>和<STOP>按键决定。若需要用通信端口做起停控制，需改设 F0-02=2，可以在面板上改，也可以用通信方法改。

PLC 的 Modbus-RTU 主站

2）变频器的运行频率有多个来源可供选择，在 MD380 中由功能码 F0-03 决定，若要设定成由通信控制，需改设 F0-03=9，可以在面板上改，

图 7-22　系统参数设置界面

也可以用通信方法改。注意：下发的频率值并不是以 0.01Hz 为单位的数据，而是相对于最大频率（F0-10）的百分值，K10000 为满刻度，需要进行折算。例如，变频器最大频率为 50.00Hz，希望以 40.00Hz 运行，需要发送的数据为 40.00×K10000/50.00=K8000。

3）变频器的通信协议为 Modbus 从站，地址设为#1。其默认地址为#1，9600bit/s，8N2，初始化 MD380 后就会是该设置。

4. 变频器通信方式调速控制设置

变频器通信基本参数设置见表 7-10。

表 7-10　变频器通信基本参数

序号	功能码	参数说明	设置值
1	FP-01	恢复出厂值	1
2	F1-00	普通电动机	0
3	F0-10	最大频率	50Hz
4	F0-17	加速时间	0
5	F0-18	减速时间	0
6	F0-19	时间单位	1
7	F0-02=2	命令源选择为“串口通信”	2
8	F0-03=9	频率源选择为“串口通信”	9
9	FD-00=5	9600bit/s	5
10	FD-01=0	数据格式为“无校验”(默认 8N2 固定)	0
11	FD-02=1	本机通信地址(默认为 1)	1
12	FD-05=1	选择标准 Modbus 协议	1

MD380 系列变频器内部数据寄存器功能码设置说明见表 7-11。

表 7-11 MD380 系列变频器内部数据寄存器功能码设置说明

设定项目	功能码设置	说明
变频器的起停控制(只写)	H2000 单元	1=正转运行 2=反转运行 3=正转点动 4=反转点动 5=自由停机 6=减速停机 7=故障复位
运行频率随时修改(只写)	H1000 单元	以通信方式向设备 H1000 单元写入运行频率值(-10000~10000),对应于最大频率的(-100%~100%)
运行频率显示(只读)	H1001 单元	以通信方式从设备 H1001 单元读取运行频率值(-10000~10000),对应于最大频率的(-100%~100%)
读取变频器运行状态(只读)	H3000 单元	1=正转运行 2=反转运行 3=停机

当变频器 H2000 单元写入 1 时，变频器控制电动机正转运行；写入 2 时，变频器控制电动机反转运行；写入 5 时，变频器控制电动机自由停机；写入 6 时，控制电动机减速停机。

当变频器 H1000 单元写入-10000~10000 时，变频器会输出对应于最大频率的-100%~100%的频率值。如 F0-10 最大频率设置为 50 时，当 H1000 单元写入 5000 时，变频器输出最大频率 50Hz 的 5000/10000，即为 25Hz；当 H1000 写入 10000 时，变频器输出 50Hz。

5. 主站 PLC 的 Modbus 配置

在“工程管理”窗口中选择所使用的通信 COM 端口，单击鼠标右键，选择“添加 Modbus 配置”。双击“Modbus 配置”，打开“Modbus 配置”窗口，如图 7-23 所示。

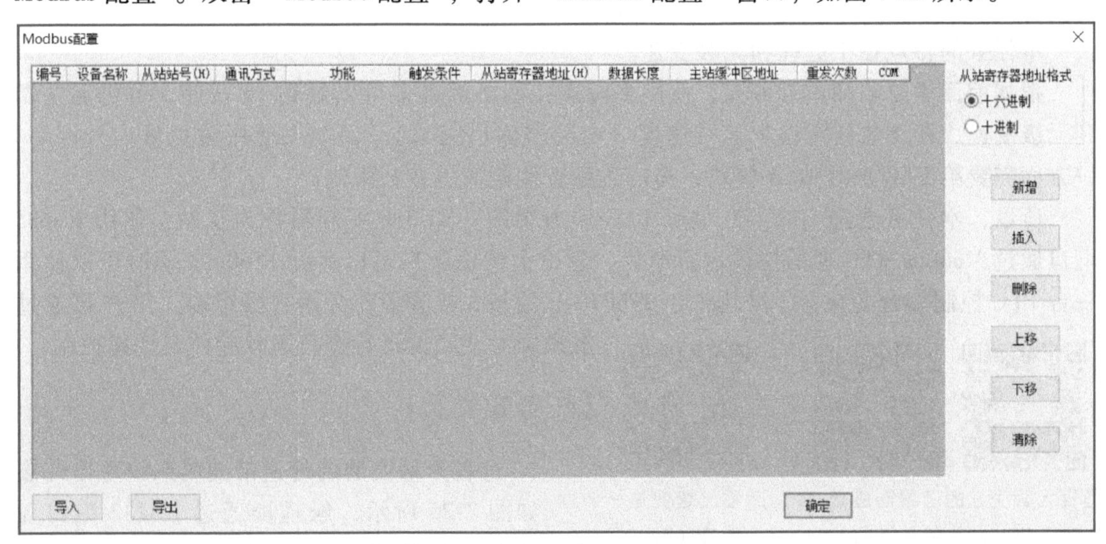

图 7-23 “Modbus 配置”窗口

单击窗口右侧“新增”按钮，可添加通信设备从站并对其进行相关设置。如图 7-24 所示进行配置，即告诉 PLC 使用其 COM1 端口做 Modbus 通信，变频器作为 PLC 的从站，并以循环方式，反复对从站（变频器）中的对应地址做读写操作。即把主站 PLC 的数据寄存器 D31 和 D30 中的数值反复不断地写入变频器中地址为 H2000 和 H1000 的寄存器里。同时，又把变频器中 H1001 地址的寄存器里的数据不断地读取到主站 PLC 的数据寄存器 D32 中。单击“确定”按钮，则主站 PLC 侧的 Modbus 配置完成。

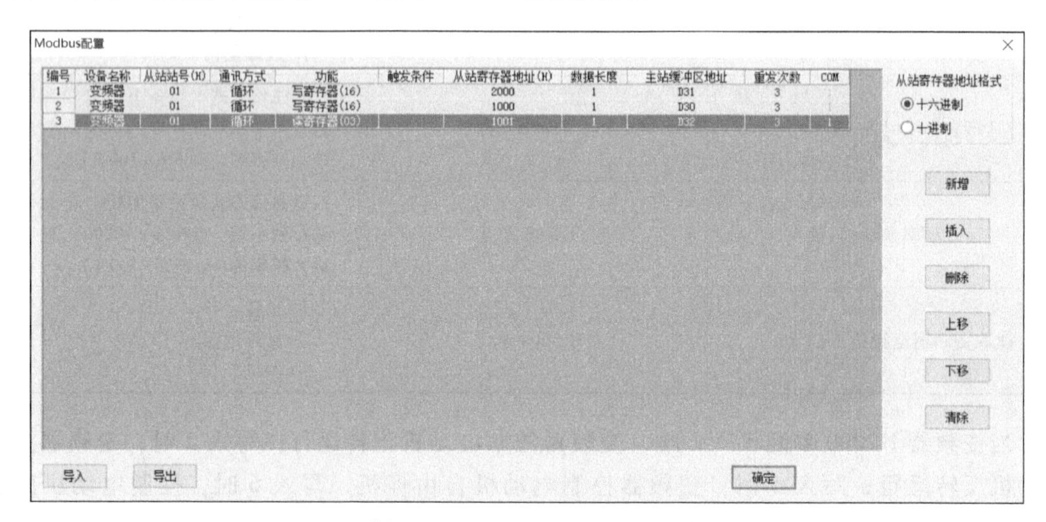

图 7-24 “Modbus 配置”窗口中已配置部分参数

当主站 PLC 的 D31 的数据为 1、2、5 时，变频器寄存器 H2000 会被分别写入 1、2、5，则变频器会根据通信写入的数据开始执行正转、反转或停机操作。而与此同时，主站 PLC 的 D30 的数据在-10000～10000 范围内变化时，变频器寄存器 H1000 内的数据也会同样发生变化，这将控制变频器的输出频率在最大频率的-100%～+100%之间变化。

【任务分析】

本任务的特点在于远程和无级变速。

根据前面学习的知识点可知，使用多段速控制虽然最多可以做到 16 段速，但仍无法做到无级变速，即无法任意设定运行速度（变频器输出频率）。而如果使用模拟量信号控制，一方面需要给 PLC 加装 D/A 模块，另一方面控制距离也存在限制。

所以，本任务选择 H2U-XP 型号 PLC 作为主站，MD380 变频器作为从站。使用 RS485 端口通过 Modbus-RTU 通信协议进行通信，理论上传输距离可以达到 1500m，同时可以使用一台 PLC 控制多台变频器。采用汇川 IT6070 通用型人机界面作为用户操作端，用户可通过触摸屏对变频器运行进行远程起停及调速控制。

远程无级变速的传送带控制任务分析

远程无级变速的传送带控制软件设计

远程无级变速的传送带总体联调

【任务实施】

1. 远程无级变速的传送带控制系统通信连接

如图 7-25 所示，触摸屏通过 RS232 串口与 H2U 的编程口相连，通过 H2U 编程协议进行通信。H2U 的 RS485 端口与 MD380 变频器的 RS485 端相连，通过 Modbus-RTU 协议进行通信。

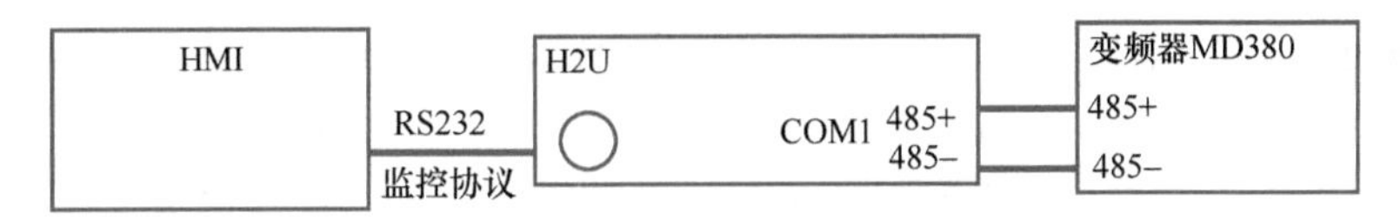

图 7-25 系统通信连接

2. 远程无级变速的传送带控制软件设计

（1）电动机参数设置　F1-00 设定为 0，代表普通异步电动机。F1-01 额定功率、F1-02 额定电压、F1-03 额定电流、F1-04 额定频率这些参数均根据电动机铭牌进行设置。

（2）运行模式设置

1）命令来源。F0-02 设定为 2，代表启用通信命令通道。此时可观察到面板上 LOCAL/REMOT 灯闪烁。

2）主频率来源选择。F0-03 设定为 9，代表主频率通过通信方式给定。

3）最大频率。F0-10 设定为 50，代表最大频率为 50Hz，在以通信方式运行时，会根据通信给定值，在 0~50Hz 范围变化。

（3）串口通信协议选择　F0-28 设置为 0，选择 Modbus-RTU 协议进行通信。

3. PLC 程序设计

（1）Modbus 通信参数设置　把变频器配置为从站 1，采用循环通信方式。将 PLC 数据寄存器 D0、D2、D4 和变频器寄存器 H2000、H1000、H1001 做关联，如图 7-26 所示。

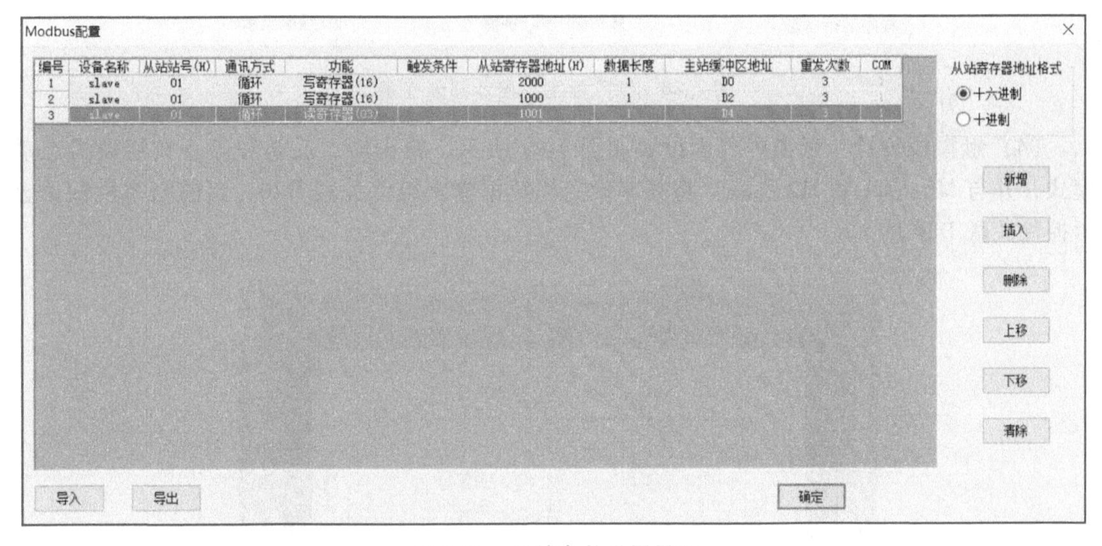

图 7-26 系统参数设置界面

（2）起停控制部分程序设计　起停控制部分程序设计如图 7-27 所示。使用 MOV 指令将正转、反转和停止参数写入变频器起停给定数据寄存器 D0。

（3）频率设定及显示部分程序设计　由于频率设定关联 D2，频率显示关联 D4，而对应频率在−50 ~50Hz 范围内，寄存器 H1000 和 H1001 的值都是在−10000~10000 变化。所以在设定时，需要将输入的值从−50 ~50 转化到−10000~10000，再存入 H1000，同时将从

H1001 读取的值从-10000~10000 转化到-50 ~50 才能显示。所以需要设计如图 7-28 所示的程序，对 D20 设定值和 D4 读取值做乘法和除法的运算。

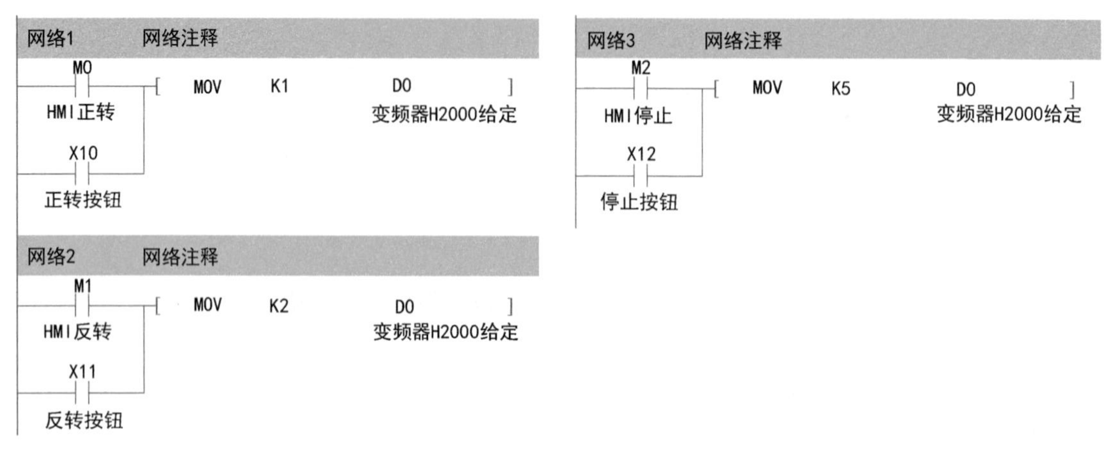

图 7-27 起停控制部分程序

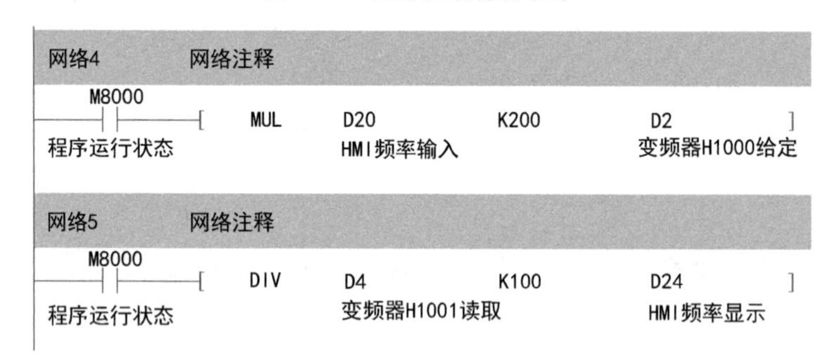

图 7-28 频率设定及显示部分程序

（4）触摸屏设计　触摸屏界面设置如图 7-29 所示，将正转、反转和停止按钮设为点动模式，并与 M0、M1 和 M2 关联。将频率设定栏数据输入组件关联 D20，当前频率栏数据显示控件关联 D24。

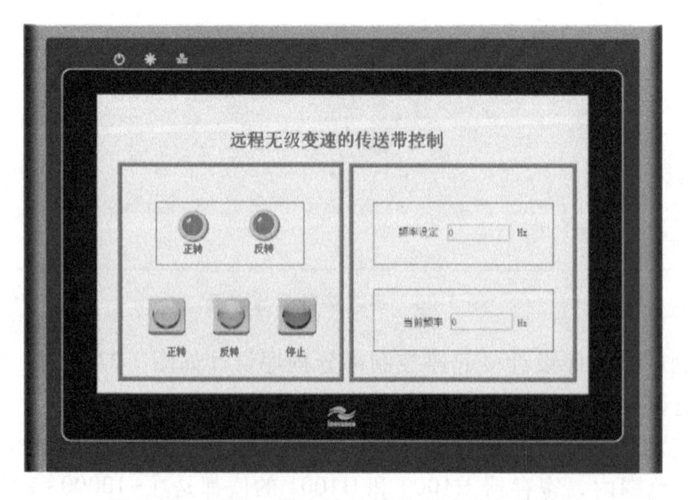

图 7-29 远程无级变速的传送带控制人机界面

【任务拓展】

1. 尝试将 PLC 的 Modbus 配置“循环”改为“触发”，再完成本项目。
2. 尝试能否不编写 PLC 梯形图程序而完成本项目。

【思考与练习】

使用本任务中控制变频器的通信方式，人机界面和功能不变，完成可同时控制多条相同传送带控制功能的 PLC 程序及 HMI 界面设计。

PROJECT 8

PLC与PLC的通信及应用

随着3C技术的发展，网络集成信息自动化正迅速应用到现场设备控制中，因此利用PLC的通信控制协议，把多台PLC以及PLC与PC、变频器、触摸屏等其他设备组成PLC网络，实现生产过程中的控制有重要的意义。

本项目以汇川PLC作为主站和从站，运用汇川触摸屏分别设计主站和从站界面，结合PLC+HMI编程，完成RS485和CANlink的通信试验。

思维导图

- PLC与PLC的通信及应用
  - PLC与PLC的RS485通信及应用
    - Modbus协议
    - H2U系列独立通信端口
    - 汇川H2U系列PLC RS485通信协议和参数配置
  - PLC与PLC的CANlink通信及应用
    - CANlink协议
    - CANlink通信扩展卡

任务8-1 PLC与PLC的RS485通信及应用

本任务将介绍如何编写PLC程序、进行硬件接线和调试。学生需完成以下内容。

1. 认识汇川PLC之间RS485串口Modbus协议通信的基本原理。
2. 掌握汇川PLC之间RS485的接线方式。
3. 学会制作一个简单的验证RS485通信功能的工程。
4. 培养安全正确操作设备的习惯、严谨的做事风格和协作意识。

【重点知识】

汇川RS485通信的基本应用。

【关键能力】

会用RS485接线和PLC+HMI设计，完成主站与从站之间的RS485通信功能。

【素养目标】

通过分组的形式开展程序编写与功能测试，提高学生描述问题与表达思路的水平，增强学生团队协作解决问题的综合能力。

【任务描述】

本任务选用两台 H2U 系列 PLC，其中一台作为主站，一台作为从站，在主、从站之间进行 RS485 通信试验。HMI 设计思想如下：

1）主站：代表主站的按钮按三次，计数器计满 3，主站向从站发出信号，则指示从站响应的指示灯 Y10 亮；接着主站按钮再按一次，则从站的指示灯 Y10 灭，同时计数器重新从 0 开始计数。

2）从站：代表从站的按钮按下后，从站向主站发出信号，则指示主站响应的指示灯 Y10 亮，延时 10s 后，主站的指示灯 Y10 灭。

主站触摸屏设计效果如图 8-1 所示。

从站触摸屏设计效果如图 8-2 所示。

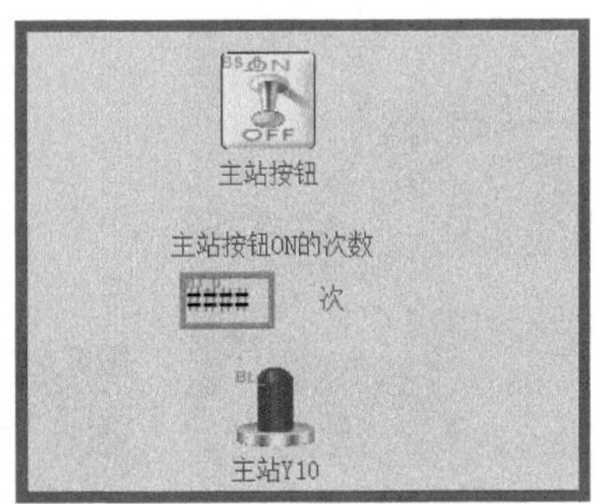

图 8-1　主站触摸屏界面

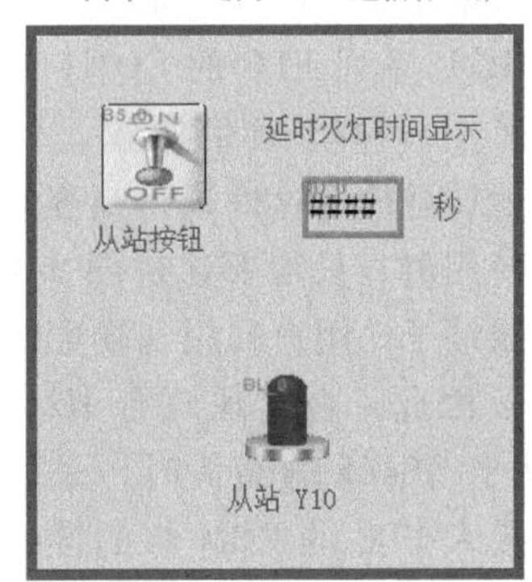

图 8-2　从站触摸屏界面

【任务要求】

1. 了解 PLC 与 PLC 间的 RS485 通信。
2. 熟悉触摸屏界面的设计。
3. 能独立完成 PLC 的调试。

【任务环境】

1. 装有汇川 AutoShop V2. 53 和 InoTouch+Editor 软件的 PC 两台。
2. 汇川触摸屏与 H2U-3232MT PLC 各两个。
3. 汇川 USB 下载线和 PLC 触摸屏通信线各两根。
4. RS485 通信卡两张。

汇川 PLC 的通信接口

【相关知识】

1. Modbus 协议

Modbus 协议发明于 1979 年，是全球第一个真正用于工业现场的总线协议。Modbus 网络只有一个主机，所有通信都由它发出。网络可以支持 247 个之多的远程从属控制器，但实际所支持的从机数要由所用通信设备决定。许多工业设备，包括 PLC、DCS（分布式控制系统）、智能仪表等都在使用 Modbus 协议作为它们的通信标准。Modbus 协议的特点包括：标准、开放，用户可以免费、放心地使用；可以支持多种电气接口，如 RS232、RS485 等；帧格式简单、紧凑、通俗易懂。

2. H2U 系列独立通信端口

H2U 系列 PLC 控制器配置四个独立通信口 COM0～COM3。COM0 硬件为标准 RS422，接口端子为 8 孔鼠标头母座，有编程、监控功能，不可由用户自由定义。在实训台上，PLC 侧为 RS422，PC 侧为 USB。PC 通过专用的 USB 下载电缆连接到 COM0 的程序下载口。COM1～COM3 功能完全由用户自由定义，其中，COM3 位预留端口，而 COM1 和 COM2 采用 RS485 标准，接口为接线端子，如图 8-3 所示。

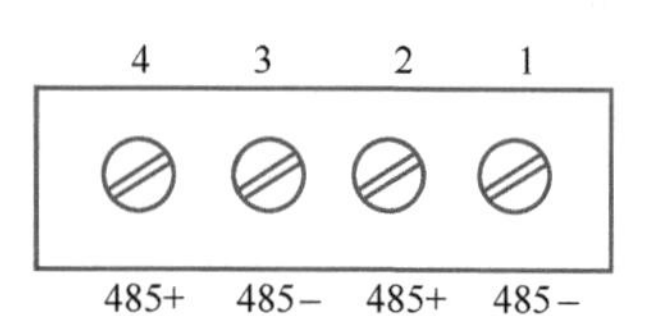

图 8-3　H2U 系列 PLC 的 COM1 和 COM2 接线端子

由于 H2U 系列 PLC 的 COM1 口和 COM2 口采用 RS485 通信协议，使得 PLC 与其他设备的 RS485 通信很容易实现。实际使用时，只需要通过图 8-3 中定义的接线端子，用户采用现场配线的形式即可。因此，在实现两台 H2U 系列 PLC 基于 RS485 的通信时，采用双绞线分别接入 PLC 的 COM 口的接线端子即可。这里给出其中一台 PLC 的 COM2 端的接线方式，如图 8-4 所示。

图 8-4　其中一台 PLC 的 COM2 端接入通信线缆

PLC 之间的 RS485 接线和通信参数配置

3. 汇川 H2U 系列 PLC RS485 通信协议和参数配置

本机 COM2 的通信协议标配为 RS485 协议，半双工模式。COM1 通信协议由地址寄存器 D8126 设定，通信模式及通信格式由地址寄存器 D8120 设定。当使用 RS485 协议时，D8120 的 Bit10 必须设置为 ON。具体的 COM1 口通信协议设置表可查阅汇川公司提供的《HIUH2U-XP 系列 PLC 通信应用手册》，这里不再详述。使用两台 PLC 作为主从站实现基于 RS485 协议通信时，采用并联协议，通信格式是本机固定的。

主从站 PLC 程序设计

主从站触摸屏设计

【任务实施】

1. 主从站 PLC 与 HMI 数据链接

PLC 之间 RS485 通信主站/从站端口分配见表 8-1。

表 8-1 PLC 之间 RS485 通信主站/从站端口分配

类别	内容	输入地址	输出地址	通信地址
主站	主站按钮	M20	—	主站发送(从站接收)M800
	主站指示灯	—	Y10	
	主站按钮按下次数	D0	—	
从站	从站按钮	M20	—	从站发送(主站接收)M900
	从站指示灯	—	Y10	
	从站延时计数器	D2		

2. 主从 PLC RS485 通信连接

两台 PLC 通过各自的 COM0 连接到对应的触摸屏，同时将两台 PLC 通过 COM2（或 COM1）连接在一起，如图 8-5 所示。

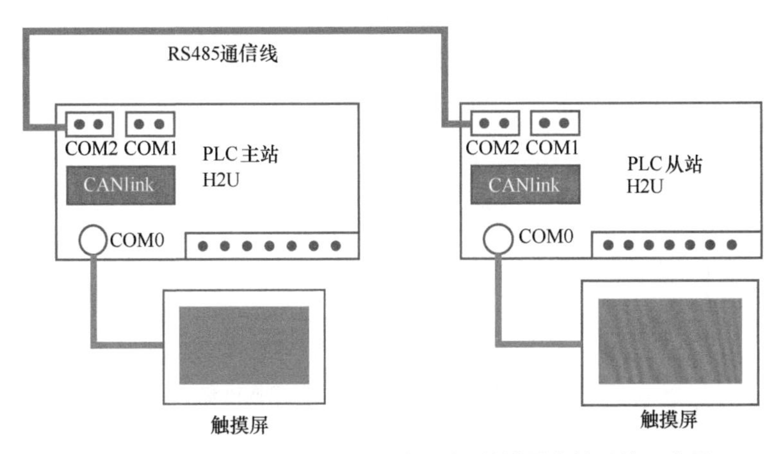

图 8-5 两台 PLC 的 RS485 总线通信+触摸屏监控系统示意图

3. 设计触摸屏界面

（1）主站触摸屏设计

1）采用位状态切换开关控件作为主站按钮，在“一般属性”选项卡中设置读取地址为 H2U. M（20），设置属性为“复归型”，如图 8-6 所示；在“图形属性”选项卡中，单击“图案”，选择“switch”，并采用绿色开关样式。

2）采用数值显示控件来记录主站按钮 ON 的次数，读取地址为 H2U. CW（0），如图 8-7 所示。

3）采用位状态指示灯来表示主站 Y10 的输出状态，其读取地址为 H2U. Y（10），在“图形属性”选项卡中，选择系统图库中的 Lamp 作为图片标识，如图 8-8 所示。

（2）从站触摸屏设计　从站触摸屏的设计过程与主站类似，只是用来显示延时灭灯时间的数值显示控件中读取地址为 H2U. D（2），如图 8-9 所示。

4. 主从站 PLC 之间 RS485 通信程序设计

（1）主站程序　第 1 行，当主站按钮按下后，计数器 C0 开始计数，最大值为 4。第 2 行，当 C0 计数值等于 3 时，辅助继电器 M800 置 1，主站向从站发送数据。第 3 行，当 C0 值计数到设定最大值时，通过 RST 指令重置。第 4 行，主站通过 M900 接收从站的通信数据，并通过输出继电器 Y10 控制触摸屏上的 Lamp。主站程序如图 8-10 所示。

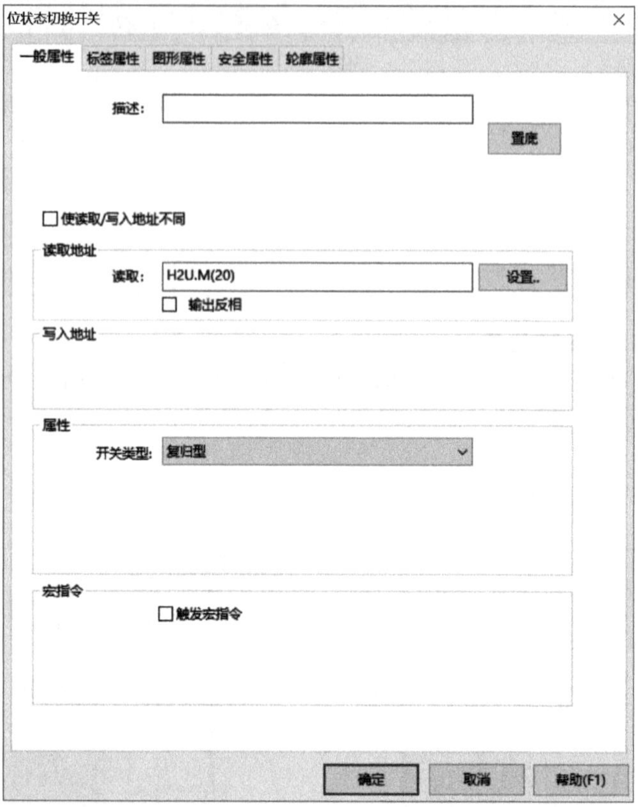

图 8-6　位状态切换开关控件属性设置

图 8-7　数值显示控件属性设置

（2）从站程序　第 1、2 行，从站按钮按下后，辅助寄存器 M30 实现自锁，计时器 T0 从 0 开始计时，最大时间 10s，在 10s 时间到后，M30 断开。第 3、4 行，程序开始运行后，用 K100 减去 T0，实现寄存器 D50 中的数值为从 0 开始的倒计时。再利用 DIV 除法运算，实现 D2 寄存器中的 10s 延时功能。第 5 行，通过 M900 将 M30 自锁状态发送给主站，并在延时时间到后停止发送。第 6 行，从站通过 M800 接收主站的信号，同样通过输出继电器 Y10 控制触摸屏上的 Lamp。从站程序如图 8-11 所示。

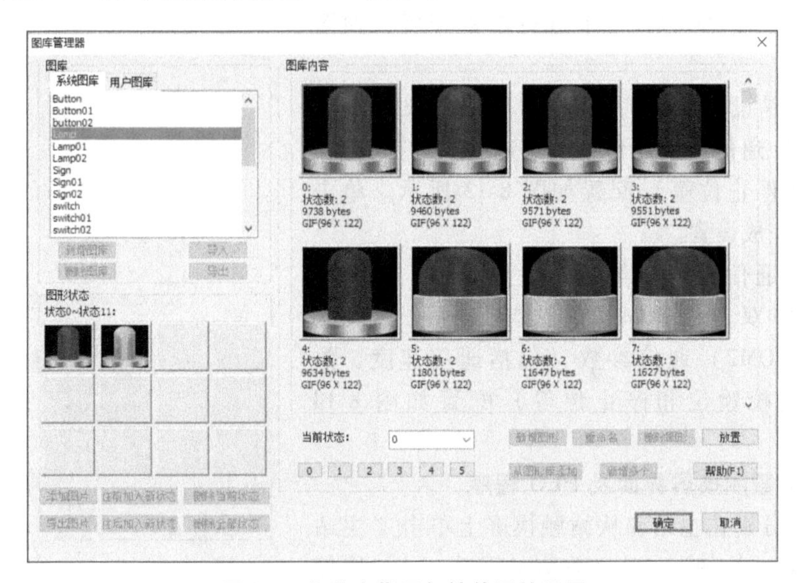

图 8-8 位状态指示灯控件属性设置

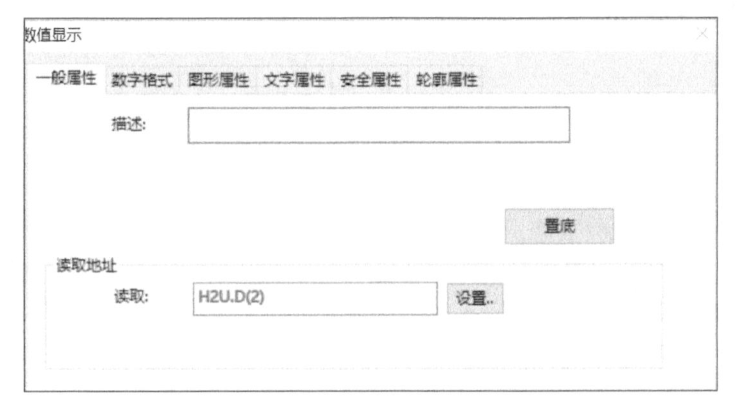

图 8-9 从站数值显示控件属性设置

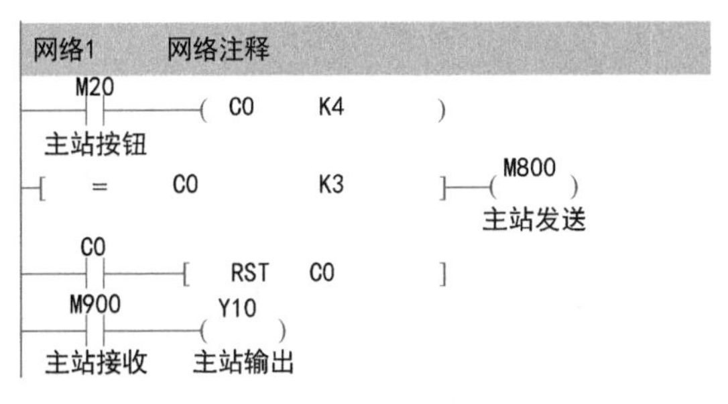

图 8-10 主站梯形图程序

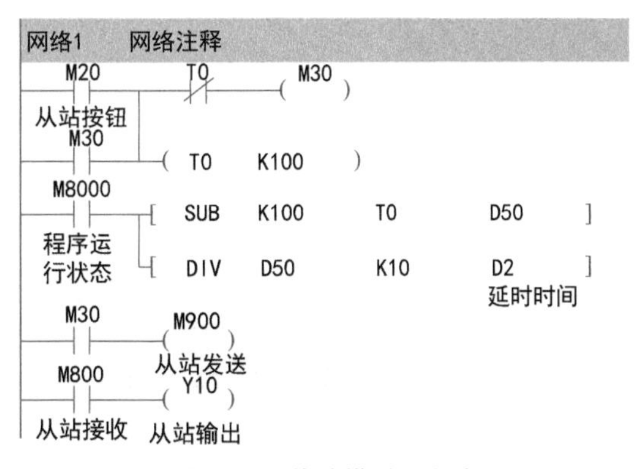

图 8-11 从站梯形图程序

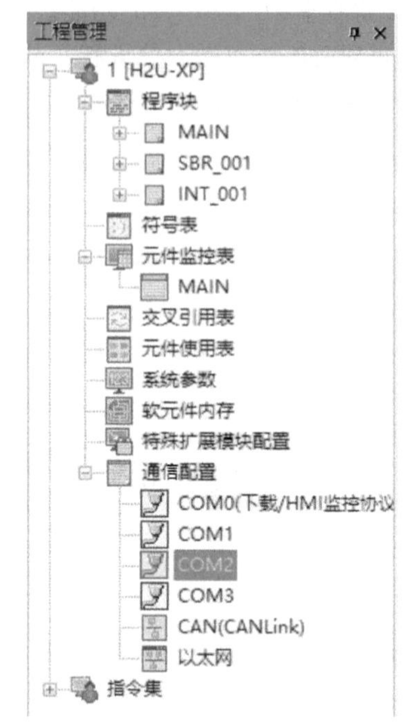

图 8-12 主站项目树通信配置栏

5. 主从站 RS485 通信 COM2 的通信参数

（1）主站通信配置　在前面的步骤中，通过 COM2 连接两台 PLC 进行 RS485 通信，因此这里双击“工程管理”中的“COM2”来进行参数配置，如图 8-12 所示。

勾选“通信设置操作”，选择“并联协议主站”，主站（COM2）通信参数（包括通信速度、数据长度、奇偶校验位和停止位等）配置如图 8-13 所示。单击“确定”按钮完成设置。

（2）从站通信配置　与主站设置类似，在从站 PLC 的项目中双击“COM2”，选择“并联协议从站”。从站（COM2）通信参数（包括通信速度、数据长度、奇偶校验位和停止位等）配置如图 8-14 所示。

6. 分别下载触摸屏界面及 PLC 程序

调试时，分别在主站和从站触摸屏上单击“主站按钮”和“从站按钮”，观察数值显示和 Lamp 控件的变化情况，判断是否满足任务的控制要求。运行效果如图 8-15 和图 8-16 所示。

图 8-13 主站通信参数配置界面

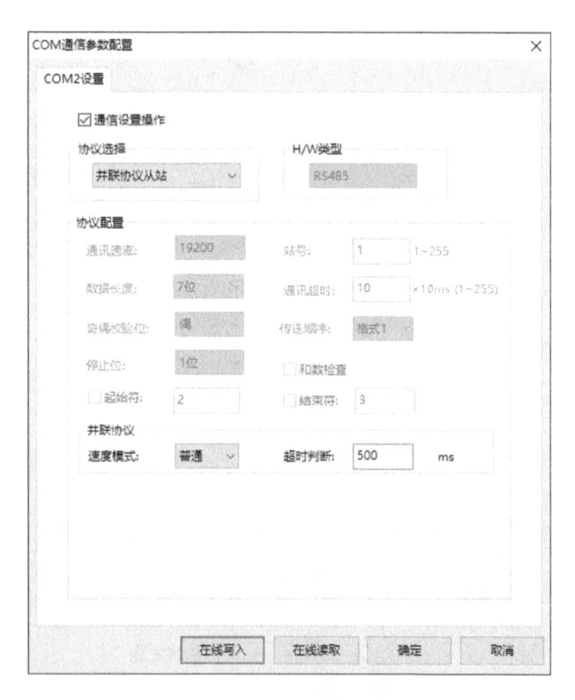

图 8-14 从站通信参数配置界面

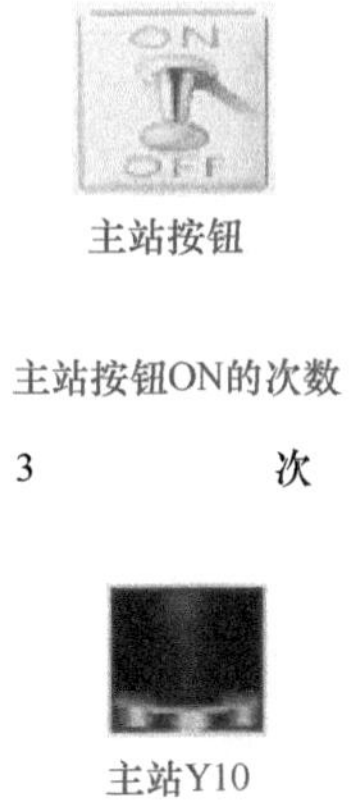

a) 主站按钮按下3次后主站的HMI界面显示结果

b) 主站按钮按下3次后从站指示灯亮(黄色光)

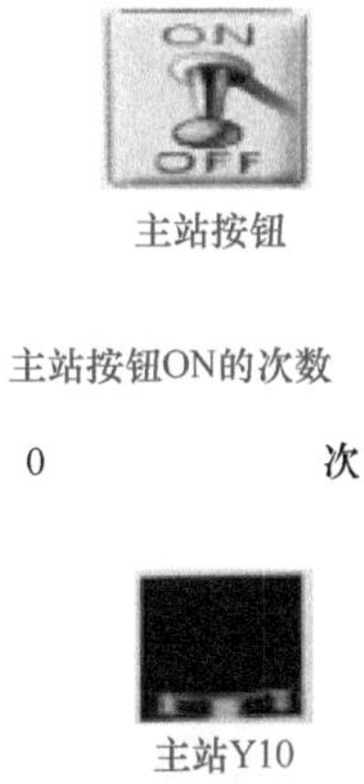

c) 再按一次主站按钮，计数器恢复为0

d) 对应图c操作的从站响应(从站指示灯灭)

图 8-15　主站发送信号，从站接收到信号的通信测试结果

a) 从站按钮按下后，延时10s的计数器开始倒计时(从站指示灯不亮时)

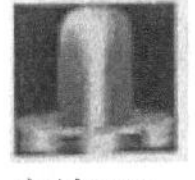

b) 主站接收从站信号后，主站指示灯亮(蓝色光)

图 8-16　从站发送信号，主站接收到信号的通信测试结果

延时灭灯时间显示

5 秒

c) 从站按钮按下后，延时10s的计数器开始倒计时
(在主站按钮按下3次从站指示灯亮的状态下)

主站按钮ON的次数

3 次

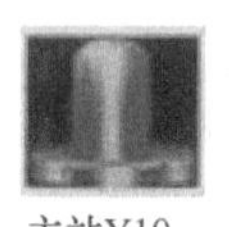

d) 对应图c操作下，主站接收从站信号后，
主站指示灯亮(蓝色光)

图 8-16 从站发送信号，主站接收到信号的通信测试结果（续）

【任务拓展】

如何利用 RS485 通信方式实现 3 台 PLC 设备之间的通信？试绘制现场总线通信系统结构图。

【思考与练习】

除了 PLC 与 PLC 之间，PLC 也能够通过 RS485 对汇川其他产品设备进行控制。查询资料，并举例说明。

任务 8-2 PLC 与 PLC 的 CANlink 通信及应用

本任务将介绍如何编写 PLC 程序、进行硬件接线和调试。学生需完成以下内容。

1. 认识汇川 PLC 之间 CANlink 通信协议的基本原理。
2. 掌握汇川 PLC 之间 CANlink 网络连接。
3. 学会制作一个简单的验证 CANlink 通信功能的工程。
4. 培养安全正确操作设备的习惯、严谨的做事风格和协作意识。

【重点知识】

汇川 CANlink 的基本应用。

【关键能力】

会用 CANlink 网络接线和 PLC+HMI 设计，完成主站与从站之间的 CAN 通信功能。

【素养目标】

通过查询软件自带的帮助文档和参考范例，培养学生发现问题和自主学习的意识，并能举一反三，不断提高基于资料的自我驱动式学习能力。

【任务描述】

本任务与前面的任务类似，选用两台 H2U 系列 PLC，其中一台作为主站，一台作为从站，在主从站之间进行 CANlink 通信试验。HMI 设计思想如下：

1）主站：代表主站的按钮按三次，计数器计满 3，主站向从站发出信号，指示从站响应的指示灯 Y10 亮；接着主站按钮再按一次，从站的指示灯 Y10 灭，同时计数器重新从 0 开始计数。

2）从站：代表从站的按钮按下后，从站向主站发出信号，指示主站响应的指示灯 Y10 亮，延时 10s 后，主站的指示灯 Y10 灭。

【任务要求】

1. 了解 PLC 与 PLC 间的 CANlink 通信。
2. 熟悉触摸屏界面的设计。
3. 能独立完成 PLC 调试。

【任务环境】

1. 装有汇川 AutoShop V2. 53 和 InoTouch+Editor 软件的 PC 两台。
2. 汇川触摸屏与 H2U-3232MT PLC 各两个。
3. 汇川 USB 下载线和 PLC 触摸屏通信线各两根。
4. CANlink 通信卡两张。

【相关知识】

汇川 PLC 的 CAN 通信接口介绍

1. CANlink 协议

CANlink 协议是汇川公司基于 CAN2. 0 总线协议制定的 CAN 实时总线应用层协议，主要用于汇川 PLC、变频器、伺服驱动器和远程扩展模块等产品之间的高速、实时数据交换。

CANlink3. 0 采用主/从模式，在一个网络中必须具备并只有一个主站，从站数量为 1~62 个，所有主/从站号范围为 1~63，且站号必须唯一。

CANlink3. 0 协议的特点：支持心跳监控主/从站运行状态；支持总线占有率预警和实时总线占有率监控；支持掉线重连功能；支持热接入方式；主站支持发送配置（包括时间触发、事件触发和同步触发），发送数据供 256 条；单个从站支持发送配置（包括时间触发、事件触发和同步触发），发送数据共 16 条，从站总计最多发送 256 条配置；每个站点支持接收其他 8 个站点发送的点对多数据。

PLC 之间的 CAN 接线盒通信参数配置

2. CANlink 通信扩展卡

H1U/H2U CAN 扩展卡接口定义如图 8-17 所示。

H1U/H2U CAN 扩展卡接口各管脚号的功能定义见表 8-2。

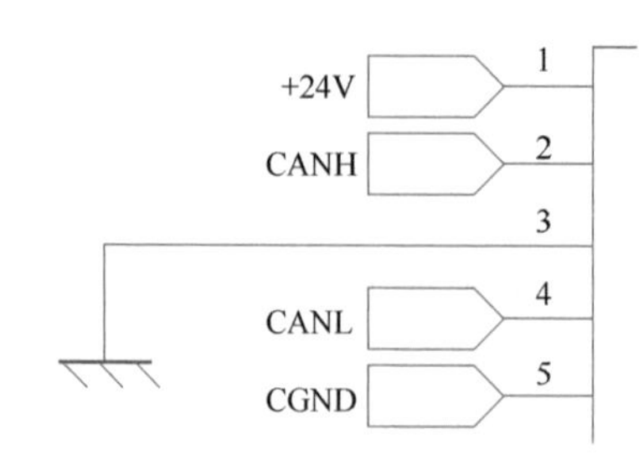

图 8-17　H1U/H2U CAN 扩展卡接口定义

表 8-2　H1U/H2U CAN 扩展卡接口各管脚号功能定义

管脚号	信号	描述
1	+24V	外接 DC 24V 供电电源(+)
2	CANH	CAN 总线正
3	PGND	屏蔽线,接通信电缆屏蔽层
4	CANL	CAN 总线负
5	0V	外接 DC 24V 供电电源(-)

组成 CAN 网络时，所有设备的以上五根线均要一一对应连在一起，并且+24V 和 0V 间需要外接 DC 24V 电源。

CAN 通信卡上有一个 8 位的拨码开关，用于设定站号，选择传输速率，是否接匹配电阻器。拨码开关各位的功能定义见表 8-3。

表 8-3　CAN 通信卡上 8 位拨码开关各位的功能定义

拨码号	信号	描述
1	地址线 A1	此 6 位拨码开关由高到低组合成一个 6 位二进制数,用来表示本机站号。ON 表示 1,OFF 表示 0。高位在高,低位在低,按以下方式组合:A6A5A4A3A2A1
2	地址线 A2	
3	地址线 A3	
4	地址线 A4	
5	地址线 A5	
6	地址线 A6	
7	传输速率	OFF:高速模式,传输速率为 500kbit/s ON:低速模式,传输速率为 100kbit/s
8	匹配电阻器	ON:表示接入 120Ω 的终端匹配电阻器;否则,断开

【任务实施】

1. 主从站 PLC 与 HMI 数据链接

主站 PLC 和从站 PLC 输入点和输出点分配见表 8-4。

2. 主从 PLC 的 CANlink 通信连接

两台 PLC 通过各自的 COM0 连接到对应的触摸屏，同时两台 PLC 借助各自的 CANlink 通信卡实现 CAN 总线通信，连接如图 8-18 所示。其中一台 PLC 的 CAN 通信卡连接入 CAN-link 总线，如图 8-19 所示。

表 8-4　PLC 之间 CAN 通信主/从站端口分配表

类别	内容	输入地址	输出地址	通信地址
主站	主站按钮	M20	—	主站发送（从站接收）D20
	主站指示灯	—	Y10	
	主站按钮按下次数	D0	—	
从站	从站按钮	M20	—	从站发送（主站接收）D30
	从站指示灯	—	Y10	
	从站延时计数器	D2		

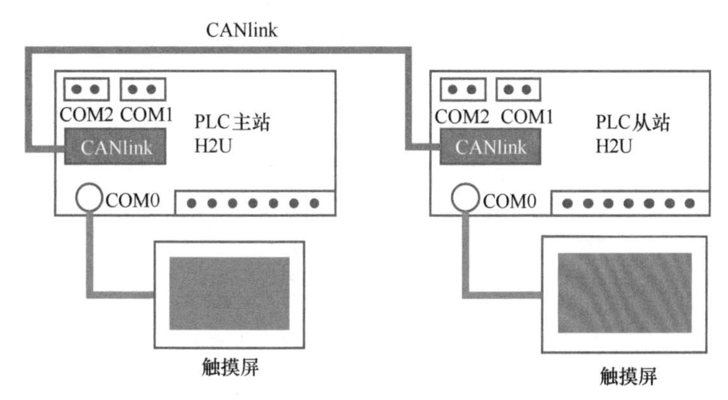

图 8-18　两台 PLC 的 CANlink 总线通信+触摸屏监控系统示意图

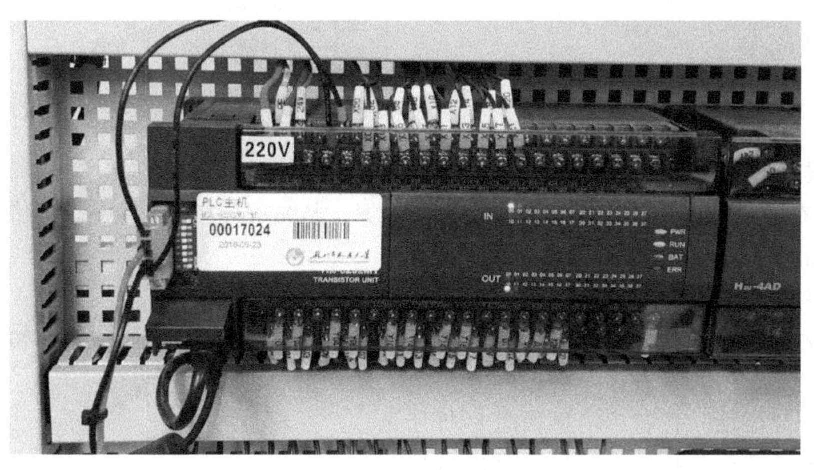

图 8-19　PLC 的 CANlink 接线图

3. 设计触摸屏界面

本任务中触摸屏的设计与 RS485 通信试验类似，区别在于相关控件的变量地址要与本试验中的地址表一致。

主从站 PLC 程序设计

4. 主从站 PLC 之间 CANlink 通信的 PLC 程序设计

（1）主站 PLC 的程序　第 1 行，主站按钮按下后，计数器 C0 加 1，最大值为 4。第 2 行，当计数器 C0 等于 3 时，辅助继电器 M50 置位。第 3 行，程序开始运行时，通过 MOV 指令，将 M50 开头的连续 4 个位址移动到 D20 中。第 4 行，当 C0 计数到 4 时，重置 C0。第 5 行，根据 M60 的状态控制主站输出 Y10。第 6 行，程序运行时将 D30 寄存器中的状态移动到 M60 开头的连续 4 个位址中。第 7 行，如果寄存器 D7802 中的值等于 5，表示从站掉线。主站 PLC 程序如图 8-20 所示。

（2）从站 PLC 的程序　第 1、2 行，从站按钮按下后，辅助寄存器 M30 实现自锁，计时器 T0 从 0 开始计时，最大时间 10s，在 10s 时间到后，M30 断开。第 3、4 行，程序开始运行后，用 K100 减去 T0 实现寄存器 D50 中的数值为从 0 开始的倒计时。再利用 DIV 除法运算，实现 D2 寄存器中的 10s 延时功能。第 5 行，M30 处于自锁状态时，M60 置位。第 6 行，从站将 M60 开始的 4 个位址移动到寄存器 D30 中，从而发送给主站。第 7 行，从站通过 M50 接收主站的信号，进而通过输出继电器 Y10 控制触摸屏上的 Lamp。第 8 行，将寄存器 D20 的数据移动到 M50 开始的 4 个位址。从站程序如图 8-21 所示。

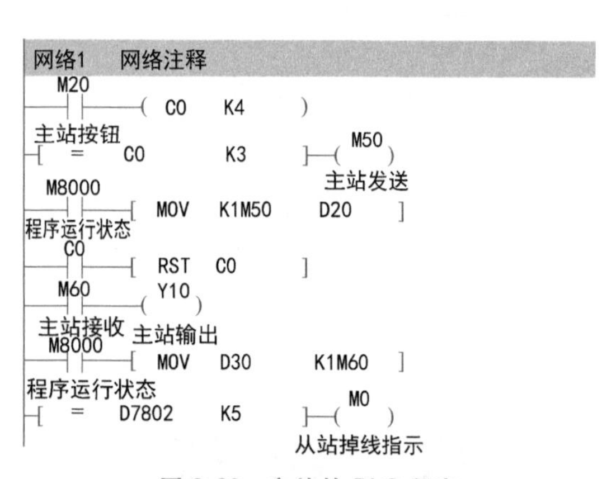

图 8-20　主站的 PLC 程序

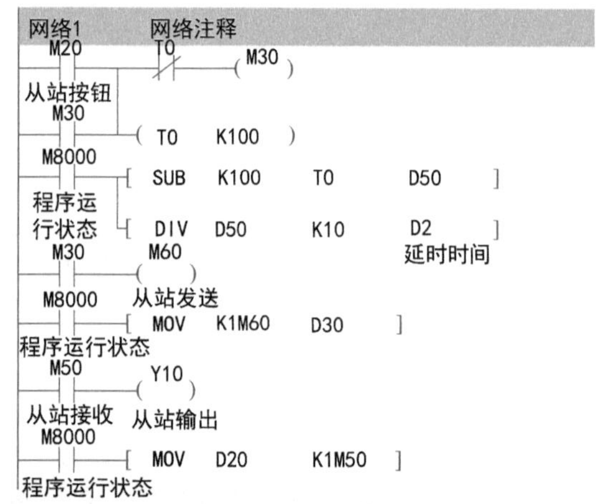

图 8-21　从站的 PLC 程序

5. 配置主站 CANlink 通信参数

只需要在主站程序中进行 CANlink 参数的配置，从站程序中不需要配置通信参数。

1）添加 CAN 配置，如图 8-22 所示。

2）将主站号设为 1，如图 8-23 所示。

3）从站类型为 PLC，从站号为 2，状态码寄存器为 D400，启停元件为 M400，如图 8-24 所示。

4）单击“添加”按钮后结果如图 8-25 所示。

5）单击“完成”按钮后结果如图 8-26 所示。

6）双击蓝色主站部分，如图 8-27 所示。

7）主站的发送配置，采用 5ms 间隔的时间触发方式，将主站寄存器 D20 的数据发送给从站的 D20，如图 8-28 所示。

8）双击蓝色从站部分，如图 8-29 所示。

9）从站的发送配置，依旧采用 5ms 间隔的时间触发方式，将从站寄存器 D30 的数据发送给主站的 D30，如图 8-30 所示。

6. 分别下载界面及 PLC 程序

调试时，分别在主站和从站触摸屏上单击“主站按钮”和“从站按钮”，观察数值显示和 Lamp 控件的变化情况，判断是否满足任务的控制要求。

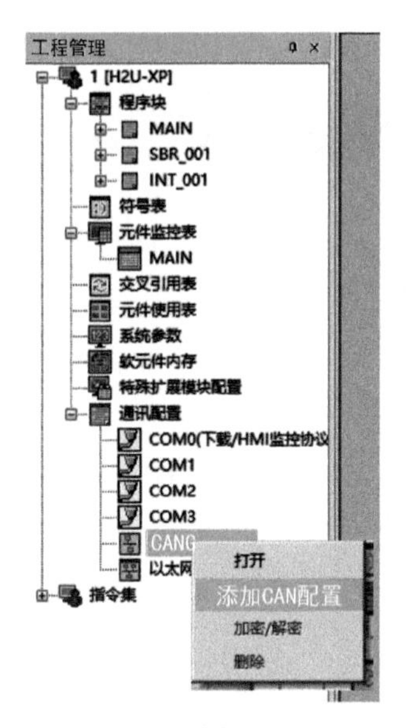

图 8-22　在项目树中添加 CAN 配置

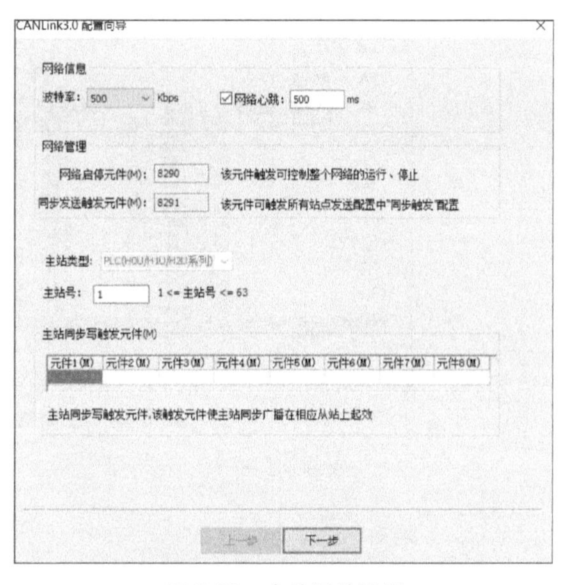

图 8-23　主站通信配置

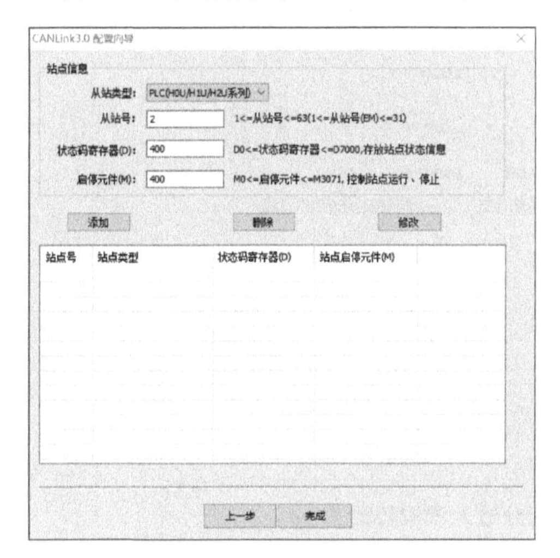

图 8-24　从站通信配置

图 8-25　单击“添加”按钮

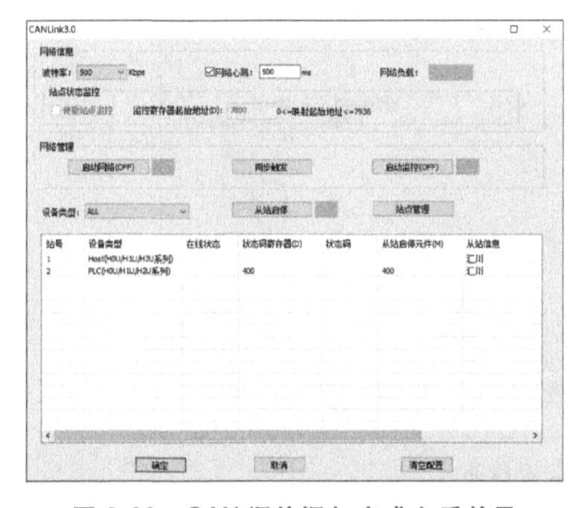

图 8-26　CAN 通信添加完成之后效果

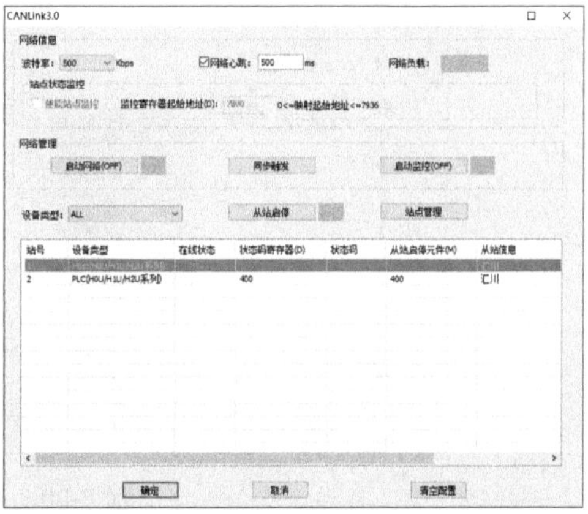

图 8-27　双击蓝色主站部分进入配置界面

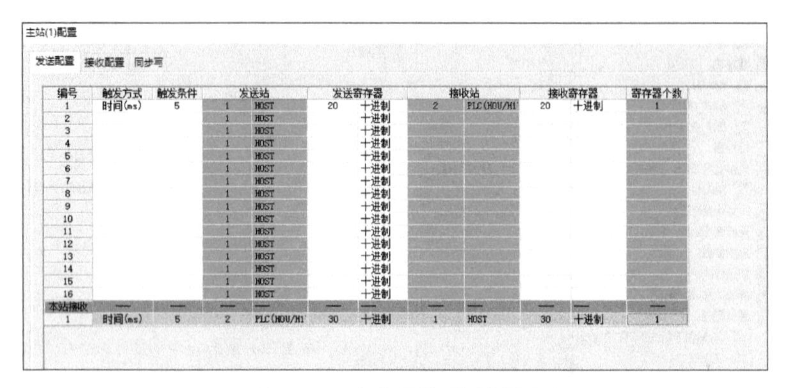

图 8-28 主站通信配置界面

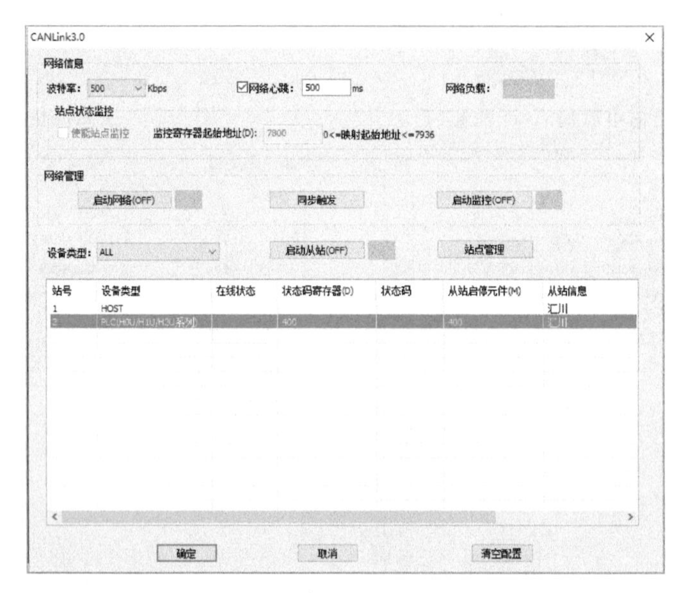

图 8-29 双击蓝色从站部分进入配置界面

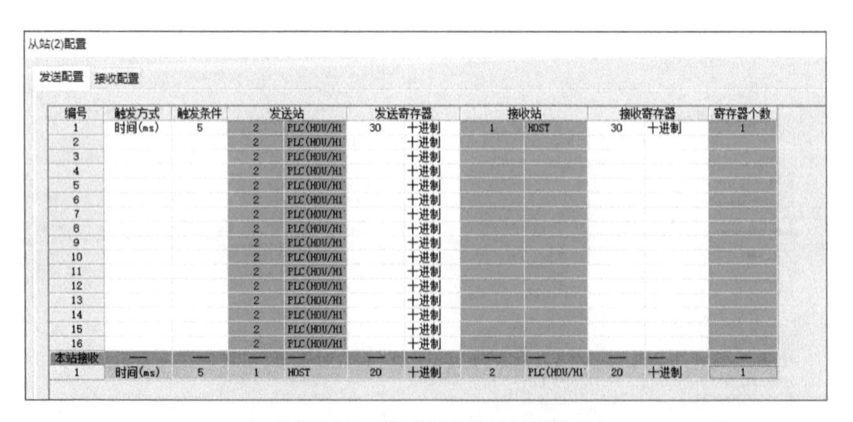

图 8-30 从站通信配置界面

【任务拓展】

如何利用 CANlink 通信方式实现 3 台 PLC 设备之间的通信？试绘制现场总线通信系统结构图。

【思考与练习】

除了 PLC 之间的通信，思考 H2U 系列 PLC 还能够与哪些设备通过 CANlink 网络连接，并采用汇川 CAN 协议通信。

项目9 PROJECT 9 PLC与伺服电动机控制系统应用

伺服驱动器是现代运动控制的重要组成部分，目前伺服驱动器应用主要还是集中在工业自动化方面，在注塑机、纺织机械、包装机械及数控机床等领域广泛运用。

本项目以汇川伺服驱动器 IS620 为 PLC 控制对象，运用汇川触摸屏设计控制界面，结合 PLC+HMI 编程，分别通过脉冲和通信的方式完成伺服电动机的控制。

思维导图

- PLC与伺服电动机控制系统应用
  - PLC脉冲指令方式的伺服电动机控制系统应用
    - IS620伺服驱动器简介
    - IS620伺服驱动器的三种运行模式
  - CANlink通信方式的伺服电动机控制系统应用
    - 伺服驱动器的通信端子CN3和CN4
    - IS620P虚拟数字信号输入(VDI)
    - IS620P虚拟数字信号输出(VDO)

任务 9-1 PLC 脉冲指令方式的伺服电动机控制系统应用

本任务将介绍如何编写 PLC 程序、进行硬件接线和调试。学生需完成以下内容。

1. 了解汇川 PLC 通过发脉冲的方式控制伺服驱动器的工作原理。
2. 了解汇川 PLC 读取传感器反馈信息的原理。
3. 掌握 PLC 编程和 HMI 界面设计，完成控制小车运动任务。
4. 培养安全正确操作设备的习惯、严谨的做事风格和协作意识。

【重点知识】

汇川 PLC 发送脉冲指令的应用，汇川伺服驱动器的配置。

【关键能力】

通过 PLC+HMI 设计，会用伺服驱动器和传感器，完成流水线小车运动控制的任务。

【素养目标】

分析任务中的控制精度要求，并通过实际的动手实践，树立在工作过程中一丝不苟的工作态度，同时养成细致严谨的工作习惯。

【任务描述】

本任务主要介绍使用汇川 H2U 系列 PLC 通过发脉冲的方式对伺服驱动器进行速度和方向控制，模拟生产流水线上小车的运动。

1. 硬件系统连接

硬件系统连接如图 9-1 所示。

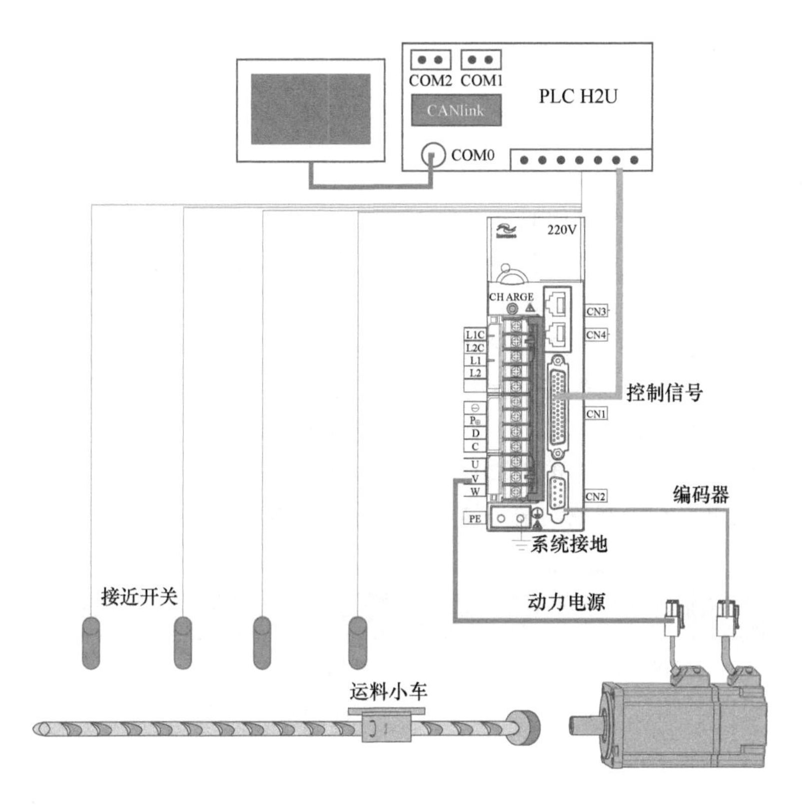

图 9-1 硬件系统连接示意图

2. 控制要求

1）设计触摸屏选择界面：包括一个复位按钮、一个加工按钮和一个停止按钮。

2）PLC 编程：汇川 H2U 系列 PLC 通过发脉冲的方式对伺服驱动器进行位置控制。按下复位按钮后，小车（运动的机构即为小车）复位回到原点。第一次按下加工按钮后，小车会运动到第一个工位加工，加工 5s 后，小车回到原点；又一次按下加工按钮，小车会运动到第二个工位加工，加工 5s 后，小车回到原点；再次按下加工按钮，小车会运动到第一个工位加工，加工 5s 后，小车回到原点。至此一个加工流程完成。按下停止按钮，电动机立即停止运行。

【任务要求】

1. 掌握伺服电动机的正反转控制原理。
2. 了解工业生产的流程。
3. 了解伺服驱动器的位置控制模式。
4. 能独立完成 PLC 程序设计及调试。

【任务环境】

1. 装有汇川 AutoShop V2. 53 和 InoTouch+Editor 软件的 PC。
2. 汇川触摸屏与 H2U-3232MT PLC 各一个。
3. 汇川 USB 下载线和 PLC 触摸屏通信线各一根。
4. 伺服驱动器和伺服电动机各一个。
5. 丝杠传动机构一套。

PLC 与伺服驱动器和接近开关的硬件连接

【相关知识】

1. IS620 伺服驱动器简介

伺服驱动器是用来控制伺服电动机的一种控制器，其作用类似于变频器作用于普通交流电动机，属于伺服系统的一部分。本试验中使用的是汇川技术公司生产的 IS620 系列伺服驱动控制器。该系列有两种型号：IS620P 搭载 20 位增量编码器，一般用于工业控制现场（即本试验所使用）；IS620N 搭载 23 位绝对值编码器，一般应用于高端控制现场。

IS620 伺服系统的配线（以单相 220V 为例）如图 9-2 所示。

伺服驱动器主电路端子和控制信号端子的名称与功能见表 9-1。

表 9-1　伺服驱动器主电路端子和控制信号端子的名称与功能

端子记号	端子名称	端子功能
L1C, L2C	控制电源输入端子	控制电路电源输入
L1, L2	主电路电源输入端子	主电路三相 220V 电源输入
P, D, C	外接制动电阻连接端子	外接制动电阻
U, V, W	伺服电动机连接端子	伺服电动机连接端子，与电动机的 U、V、W 相连接
PE	接地	两处接地端子，与电源接地端子及电动机接地端子连接
CN3, CN4	通信信号连接端子	两个端子内部并联，支持 CAN、RS485 和 RS232 通信协议
CN1	控制信号端子	与 PLC 等上位机连接，实现对伺服驱动器的控制功能
CN2	编码器连接端子	连接伺服电动机的编码器输出端

本任务中，汇川 H2U 系列 PLC 通过控制端子 CN1 来控制 IS620P 伺服驱动器。该控制端子（CN1）引脚分布如图 9-3 所示。端子详细的定义请参考《IS620P 系列伺服用户手册（综合版）》。

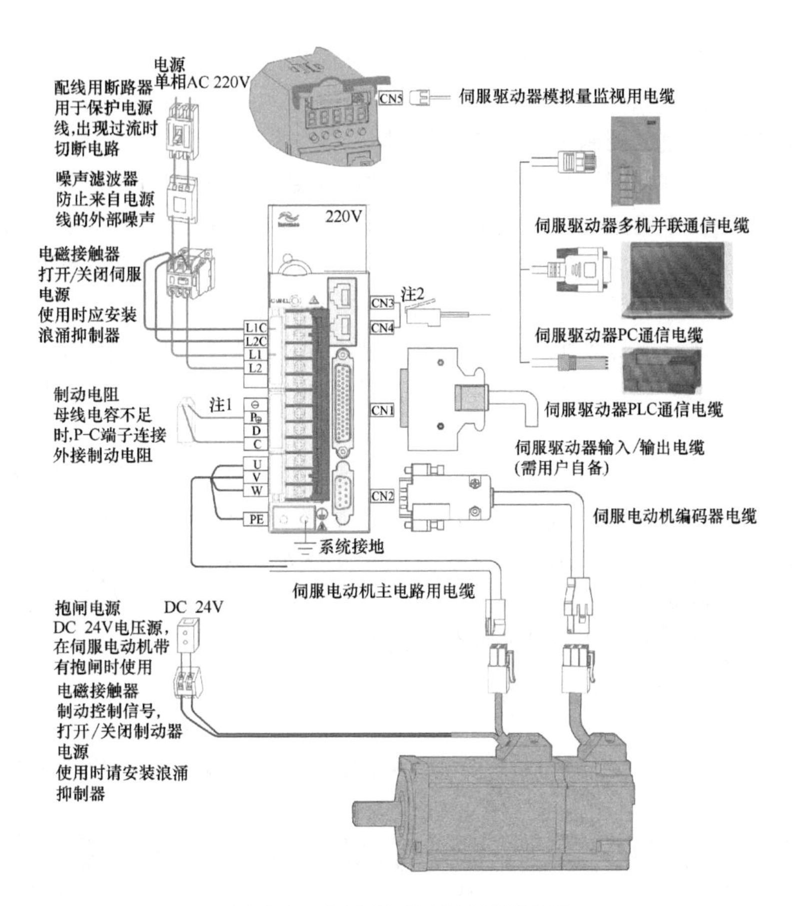

图 9-2 单相 220V 系统配线举例

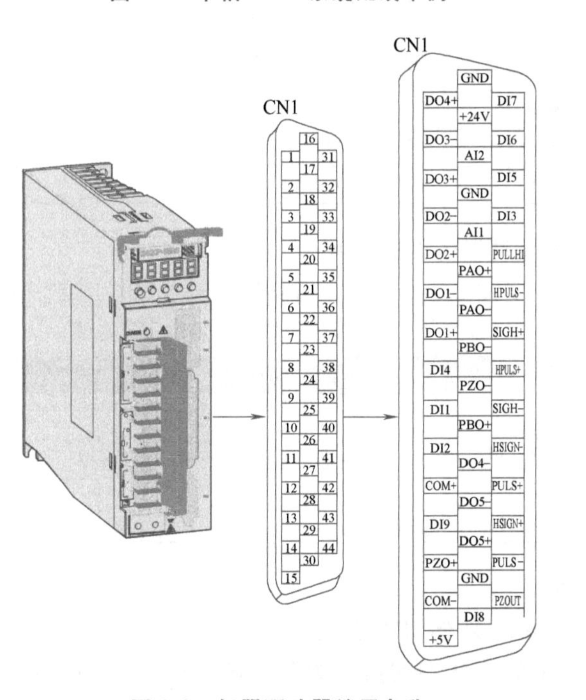

图 9-3 伺服驱动器端子名称

伺服驱动器控制模式、指令来源等参数设置

2. IS620 伺服驱动器的三种运行模式

伺服驱动器按照命令方式与运行特点可分为三种运行模式，即位置控制模式、速度控制模式和转矩控制模式。

1）位置控制模式：通过脉冲的个数来确定移动的位移，由外部输入的脉冲频率确定转动速度的大小。由于位置控制模式可以对速度和位置进行严格控制，所以一般应用于定位装置。该模式是伺服应用最多的控制模式，主要用于机械手、贴片机、雕铣机和数控机床等。

2）速度控制模式：通过模拟量输入或数字量给定、通信给定控制转动速度，主要应用于一些恒速场合。如雕铣机应用，上位机采用位置控制模式，伺服驱动器采用速度控制模式。

3）转矩控制模式：通过即时改变模拟量的设定或以通信方式改变对应的地址数值来改变设定的力矩大小。该模式主要应用在对材质的受力有严格要求的缠绕和放卷的装置中，例如绕线装置或拉光纤设备等一些张力控制场合。转矩的设定要根据缠绕半径的变化随时更改，以确保材质的受力不会随着缠绕半径的变化而改变。

PLC 程序设计

触摸屏界面设计

【任务实施】

1. I/O 地址分配以及 PLC 和 HMI 的数据链接（表 9-2）

表 9-2 PLC 的 I/O 地址分配及 PLC 和 HMI 的数据链接

输　入		输　出	
复位按钮	M1	Y0	43(pulse-)：脉冲输出口
加工按钮	M2	Y2	39(sign-)：伺服方向
停止按钮	M20	Y4	33(DI5)：伺服使能
原点传感器	X0		
第一个加工位传感器	X1		
第二个加工位传感器	X2		
第三个加工位传感器	X3		

2. 配置 IS620 伺服驱动器的相关参数

参数恢复出厂设置（H02-31＝1）后，对伺服驱动器相关参数进行设置，见表 9-3。

表 9-3 伺服驱动器相关参数设置及说明

参数	说　明	设定值	备　注
H02-00	控制模式选择	1	设置为位置控制模式
H03-10	DI5 功能为伺服使能	1	使能伺服功能
H05-00	位置指令来源	0	位置指令来源于外部脉冲指令
H05-15	功能选择(设定脉冲和控制方向)	0	用于选择脉冲串输入信号波形

3. 设计触摸屏界面

1）使用 InoTouch Editor 新建 HMI 工程，利用“绘图”中“图片”选项插入背景图片。

2）利用“控件”中的“状态切换开关”下的“位状态切换开关”，分别实现“复位”“加工”和“停止”按钮的功能。触摸屏界面效果如图 9-4 所示。

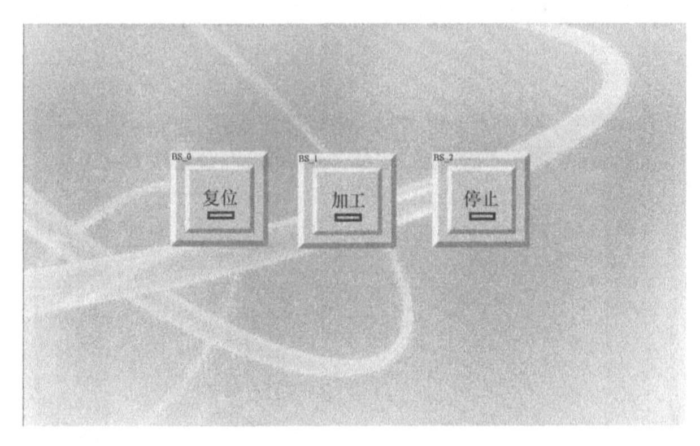

图 9-4 触摸屏界面效果

以“复位”按钮为例，双击该按钮，在“一般属性”选项卡中设置读取地址为“H2U. M（1）”，“开关类型”为复归型。在“标签属性”选项卡中勾选“使用文字标签”，设置文字标签内容“复位”。在“图形属性”选项卡中，单击“图库”按钮，选择“位状态设置”，再选择绿色按钮。“加工”和“停止”按钮设置类似，只需要修改相应的地址和文字标签。触摸屏部分控件属性设置如图 9-5 所示。

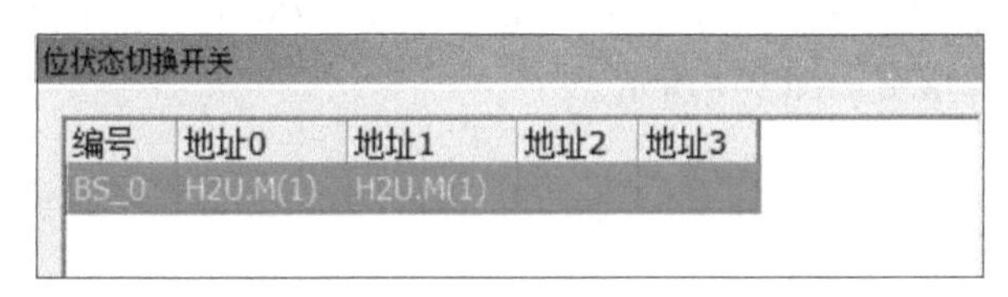
位状态切换开关

编号	地址0	地址1	地址2	地址3
BS_0	H2U.M(1)	H2U.M(1)		

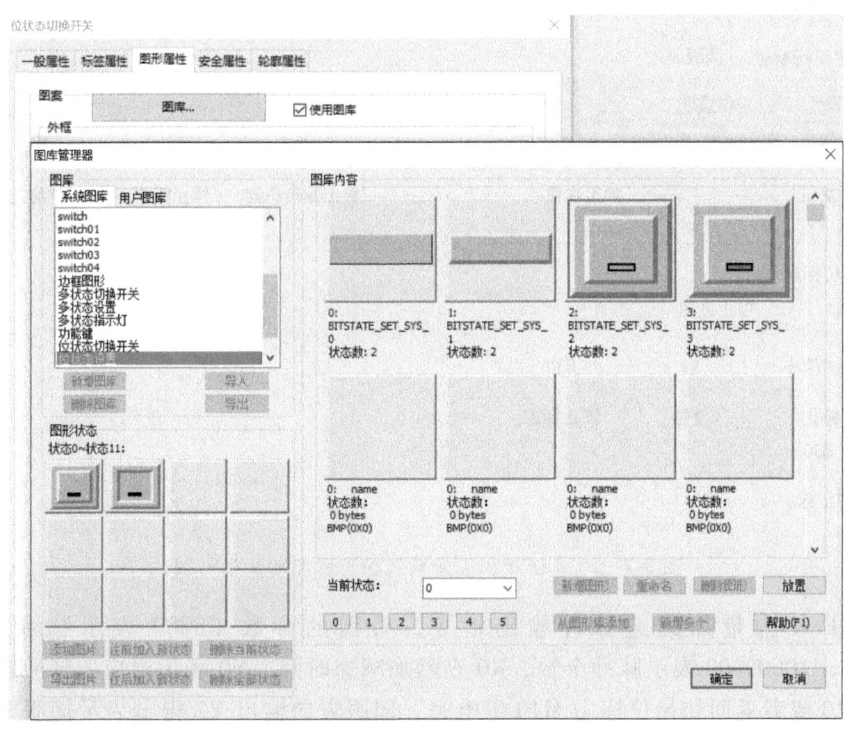

图 9-5 触摸屏部分控件属性设置

3）完成之后，单击“离线仿真”进行验证。触摸屏离线仿真效果如图 9-6 所示。

图 9-6 触摸屏离线仿真效果

4. 生产流水线小车运动 PLC 程序设计

1）用 PLC 的输出 Y4 使能伺服驱动器，采用计数器 C0 表示加工的次数。PLC 使能和部分输入输出程序功能梯形图如图 9-7 所示。

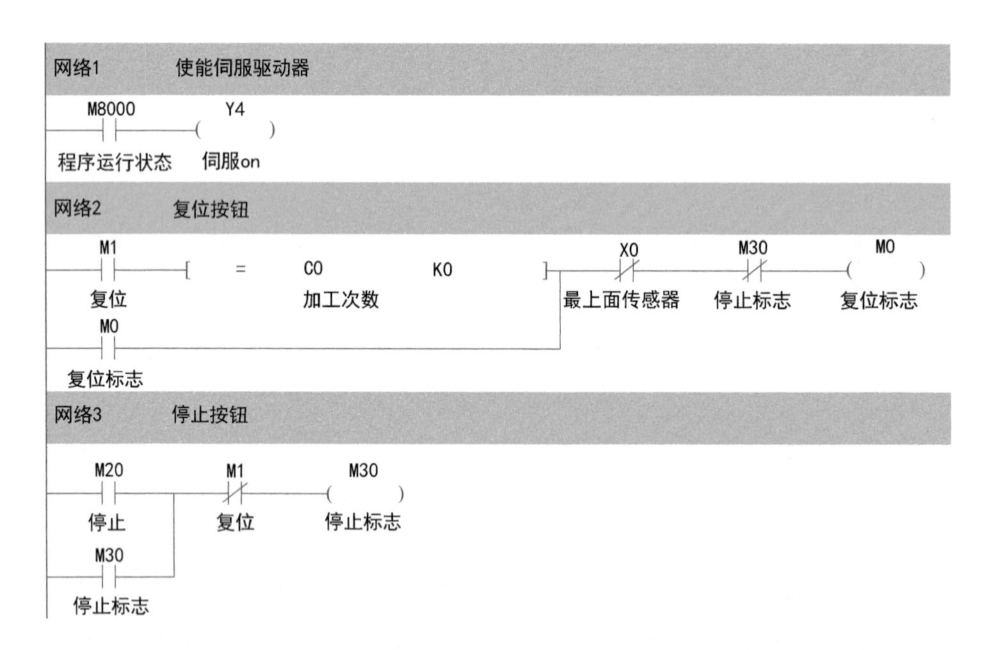

图 9-7 PLC 使能和部分输入输出程序功能梯形图

2）DPLSR 为带加减速脉冲输出指令，后面的参数 K8000 表示脉冲最高频率（8000Hz），K10000000 表示脉冲个数，K0 表示加减速时间，Y0 表示对应的脉冲输出口。当复位标志 M0 或者返回初始位标志 M10 得电时，伺服方向输出 Y2 得电表示伺服电动机反向旋转。PLC 向伺服驱动器发送脉冲数和方向梯形图如图 9-8 所示。

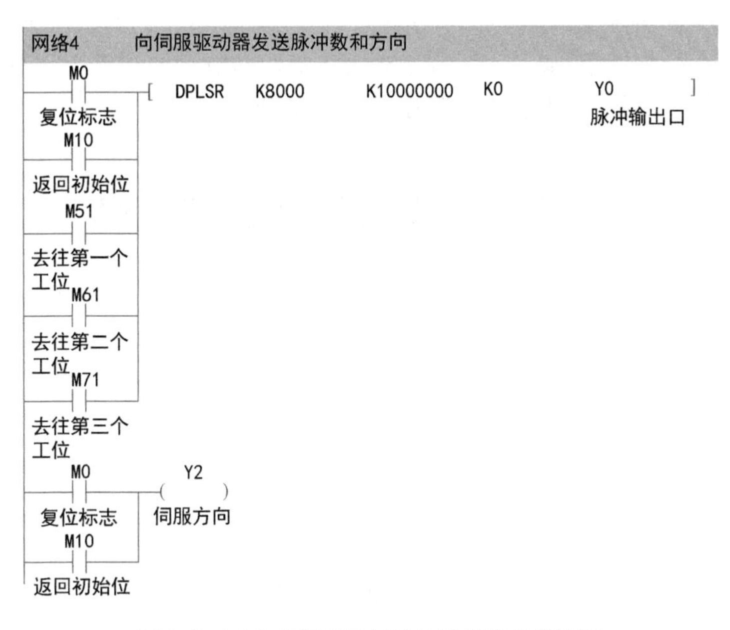

图 9-8 PLC 向伺服发送脉冲数和方向梯形图

3）根据加工次数 C0 的数值，判断去往第几个工位。判断物料小车移动到第二、三、四个传感器时梯形图程序如图 9-9 所示。

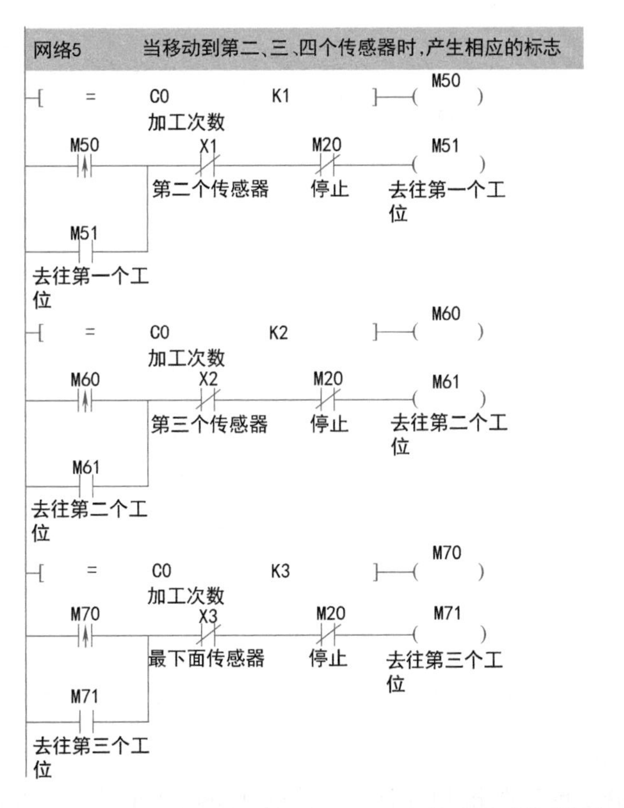

图 9-9 判断物料小车移动到第二、三、四个传感器时梯形图程序

4）当物料小车处在原点（第一个传感器）时，若加工按钮被按下，加工次数计数加 1。如果中途按下停止按钮，或者物料小车移动到最下面的传感器时，加工次数计数器被清零。物料小车移动到第一个传感器时梯形图程序如图 9-10 所示。

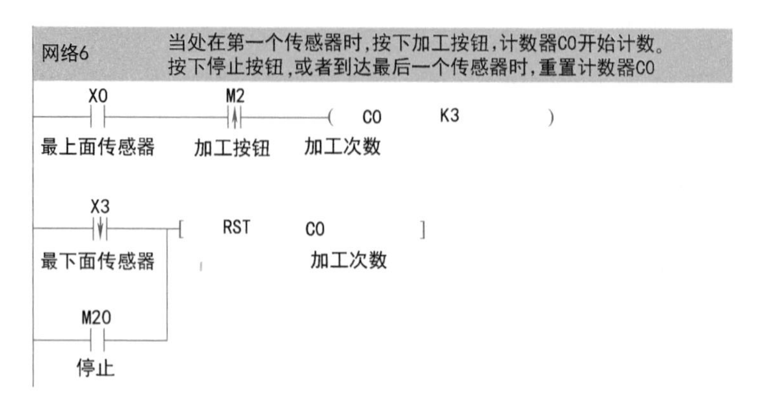

图 9-10　物料小车移动到第一个传感器时梯形图程序

5）当物料小车移动到第二、三、四个工位时停止移动，同时启动计时器 T0，模拟加工过程，待计时时间到时，返回初始位得电，物料小车将返回到原点。物料小车移动到第二、三、四个传感器时模拟加工梯形图程序如图 9-11 所示。

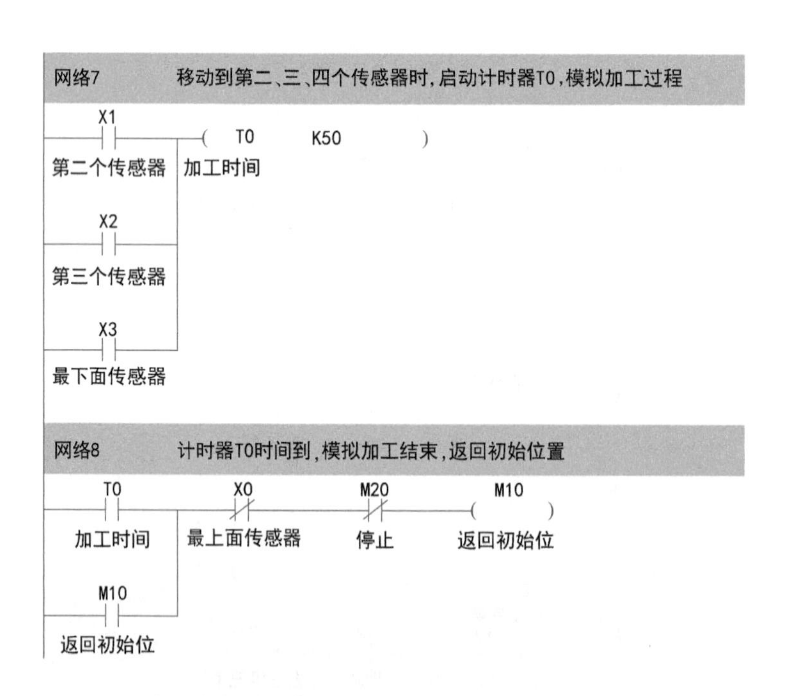

图 9-11　物料小车移动到第二、三、四个传感器时模拟加工梯形图程序

5. 验证项目结果

调试时，下载触摸屏界面和 PLC 程序，分别在 InoTouch Editor 和 AutoShop 中下载触摸屏程序和 PLC 程序。如果此时物料小车不在第一个传感器的位置，单击“复位”按钮，可

以将其进行复位。接下来单击“加工”按钮，观察物料小车的运行状态，验证是否满足任务要求。

【任务拓展】

仍然采用本任务中的硬件设备，即4个位置传感器，从上向下作用分别是：X0，上限位；X1，起点；X2，终点；X3，下限位。此外，已知电动机轴转一圈PLC发出4000个脉冲，丝杠的螺距为5mm，伺服电动机的编码器分辨率为2^{20}p/r。查询相关手册，通过PLC编程，实现如下两个任务：

1）滑台以20mm/s的速度从起点到终点移动10mm后停2s，再以同样的速度移动同样的距离后再停2s，直到终点。

2）到达终点之后停3s，再以40mm/s的速度直接回到起点，停2s后再回到步骤1）。

3）任何情况下，按下停止按钮后滑台立刻停止。

【思考与练习】

汇川PLC的所有输出端口是否都支持PLSV指令？如何计算1个脉冲走多长距离？

任务9-2 CANlink通信方式的伺服电动机控制系统应用

本任务将介绍如何编写PLC程序、进行硬件接线和调试。学生需完成以下内容。

1. 了解汇川PLC通过CANlink的方式控制伺服驱动器的工作原理。
2. 掌握PLC编程和HMI界面设计，完成控制小车运动任务。
3. 培养安全正确操作设备的习惯、严谨的做事风格和协作意识。

【重点知识】

汇川PLC与汇川伺服驱动器CANlink通信连接与配置。

【关键能力】

通过PLC程序设计伺服驱动器的多段速运行。

【素养目标】

以准项目形式开展任务，鼓励学生通过合作形式完成指令学习、功能开发和现场演示，训练学生面向交付的工程师思维，为今后走上工作岗位打下基础。

【任务描述】

本任务主要介绍使用汇川H2U系列PLC通过CANlink3.0总线对伺服驱动器进行多段位置控制。

硬件系统的连接如图 9-12 所示。

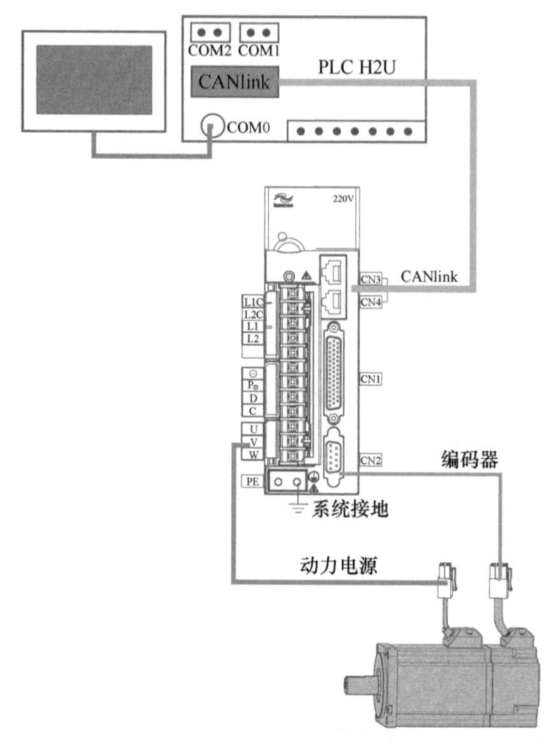

图 9-12　硬件系统连接示意图

H2U 系列 PLC 通过 CANlink 通信的方式控制 IS620P 伺服驱动器，要求伺服电动机实现三段正反转功能：第一段正向运行 800000 个指令单位，第二段反向运行 500000 个指令单位，第三段反向运行 300000 个指令单位。第一、二段间隔 1s，第二、三段间隔 1s，第三段完成后 5s 重复上述运行过程。

【任务要求】

1. 掌握 PLC 与伺服的 CANlink 通信的基本原理。
2. 学会查找和配置 IS620P 伺服驱动器使用手册中相关参数。
3. 能独立完成 CANlink 通信程序的设计。

【任务环境】

1. 装有汇川 AutoShop V2.53 和 InoTouch+Editor 软件的 PC 一台。
2. 汇川 H2U-3232MT PLC 一个。
3. 汇川 USB 下载线一根。
4. 伺服驱动器及伺服电动机各一台。
5. CANlink 通信卡。

【相关知识】

在任务 9-1 中，H2U 系列 PLC 是通过端子 CN1 向 IS620P 伺服驱动器发送脉冲来控制方向和速度的。除此方法之外，IS620P 伺服驱动器具有通信功能，配合上位机通信软件可实现参数修改、参数查询及伺服驱动器状态监控等多项功能。在本任务中，基于 CANlink 协议实现 PLC 对伺服驱动器中相关参数修改，再结合伺服驱动器的 VDI 和 VDO 功能达到控制和监控的目的。

PLC 与伺服驱动器的CANlink 连接

1. 伺服驱动器的通信端子 CN3 和 CN4

伺服驱动器 IS620P 的 CN3 和 CN4 端子为 RJ-45 接口，是与管脚定义完全一致的通信接口，支持 CAN、RS485 和 RS232 协议，使用时可以在两者间任意挑选。根据不同的应用需求，伺服驱动器可以在该端子上插入不同类型的通信电缆，从而实现与其他伺服驱动器、PC 和 PLC 的通信功能。通信配线示意图如图 9-13 所示。

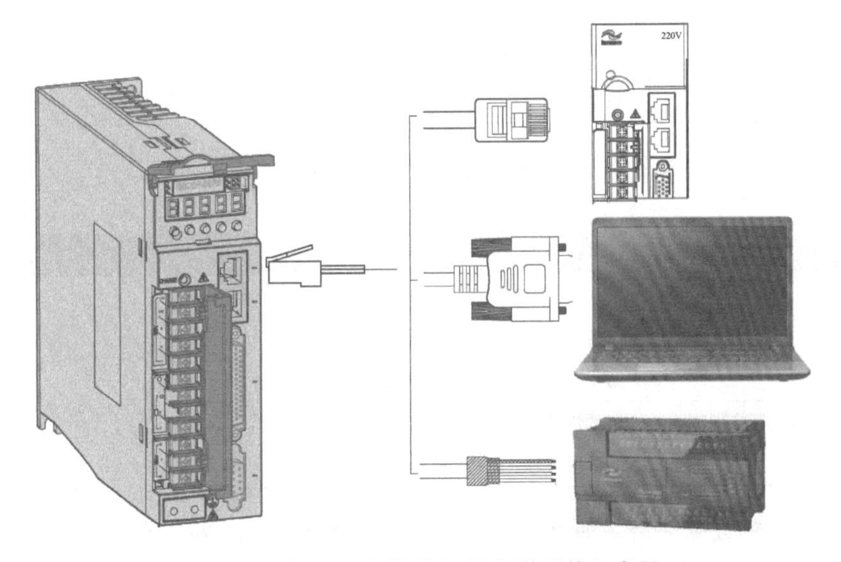

图 9-13　伺服驱动器 IS620P 通信配线示意图

2. IS620P 虚拟数字信号输入（VDI）

VDI 类似硬件 DI 端子，可分配 DI 功能。当使能 VDI 时，相当于扩展 DI 个数，其中 VDI 个数为 16 个。首次上电之后，VDI 端子逻辑由 H0C-10（上电后 VDI 默认虚拟电平值）决定。之后，VDI 端子逻辑由 H31-00（VDI 虚拟电平）决定。另外，H0C-10 在面板上显示为十进制，H31-00 面板不可见，转化为二进制后，H0C-10(H31-00) 的 bit(n)= 1 表示 VDI(n+1) 端子逻辑为“1”，bit(n)= 0 表示 VDI(n+1) 端子逻辑为“0”。

VDI 使用步骤：设定 H0C-09=1（使能通信 VDI），设置 H0C-10（设置上电后 VDI 默认虚拟电平值），设置 H17 组 VDI 参数（设置 VDI 端子对应的 DI 功能，选择端子逻辑），设置 H31-00（设置 VDI 端子逻辑）。

3. IS620P 虚拟数字信号输出（VDO）

VDO 类似硬件 DO 端子，可分配 DO 功能，其使用步骤与 VDI 类似，请读者自行查询相关手册。其中，H0C-12 和 H17-32 在面板上显示为十六进制，转化成二进制后，H0C-12 (H17-32) 的 bit(n)= 1 表示 VDO(n+1) 端子逻辑为“1”，bit(n)= 0 表示 VDO(n+1) 端子逻辑为“0”。

伺服驱动器控制模式、指令来源参数设置

PLC 程序设计

【任务实施】

1. 伺服驱动器中若干组相关参数

首先将伺服驱动器的所有参数恢复出厂设置（H02-31 = 1），再根据任务要求对伺服驱动器进行相关参数设置，具体含义可以参考 IS620 伺服手册中“DIDO 基本功能定义”的内容。

1）基础配置见表 9-4，包括控制模式、指令来源和使能。

表 9-4 伺服驱动器基础配置

设 定 值	解 释
H02-00 = 1	控制模式:位置控制模式
H05-00 = 2	位置指令来源:多段位置指令
H0C-09 = 1	使能虚拟数字信号输入端 VDI 功能
H03-10 = 0	取消 DI5 端子的 S-ON 功能,移至虚拟端

2）多段位置配置。本任务一共有三段，设置可以通过 DI 进行切换，见表 9-5。

表 9-5 伺服驱动器多段位置配置

H11 组	解 释
H11-00 = 2	采用 DI 切换运行,段号有更新即可持续运行
H11-01 = 3	设置位移指令终点段数为 3
H11-12 = 800000	第 1 段位移:正向运行 800000 个指令单位
H11-17 = -500000	第 2 段位移:反向运行-500000 个指令单位
H11-22 = -300000	第 3 段位移:反向运行-300000 个指令单位

3）通过上面的设置之后，即可在 PLC 程序中通过 CANlink 将寄存器 D1000 内的值发送给 H31-00，最终改变虚拟数字信号输入输出端子（VDI）中的值，实现多段位置的使能和切换功能，见表 9-6。

表 9-6 伺服驱动器多段位置的使能和切换配置

VDI	H17 组	H31-00	D1000	解 释
VDI1	H17-00 = 1	Bit0	Bit0	S-ON
VDI2	H17-02 = 28	Bit1	Bit1	多段位置指令使能
VDI3	H17-04 = 6	Bit2	Bit2	CMD1(多段运行指令切换 1)
VDI4	H17-06 = 7	Bit3	Bit3	CMD2(多段运行指令切换 2)
VDI5	H17-08 = 8	Bit4	Bit4	CMD3(多段运行指令切换 3)
VDI6	H17-10 = 9	Bit5	Bit5	CMD4(多段运行指令切换 4)
VDI7	H17-12 = 5	Bit6	Bit6	DIR-SEL(多段运行指令方向选择)

其中，段号由 CMD_x 组合决定，本任务只用到了其中的两位，见表 9-7。

4）VDO 状态读取配置：通过将参数 H17-33 配置成 5，VDO1 端子的功能被设置成“定位完成”。因此，在 PLC 程序中通过 CANlink 通信将参数 H17-32 读取到 D1001 中，并根据 D1001 寄存器的 Bit0 位（即 VDO1 的状态），可以判断当前段运行是否完成，见表 9-8。

表 9-7 伺服驱动器段号与 CMD_x 组合的对应关系

CMD4	CMD3	CMD2	CMD1	段号
VDI6	VDI5	VDI4/Bit3	VDI3/Bit2	
0	0	0	0	1
0	0	0	1	2
0	0	1	0	3
0	0	1	1	4
……				
1	1	1	1	16

表 9-8 VDO1 状态读取配置

VDO	H17 组	H17-32	D1001	解释
VDO1	H17-33 = 5	Bit0	Bit0	位置到达

2. CANlink 的通信参数配置

H2U 系列 PLC 能自动识别 CAN 卡，不需要做任何设置。默认传输速率为 500kbit/s。CANlink 协议中设备的最小地址为 1，最大地址为 63。首位设备最好把拨码开关（选择终端电阻器）置为 1。将 PLC 作为主站，站号为 63，伺服驱动器的站号为 1。相应的网络配置如图 9-14 所示。

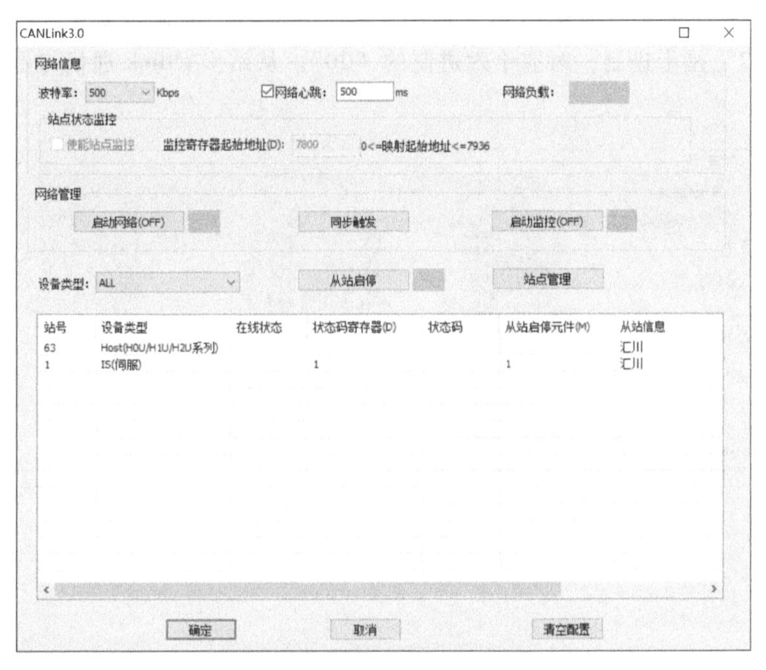

图 9-14 CANlink 通信参数配置界面

PLC 与伺服驱动器之间的通信数据见表 9-9。

通过置位 M100，将 PLC 寄存器 D1000 数据写入伺服 H31-00 中，发送完成之后 M100 自动复位。主站 CANlink 通信参数配置如图 9-15 所示。

表 9-9　PLC 与伺服驱动器之间的通信数据

触发条件	PLC	伺服驱动器
M100 置位	D1000(发送)	H31-00(接收)
1ms 定时	D1001(接收)	H17-32(VDO 发送)

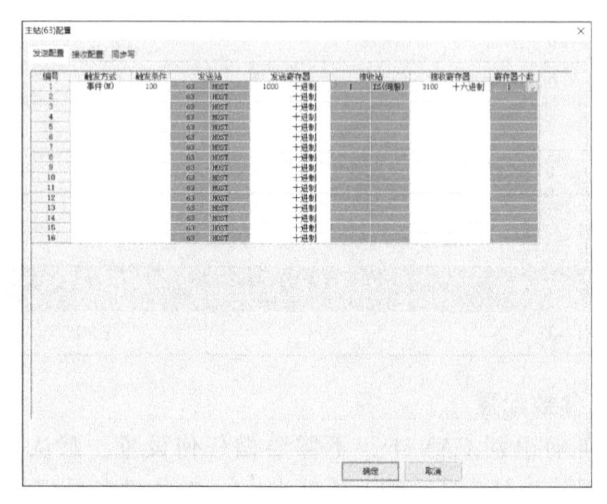

图 9-15　主站 CANlink 通信参数配置

读取伺服 H17-32（VDO 端子）的数据到主站 PLC 寄存器 D1001 中，通过 1ms 的定时器触发。需要特别注意的是，图 9-16 中“1720”是十六进制，对应伺服驱动器的参数是 H17-32，这里的“32”是十进制，对应十六进制的“20”。从站 CANlink 通信参数配置如图 9-16 所示。

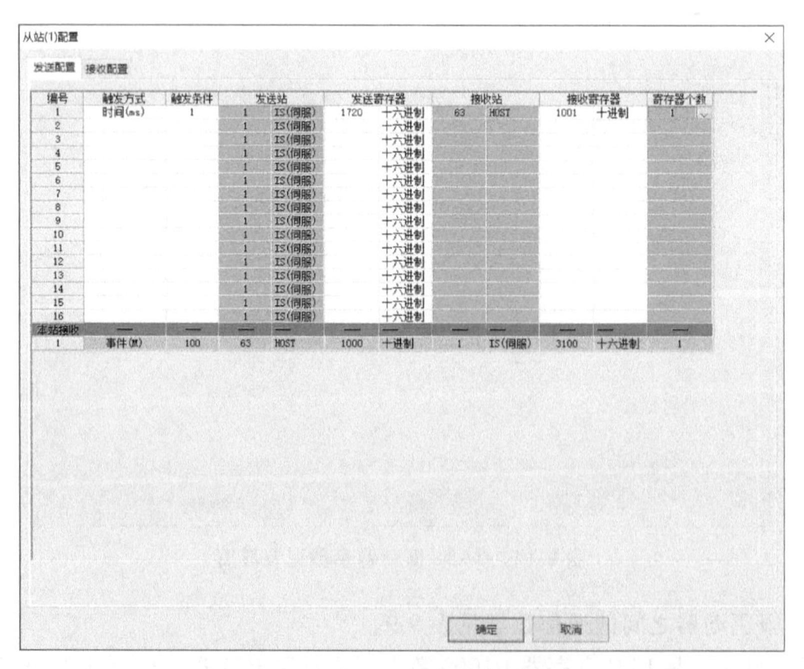

图 9-16　从站 CANlink 通信参数配置

3. 设计 PLC 程序

1）第 1 行，程序运行之后，寄存器 D2 设置为 1，标志首段运行。第 2、3 行，将 H1 移动到 D1000，并通过置位 M100，CANlink 通信功能自动将 D1000 内的值发送给伺服驱动器的参数 H31-00，置位 VDI1 实现伺服使能。第 4、5 行，CANlink 发送完成之后，M100 自动复位，在网络正常运行的情况下，将 H3 移动到 D1000，置位 VDI1 和 VDI2，使能首段正向运动。首段运行梯形图程序如图 9-17 所示。

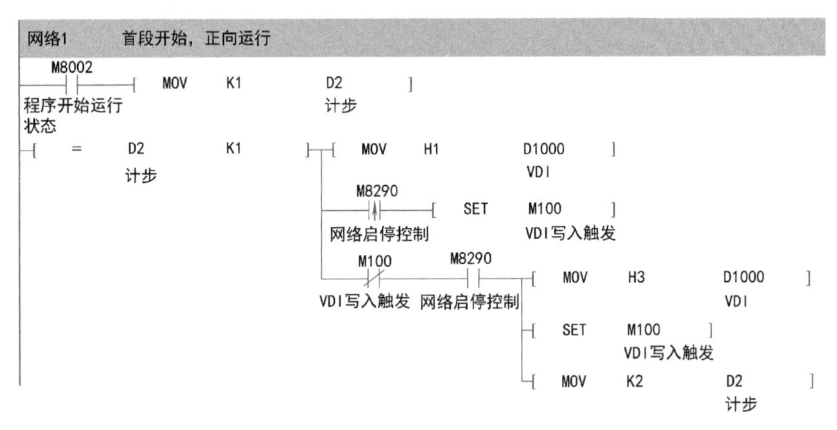

图 9-17 首段运行梯形图程序

2）根据 H17-32 的 Bit0 检测首段位置到达，并通过给 D1000 赋值 H45 来终止多段使能，延时 1s 之后，通过给 D1000 赋值 H47 开始第二段运行。首段到达检测及相应操作梯形图程序如图 9-18 所示。

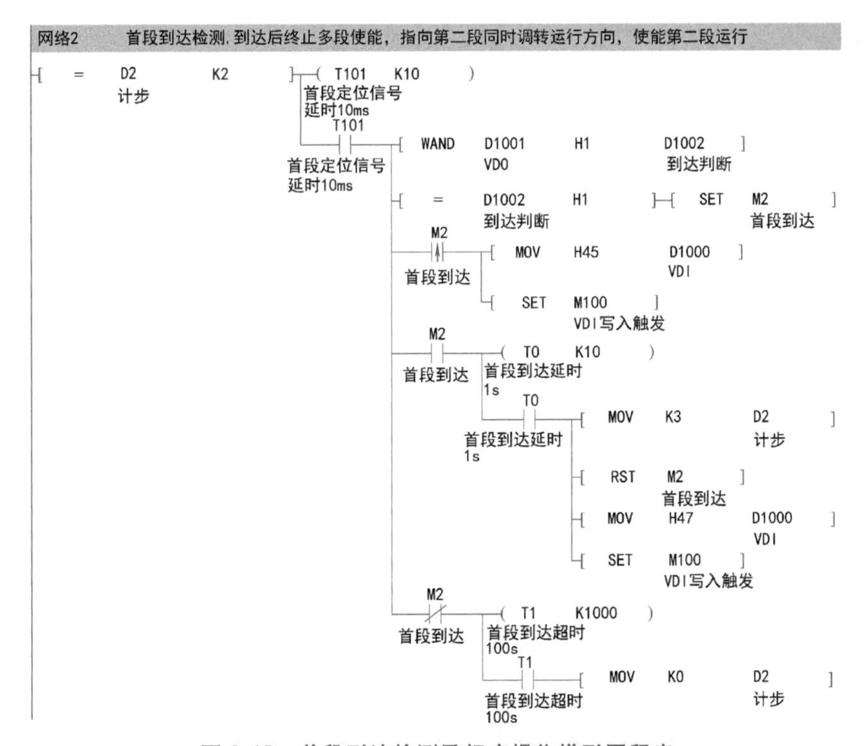

图 9-18 首段到达检测及相应操作梯形图程序

3）与前面类似，根据 H17-32 的 Bit0 检测第二段位置到达，并通过给 D1000 赋值 H49 来终止多段使能，延时 1s 之后，通过给 D1000 赋值 H4B 开始第三段运行。第二段到达检测及相应操作梯形图程序如图 9-19 所示。

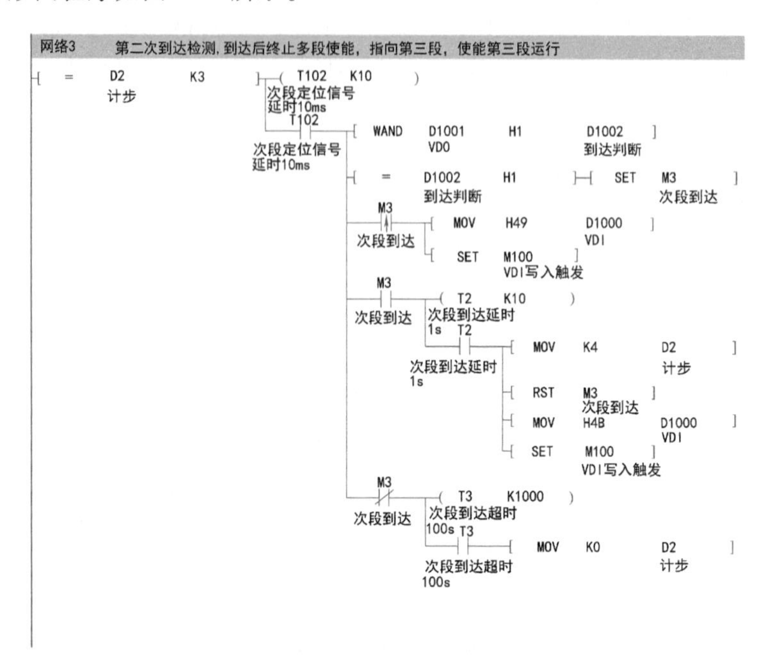

图 9-19　第二段到达检测及相应操作梯形图程序

4）再次检测第三段位置到达，停止多段使能，延时 5s 之后将第一段的数据重新赋值，开始重复之前的运行。第三段到达检测及相应操作梯形图程序如图 9-20 所示。

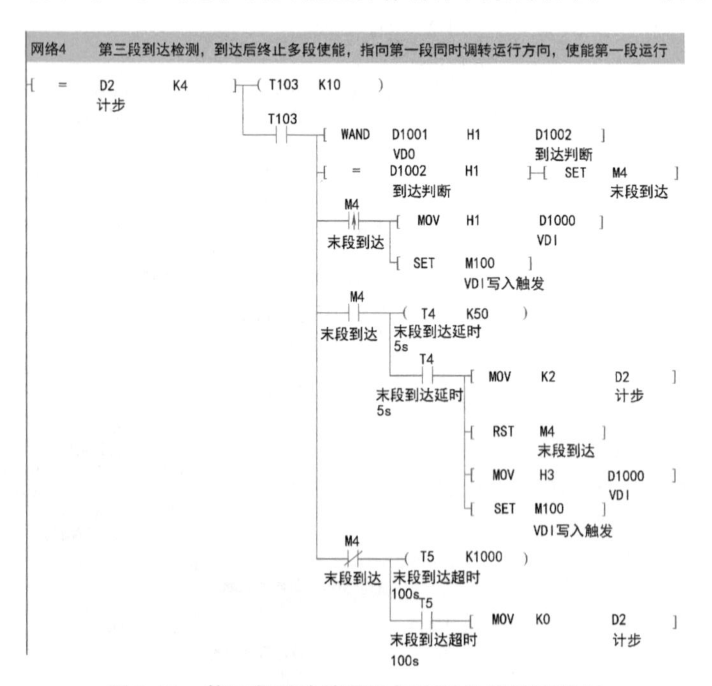

图 9-20　第三段到达检测及相应操作梯形图程序

5）通信故障处理。当 VDI 写入触发（M100）时间超过 1s，或者 1#从站（D7801）掉站，则重启网络控制（RST M8290）。通信故障处理梯形图程序如图 9-21 所示。

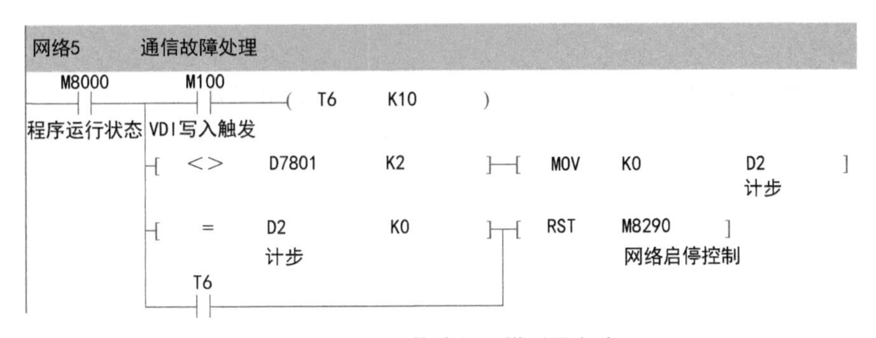

图 9-21 通信故障处理梯形图程序

4. 下载调试程序

调试时，下载 PLC 程序，观察伺服电动机的运动状态，思考如何在触摸屏上显示伺服电动机的运行信息。

【任务拓展】

CANlink 中 FROM、TO 指令应用在哪些场合？

【思考与练习】

CANlink 通信和 Modbus 通信有什么区别？

参 考 文 献

[1] 温贻芳，李洪群，王月芹. PLC应用与实践 [M]. 北京：高等教育出版社，2017.

[2] 肖耀明，宋建. 汇川PLC应用技能实训 [M]. 北京：中国电力出版社，2011.

[3] 邓文新. PLC技术应用：汇川 [M]. 北京：机械工业出版社，2016.